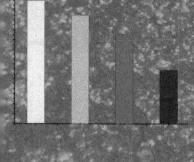

# 污泥共厌氧消化与脱水性能改善研究

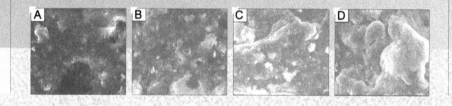

台明青 • 著

WUHAN UNIVERSITY PRESS
武汉大学出版社

**图书在版编目(CIP)数据**

污泥共厌氧消化与脱水性能改善研究/台明青著.—武汉：武汉大学出版社,2018.5
ISBN 978-7-307-20137-8

Ⅰ.污…　Ⅱ.台…　Ⅲ.污泥处理—厌氧处理—研究　Ⅳ.X703

中国版本图书馆 CIP 数据核字(2018)第 075251 号

责任编辑:方竞男　　　责任校对:杜筱娜　　　装帧设计:吴　极

出版发行:**武汉大学出版社**　　(430072　武昌　珞珈山)
（电子邮件:whu_publish@163.com　网址:www.stmpress.cn）
印刷:虎彩印艺股份有限公司
开本:720×1000　　1/16　　印张:17　　字数:327 千字
版次:2018 年 5 月第 1 版　　2018 年 5 月第 1 次印刷
ISBN 978-7-307-20137-8　　定价:98.00 元

# 作 者 简 介

    台明青,男,1964年生,河南新野县人,高级工程师,现为南阳理工学院土木工程学院专任教师,主要讲授水处理生物学、水环境监测与评价、物理化学、普通化学等课程。1984年毕业于河南师范大学化学环保专业,获理学学士学位,进入河南省南阳市环境保护局工作。2005年毕业于同济大学理学院,获无机化学理学硕士学位。2010年毕业于西安交通大学生命科学与工程学院,获生物化学与分子生物学博士学位。2013年进入南阳理工学院土木工程学院,从事给排水科学与工程教学与科研工作。

    主要研究方向为污泥处理与资源化利用、稀土有机肥控制面源污染与生态修复。发表学术论文40多篇,作为主持人获得河南省科技进步三等奖4项,国家发明专利4项,先后被授予南阳市学术技术带头人称号,南阳市职工职业道德先进个人称号,河南省人民政府先进个人称号。

# 前　　言

　　剩余污泥厌氧消化工艺是对污泥进行稳定化、减量化和资源化处理的有效方法。共厌氧消化是污泥厌氧消化的发展趋势,燃料乙醇是近年来发展的可再生能源之一,对减少化石燃料的使用具有十分重要的意义。燃料乙醇在生产过程中产生了大量的酒精糟液,酒精糟液也必须经过厌氧处理后方可投入使用。因此,利用酒精糟液和剩余污泥共厌氧消化,可以提高厌氧消化效率,也可以获得良好的能量平衡;同时对污泥进行脱水性能研究,为污泥的资源化农用提供基础数据,其应用前景良好。

　　本书是著者近年来教学岗位的理论研究和实践的总结,形成了较为完整的污泥共厌氧消化和污泥脱水性能的研究成果。本书共分为 12 章,每章又可独立成篇、自成一体,研究内容包括高温共厌氧消化、污泥脱水、能量平衡等。

　　限于著者水平,书中难免存在一些不当之处,希望读者能提出宝贵意见,以利著者在污泥处理领域有更大提高。

著　者

2018 年 2 月

# 目　　录

# 1 绪　　论

## 1.1 引　　言

### 1.1.1 剩余污泥产生现状

近年来,随着我国国民经济的快速发展和城市化进程的不断加快,我国城镇生活污水产生量以 5% 的增长率逐年增加,城市污水处理厂的规模和数量也相应增加。我国 86% 以上的城市污水处理厂采用活性污泥法工艺,该工艺在处理城市污水的同时也产生了大量的副产物——剩余污泥,也称城市污泥。欧盟 2005 年干污泥产量为 1000 万吨[1],2008 年已突破 1700 万吨[2];美国的干污泥产量预计将由 2005 年的 760 万吨增长到 2020 年的 1300 万吨[3]。据统计[4],2004 年我国城市污水处理厂产生的剩余污泥量达到 1220 万吨,到 2020 年污泥(含水率 80%)总产生量将达到 9000 万吨。

研究表明[5],剩余污泥中的污染物负荷量约占被处理废水中污染物负荷量的一半。换句话说,如果剩余污泥没有得到完全处理,那就意味着只是对污水进行了处理,整个废水的污染负荷仅仅处理了一半。因此,未经稳定处理处置的剩余污泥进入环境后,会直接给水环境、土壤环境和大气环境造成二次污染,不但抵消了污水处理系统有效的处理能力,而且对生态环境和人类健康带来了严重威胁。

剩余污泥具有含水量高(污水处理厂经过絮凝机械压滤后的污泥含水率仍不低于 80%)、体积庞大、有机物含量高和性质不稳定等特点,使剩余污泥的后续处理处置困难且费用较高。据统计,污水处理厂污泥彻底安全处理的费用约占整个处理费用的 60%,在我国,污泥经过安全处理的比例低于 15%。

厌氧消化工艺能同时实现污泥减量化和稳定化,还可以回收甲烷作为可再生能源,消化污泥可作为农肥使用,故在实践中得到广泛应用。

我国城市污水处理及污染防治技术产业政策明确指出,年处理污水能力大于10万吨的污水二级处理设施产生的剩余污泥,宜采用耗能较低的厌氧消化工艺进行处理。可以预计[6],我国大部分二级污水处理厂未来将建立并运行剩余污泥厌氧消化处理系统。然而,2005年,对我国400余座城市污水处理厂剩余污泥厌氧消化运行现状进行了全面调查评估,结果表明[6],仅有46家城市污水处理厂建有或在建剩余污泥厌氧消化处理系统,仅占被调查污水处理厂的11.5%,而正常运行的仅有25家,占被调查污水处理厂的6.25%。主要原因包括:第一,污水处理厂普遍存在重污水处理、轻污泥处理现象;第二,剩余污泥处理处置费用高,通常占污水处理总成本的60%以上[7],使污水处理厂家难以承受;第三,受剩余污泥处理处置技术的限制,剩余污泥厌氧消化处理效率低,投入大于产出,总体能量平衡值为负值,不能达到良性循环。

因此,如何科学、经济地处理处置剩余污泥,成为关系我国今后一定时期经济、社会和环境能否可持续协调发展的重要课题,研究开发具有以废治废、节能减排意义上的剩余污泥厌氧消化处理处置技术更为迫切[8-9]。

## 1.1.2 剩余污泥的特性及危害

### 1.1.2.1 剩余污泥的特性

城市污水处理厂产生的剩余污泥,主要由有机残片、细菌菌体、无机颗粒、胶体等组成,是一种以有机成分为主、组分复杂的混合物[10]。

(1)物理特性。

剩余污泥是由水中悬浮固体经生物处理过程以不同方式胶凝而成的,结构松散,形状不规则,比表面积大,空隙率和含水率高,脱水性能差,外观上具有类似绒毛的分支与网状结构。

(2)化学特性。

剩余污泥以微生物为主体,同时包括混入生活污水中的泥砂、纤维类、动植物残体等固体颗粒以及可能吸附的有机物、金属、病菌、虫卵等物质。此外,也含有植物生长发育所需的基本营养元素。氮、磷、钾及维持植物正常生长发育的多种微量元素和能改良土壤的有机质。

(3)剩余污泥中的水分。

剩余污泥含水量高影响和制约污泥的运输、处置和处理方式。含水率一般为75%～99%,所含水分为四种状态:表面吸附水、间隙水、毛细结合水和内部结合水。表面吸附水以及颗粒的内部水只能用人工加热干化的方法去除;间隙水约占污泥中总水分的70%,较易分离,是污泥中脱除水分的主要对象,通过普通的重力浓缩、气浮浓缩或离心浓缩脱除；毛细结合水约占污泥中总水分的20％，是由于产生毛细管现象所吸附的水，单纯通过浓缩无法脱除，必须采用人工干化、热处理或机械脱水法才能去除。脱水处理是剩余污泥处理和利用的关键步骤。

### 1.1.2.2 剩余污泥的危害

剩余污泥的危害主要有以下四个方面。

(1)有机物污染。

剩余污泥中有机污染物成分复杂，含量受被处理污水来源和性质的影响，主要含有苯、氯酚、多氯联苯、多环芳烃、多氯二苯并二噁英[11]等。对于工业发达地区的城市污水处理厂产生的剩余污泥，其有机污染物成分可能更复杂。污泥中含有的有机污染物不易降解、毒性残留时间长，这些有毒有害物质进入水体与土壤中将造成环境污染。

(2)病原微生物污染。

污水中的病原微生物和寄生虫卵经过处理会转移到剩余污泥中，污泥中病原体对人类或动物会造成危害。其传播途径包括：① 直接与污泥接触；② 通过食物链与污泥接触；③ 水源被病原体污染；④ 病原体首先污染土壤，由土壤进入水体，然后污染水体[12]。

(3)重金属污染。

剩余污泥中重金属含量超标问题，一直是制约污泥安全农用的主要因素之一。70％～90％的重金属元素会通过吸附或沉淀而转移富集到剩余污泥中[13]；一些重金属元素主要来源于工业排放的废水，如含铜、锌、镉、镍、铬、汞、铅等的工业废水等；南阳市城市污水处理厂废水中镉含量高，主要是某光学仪器厂硫化镉打磨过程中废水排放所致。另外，其他重金属来源于家庭生活的管道系统，如铜、锌、镍等。在污泥的焚烧处置过程中会产生含重金属的有毒气体向大气环境释放[14]，污染大气环境。近年来，由于我国实行了严格的环保政策，尤其是最高人民法院和最高人民检察院关于环境污染案件的入刑通告发布后，明目张胆的非法排污造成的环境污染行为蔓延的势头得到了有效遏制，在污水处理过程中，重金属的达标排放率明显提高，致使我国污水处理厂污水中重金属超标的现象得以好转，污泥中重金属的污染问题未来将不再是剩余污泥的主要问题。

如果污泥中的重金属超标，必须对污泥进行处理后方可作为制备有机肥的原料使用。对污泥中重金属的去除方法主要有：通过化学方法去除污泥中的重金属；采用生物学方法去除重金属，如生物淋滤技术是一种成本较低、经济可行的去除重金属的方法，但其缺点是培养时间较长，这是今后需要改进和研究的问题；采样电化学方法去除重金属也具有实际应用价值。此外,利用植物的修复方法去处污泥中的重金属也是一种生态环保的方法。

(4)其他危害。

剩余污泥对环境的污染还包括污泥盐分的污染和氮、磷等养分的污染[15]。盐分含量高,会明显提高土壤电导率,破坏植物养分平衡,抑制植物对养分的吸收,甚至对植物根系造成直接的危害;在降雨量较大且土质疏松的土地上,大量施用富含氮、磷等的剩余污泥之后,有机物的分解速度大于植物对氮、磷的吸收速度时,氮、磷等养分有可能随水流失而进入地表水体,造成水体富营养化,并引起对地下水的污染。

剩余污泥的危害还表现为任意堆放时会占用土地、阻塞河道、影响景观。此外,污泥的恶臭对环境的影响也不容忽视。

图 1-1~图 1-4 所示为某市城市污水处理厂,由于剩余污泥没有稳定化处理而任意堆放,导致占用农田、破坏生态环境,其污染严重。

图 1-1　剩余污泥堆放造成污染

图 1-2　剩余污泥堆放占用大量农田

图 1-3　剩余污泥堆场简易坝体

图 1-4　剩余污泥污染下游农田

### 1.1.2.3 污泥处理处置的技术

污泥处理的方法和过程主要包括污泥浓缩、添加絮凝剂、压滤脱水、好氧消化和厌氧消化、堆肥和干化等工业过程。而污泥处置则主要有作为有机肥的土地利用、污泥填埋和污泥焚烧处置等过程。污泥的处理处置原则是污泥达到减量化、无害化、稳定化和资源化的目的。但每一种方法都有适用的对象和条件,还必须对技术可行性和经济适用性进行统一的综合考虑,使其达到社会效益、经济效益和环境效益的有机统一。

表 1-1 列出了当前污泥处理处置的各种方法及特点。

表 1-1　　　　　　　　　　　污泥处理处置技术方法及特点

| 技术方法 | 优势 | 劣势 |
|---|---|---|
| 填埋 | 处理成本低,不需要高度脱水或自然干化 | 对填埋场地的土力学性质要求较高,有相应渗滤液收集装置和处理设施,占用大量土地,处理不彻底,容易造成二次污染 |
| 焚烧 | 可以使污泥较大程度达到减量化,处理成本高,对大气环境容易产生二次污染,适应于经济发达国家和地区,未来通过焚烧发电回收能源 | 运行费用高,成本高,管理水平和设备维修水平要求高,易造成大气的二噁英污染,不适用于经济不发达地区 |
| 农用堆肥 | 不需要其他能源和人工管理,操作、管理方便 | 减容效果不明显,占地面积大,重金属可能通过食物链对人的健康产生影响 |
| 其他方式(建筑材料、复合材料等) | 适应于特定的污泥 | 对处理技术要求高,产生的氯化二苯并二噁英和氯化二苯并呋喃是潜在的致癌物 |
| 厌氧消化 | 回收能源甲烷,绿色处理方式适用于高浓度有机废水处理 | 反应速度慢,降解完成时间长 |

# 1.2 厌氧消化理论研究

厌氧消化工艺具有耗能相对较低、消化污泥性质稳定并回收甲烷气体资源等优势,因而成为剩余污泥处理的重要方法[16]。我国是一个发展中国家,对于污染物的控制和处理,利用厌氧消化的方法具有明显的优势。第一,厌氧消化处理是可以把环境保护、能源回收与生态循环良好地结合起来的综合核心技术,具有较好的环境效益和经济效益;第二,厌氧处理技术是非常经济的技术,在处理成本上明显比好氧处理技术更经济,特别是对中等以上浓度(COD 大于 5000 mg/L)的废水更是如此。厌氧法成本的降低主要是由于动力的大量节省,营养物添加费用和污泥脱水费用的减少,即使不计沼气作为能源所带来的收益,厌氧法比好氧法节省成本的 2/3,如果能源沼气被利用,则费用会大大降低,甚至带来相当的利润。

厌氧消化处理过程是一个非常复杂的由多种微生物菌群(产酸菌、产甲烷菌等)共同作用、有机物逐步降解并最终转化为二氧化碳和甲烷的生物化学过程,在降解有机物的过程中微生物得到生长和代谢。厌氧消化过程主要由三个阶段组成,即水解、酸化、甲烷化[17]。厌氧消化过程中三个阶段是连续的,但水解过程被认为是剩余污泥厌氧消化的限速步骤[18-20]。厌氧消化过程中,有机物的降解是依靠相互联系又相互制约的各种微生物菌群的良好协同生长、共同代谢有机物作用完成的。因此,凡是对微生物菌群生长影响的因素都影响厌氧消化过程和厌氧消化效率。

厌氧消化过程的影响因素主要有:温度、pH 值、碱度、营养物及碳氮比(C/N)、微量元素、抑制因素、污泥停留时间(SRT)、有机负荷率(OLR)和搅拌强度等。

## 1.2.1 产甲烷菌属的概念

产甲烷菌属于古菌,是一大群在严格厌氧条件下产生甲烷细菌,在进化途径上很早就与真细菌和真核生物相互独立的生物类群,主要包括一些生长在独特生态环境中的生物类群,它们的细胞壁、细胞膜、16SrRNA 中核苷酸顺序与细菌不同,也与真核生物不同。人们对产甲烷菌的认识与研究约有 150 年的历史,对产甲烷菌有极大的兴趣是因为产甲烷菌有利于天然气的形成,在自然界与水解菌和产酸菌等协同作用下,使有机物甲烷化,产生具有经济价值的生物能物质——甲烷气体。

美国微生物学家卡尔·沃依斯和乔治·福克斯用独特的生物化学方法分析了几百种微生物的 16S(或 18S)核糖体核糖核酸(rRNA)的核糖核酸谱,结果发现一些极端环境生物,包括产甲烷菌、嗜盐菌和嗜热嗜酸嗜热菌等,具有独特的化学性质,并提出将这类生物与其他细菌(真细菌)及真核生物并称为生物的三大类,归类为古菌(*Archaea*)和古细菌(*Archaebacteria*)。

古菌中除无壁嗜热古菌(*Thermoplasma*)没有细胞壁外,其余都有与真细菌功能相似的细胞壁,但与大多数细菌不同,其细胞壁没有肽聚糖,而含假肽聚糖、糖蛋白或蛋白质。很多古细菌生存在极端环境中,有的生存在极高温度的环境(100 ℃以上),如间歇泉或者海底黑烟囱中,还有的生存在很冷的环境或高盐、高酸、高碱的环境中。

## 1.2.2 产甲烷菌属的主要特征

(1)属于专性严格厌氧菌。

甲烷细菌都是专性严格厌氧菌,对氧非常敏感,遇氧后会立即受到抑制,不能生长、繁殖,有的还会死亡。

(2)生长繁殖特别缓慢。

甲烷细菌生长很缓慢,在人工培养条件下需经过十几天甚至几十天才能长出菌落。据麦卡蒂(McCarty)介绍,有的甲烷细菌需要培养七八十天才能长出菌落,在自然条件下甚至更长。菌落也相当小,特别是甲烷八叠球菌菌落更小,如果不仔细观察,很容易遗漏。菌落一般呈圆形,透明,边缘整齐,在荧光显微镜下发出强的荧光。甲烷细菌生长缓慢的原因是它可利用的底物很少,只能利用很简单的物质,如 $CO_2$、$H_2$、甲酸、乙酸和甲基胺等。这些简单物质必须由其他发酵性细菌,把复杂有机物分解后提供给甲烷细菌,所以甲烷细菌一定要等到其他细菌都大量生长后才能生长。同时甲烷细菌世代时间也长,有的细菌 20 min 繁殖一代,甲烷细菌需几天乃至几十天才能繁殖一代。

(3)属于原核生物。

能形成甲烷的细菌都是原核生物,目前尚未发现真核生物能形成甲烷。甲烷细菌有球形、杆形、螺旋形,有的呈八叠球状,还有的能连成长链状。

(4)培养分离比较困难。

因为甲烷细菌要求严格厌氧条件,而一般培养方法很难达到厌氧条件,所以培养分离往往以失败告终。又因为甲烷细菌和伴生菌生活在一起,菌体大小形态都十分相似,在一般光学显微镜下不好判明。美国著名微生物学家 Hungate 在 20 世纪 50 年代培养分离甲烷细菌获得成功。之后世界上有很多研究者对甲烷细菌进行了培养分离工作,并对 Hungate 分离方法进行了改良,能很容易地把甲烷细菌培养分离出来。

甲烷细菌在自然界中分布极为广泛,在与氧气隔绝的环境中都有甲烷细菌生长,海底沉积物、河湖淤泥、沼泽地、水稻田以及人和动物的肠道、反刍动物瘤胃,甚至在植物体内都有甲烷细菌存在。

沼气发酵液中甲烷细菌的数量可用 MPN 法计数,测定接种的试管中有无甲烷存在,作为计数的数量指标。甲烷细菌数量与甲烷含量成正比,发酵装置运行越好,甲烷细菌数量越多。1991 年计数了东北制药总厂用 UASB(上流式厌氧污泥床)处理制药废水消化液中甲烷细菌数量为 $4.2 \times 10^5$ 个/mL。

另外,产甲烷细菌利用乙酸、氢和二氧化碳合成甲烷,也消耗了挥发酸和二氧化碳,甲烷细菌及其伴生菌共同作用使 pH 值稳定在一个适宜范围内,不会使发酵液中的 pH 值出现对沼气发酵不利的情况。但当发酵条件如温度、进料负荷、原料中的 C/N、pH 值等控制不好时,可能会出现酸化或液料过碱;前者较为多见,这样会严重影响甲烷细菌的活动,甚至使发酵中断。

一些产甲烷古菌代表属的主要特征见表 1-2。

表 1-2　　　　　　　　　　　一些产甲烷古菌代表属的主要特征

| 属名 | 形状 | 革兰氏染色 | DNA 中的 GC 含量/%(摩尔分数) | 产甲烷基质 |
|---|---|---|---|---|
| 甲烷杆菌目甲烷杆菌 (Mechanobacterium) | 长杆形 | +或- | 30~60 | $H_2+CO_2$,甲酸 |
| 甲烷嗜热菌 (Methanothermus) | 杆形 | + | 32 | $H_2+CO_2$, 也能产还原 S |
| 甲烷球菌目甲烷球菌 (Methanococcus) | 不规则球形 | - | 30~33 | $H_2+CO_2$, 丙酮酸,甲酸 |
| 甲烷微菌目甲烷微菌 (Methanmicrobium) | 短杆形 | - | 46~48 | $H_2+CO_2$, 甲酸 |
| 甲烷八叠球菌 (Methanosarcina) | 不规则球形、重叠 | + | 40~44 | $H_2+CO_2$, 甲醇,甲胺 |
| 甲烷喜热菌 (Methanopyrus) | 链杆菌 | + | 58~61 | $H_2+CO_2$ (110 ℃生长) |
| 甲烷粒菌 (Methancorpusculum) | 不规则球形 | - | 50~53 | $H_2+CO_2$, 甲酸,甲醇 |

如果从产甲烷菌适宜生长的环境考虑,主要因素是适宜的温度和适宜的 pH 值,那么常见的产甲烷菌及主要特征见表 1-3。

表 1-3　　　　　　　　　　常见的产甲烷菌的生长适宜环境

| 菌种 | | 适宜温度/℃ | 适宜的 pH 值 |
|---|---|---|---|
| 产甲烷杆菌属 | 甲酸产甲烷杆菌(*M. formicicum*) | 37 | 7.0 |
| | 布氏产甲烷杆菌(*M. bryantii*) | 38 | 7.0 |
| | 武氏产甲烷杆菌(*M. wolfei*) | 55~65 | 7.2~7.5 |
| | 嗜热自养产甲烷杆菌(*M. thermoautotrophicum*) | 65~66 | 7.1~7.6 |
| 产甲烷短杆菌属 | 反刍产甲烷短杆菌(*M. runinantium*) | 38 | 7.2 |
| | 史氏产甲烷短杆菌(*M. smithii*) | 38 | 6.9~7.4 |
| 产甲烷球菌属 | 万尼产甲烷球菌(*M. vannielii*) | 36~39 | 7.0~7.9 |
| | 沃氏产甲烷球菌(*M. voltae*) | 32~34 | 6.7~7.4 |
| 产甲烷微菌属 | 运动产甲烷微菌(*M. mobile*) | 40 | 6.2~6.9 |
| 产甲烷菌属 | 卡里阿科产甲烷菌属(*M. cariaci*) | 20~25 | 6.8~7.3 |
| | 黑海产甲烷菌(*M. marisngri*) | 20~25 | 6.2~6.6 |
| 产甲烷螺菌属 | 亨氏产甲烷菌(*M. hungatei*) | 31~37 | 6.6~7.3 |
| 产甲烷八叠球菌属 | 巴氏产甲烷八叠球菌(*M. barkeri*) | 35~37 | 6.9~7.1 |
| | 马氏产甲烷八叠球菌(*M. mazei*) | 38~40 | 6.3~6.7 |
| 产甲烷丝菌属 | 梭氏产甲烷丝菌(*M. soehngenii*) | 37~39 | 7.4~7.6 |

## 1.2.3　温度影响

温度不但影响微生物的生命活动,而且影响厌氧消化底物的物理化学性能。温度对厌氧消化影响主要表现在如下方面[18]:① 影响消化底物的成分和分配性状;② 影响有机物在反应器中的流向和某些中间产物的形成,以及其中各种物质的溶解度;③ 通过对厌氧微生物细胞内某些酶活性变化的影响,从而影响微生物的生长速度和微生物对基质的代谢速率,其结果会影响厌氧生物处理中污泥的产生量、有机负荷和有机物的去除率;④ 厌氧消化运行温度又与体系能耗和运行成本密切相关[17,21]。

在厌氧消化过程中存在两个不同的最佳温度范围,一是在55 ℃左右,二是在35 ℃左右,相应的厌氧消化过程分别称为高温厌氧消化和中温厌氧消化。由于高温条件下优势微生物生长代谢较快,高温厌氧消化速度为中温厌氧消化速度的1.5~1.9倍,产气率相应也高。剩余污泥在中温条件下厌氧消化,当挥发性固体的去除率达到40%时,需要污泥停留时间为30~40 d[19,22],而在高温条件下厌氧消化挥发性固体达到同样的去除率时污泥停留时间仅需10 d左右。此外,采用高温厌氧消化可取得理想的灭活病原微生物的卫生效果,并且消化后污泥的脱水性能也相应得到改善[22]。

高温厌氧消化技术具有较好的应用效果,特别是在容易获得热源的场合,宜采用高温厌氧消化技术,如具有高温的工业废水与剩余污泥的处理可采用高温厌氧消化技术,太阳能的辅助利用提高反应体系温度,不仅可以缩短消化时间,减小反应器容积,还可以达到提高厌氧消化效率的目的[23]。

Yu等[24]从厌氧体系挥发酸的产生、分布和产气率的角度进行研究,从反应效率、产气率、能源利用等因素进行考虑,发现对于温度较高的工业废水宜采用高温条件下的厌氧消化工艺。

与中温厌氧消化相比,剩余污泥高温厌氧消化时甲烷菌增长速度较快,使厌氧消化过程更快、更有效[24-25],这说明了高温厌氧消化的优势所在。然而,由于高温条件下厌氧消化体系中甲烷菌群的多样性比中温条件下甲烷菌群的要少,高温厌氧消化对环境温度变化较为敏感[26]且存在能量不平衡的问题[17-18]。

因此,找到一种方法,既可以实现对剩余污泥高温厌氧消化的高效率运行,又能获得较好的能量平衡,实现良性循环,是剩余污泥高温厌氧消化研究关注的重点和方向。

### 1.2.4　pH值、碱度和挥发酸/碱度的影响

厌氧微生物的生命活动、物质代谢与pH值有密切关系。pH值的变化直接影响消化过程的进行和产物的种类,每种微生物菌群存在和生长都有最佳的pH值适应范围,过高或过低的pH值对微生物的生长和累积产物不利,完成厌氧消化过程的产酸菌和产甲烷菌的生理特性有很大差异,对pH值的要求也不同。

产甲烷菌对pH值变化更加敏感,其最适范围为6.8~7.2;如果在pH值为6.5以下或8.2以上的环境中,厌氧消化甲烷菌群会受到严重的抑制。此外,水解细菌和产酸菌的生长也不能承受低pH值的环境。

在污泥厌氧消化过程中,产酸阶段会产生乙酸、丙酸、异丁酸、丁酸、异戊酸、戊酸及己酸等中间产物,短链脂肪酸是由相应的厌氧微生物菌群利用污泥中有机成

分厌氧发酵产生的代谢产物,底物不同,有机成分也不同,结果导致厌氧产酸效果也不同。

不同污泥底质厌氧发酵过程中挥发酸(VFA)最大产率见表 1-4。

表 1-4　　　　　不同污泥底质厌氧发酵过程中　　　　　(单位:mg COD/g VS)
挥发酸(VFA)最大产率

| 污泥来源 | 固体浓度/<br>(g/L) | 乙酸 | 丙酸 | 异丁酸 | 丁酸 | 异戊酸 | 戊酸 |
|---|---|---|---|---|---|---|---|
| 1号污水处理厂污泥 | 50 | 40.2 | 15.9 | — | — | — | — |
| | 100 | 50.9 | 25.0 | 5.3 | 7.6 | 25.7 | 1.6 |
| | 150 | 55.4 | 26.6 | 9.3 | 9.7 | 21.4 | 0.8 |
| | 200 | 62.1 | 25.6 | 10.5 | 10.5 | 17.7 | 1.7 |
| | 250 | 59.9 | 24.2 | 12.2 | 8.3 | 13.6 | 2.3 |
| 某啤酒厂污泥 | 50 | 31.7 | 16.0 | 5.2 | 24.9 | 2.9 | 12.9 |
| | 100 | 48.9 | 21.4 | 8.2 | 28.0 | 17.7 | 17.7 |
| | 150 | 55.3 | 27.1 | 11.2 | 26.2 | 25.1 | 21.4 |
| | 200 | 57.1 | 30.4 | 8.4 | 22.6 | 16.7 | 17.2 |
| | 250 | 48.7 | 26.1 | 6.7 | 20.7 | 17.6 | 22.0 |
| 2号污水处理厂污泥 | 50 | 4.9 | 20.7 | 3.2 | — | — | — |
| | 100 | 1.8 | | | — | — | — |
| | 150 | 2.3 | | | — | — | — |
| | 200 | 3.2 | 2.7 | | — | — | — |
| | 250 | 5.6 | | | | | |

注:"—"代表未检出。

一般认为,挥发酸(VFA)可以表现出不同的 pH 值,反过来,pH 值能够影响 VFA 的分布特征。例如,在 pH 值为 12.0、4.0 和 3.0 极端环境条件下产生的 VFA 种类都少于其他条件下产生的 VFA 种类。但 pH 值范围为 3～12 时,乙酸为挥发酸的主要成分,其是由水解发酵产酸菌和产氢产乙酸菌这两类功能菌共同作用产生的。

pH 值对厌氧消化微生物的影响[17,20]主要表现为:① pH 值的变化引起微生物体表面的电荷变化,进而影响对营养物的吸收程度;② 离子化作用受溶液的 pH 值影响;③ 酶在适宜的 pH 值条件下能发挥最大活性;④ 适合的 pH 值能增强微生物的抵抗能力。此外,在厌氧消化系统中,应保持碱度在 2000 mg/L 以上,使其有足够的 pH 缓冲能力,可有效地防止厌氧消化体系 pH 值下降,使厌氧消化体系的 pH 值保持在一定的最适范围内,确保反应运行稳定[27]。

挥发酸/碱度指标也是判断厌氧消化反应是否稳定运行的标准之一。当厌氧消化体系中挥发酸/碱度小于 0.4 时,厌氧消化运行是稳定的;当挥发酸/碱度大于或等于 0.4 时,厌氧消化运行有不稳定的因素;当挥发酸/碱度大于 0.8 时,厌氧消化运行是不稳定的,有可能引起系统停止运行[27]。因此,在厌氧消化反应运行过程中,如何使反应体系保持在合适的 pH 值范围内并使体系稳定,对厌氧消化运行十分重要。

S. Anhuradha 等(2007 年)研究了城市污泥与蔬菜中温共厌氧消化,结果表明,城市污泥单独厌氧消化时的挥发酸和碱度分别为 3800 mg/L 和 8000 mg/L,当城市污泥与蔬菜混合共厌氧消化后挥发酸和碱度分别为 4570 mg/L 和 2333 mg/L 时,挥发酸/碱度分别为 0.475 和 1.96,按上述标准,虽然共厌氧消化系统出现了不稳定因素,但共厌氧消化产气率却在增大,这也说明,挥发酸与碱度的比值并不是判断厌氧消化体系稳定性的唯一指标。

### 1.2.5　营养物及碳氮比(C/N)

厌氧消化过程中,细菌生长所需营养物由剩余污泥中的有机物提供,合适的 C/N 是厌氧消化稳定运行以及微生物生长和新陈代谢的先决条件。合成细胞所需的碳源担负双重任务,一是作为反应过程的能源,二是合成新细胞。C/N 以达到(10~20)∶1 甚至更高为宜,厌氧消化体系的 C/N 过高,容易产生酸累积,影响甲烷菌的生长;C/N 过低,产生氨的累积也会对甲烷菌产生抑制作用,同样影响厌氧消化体系的正常运行[18-20]。

剩余污泥的 C/N 较低,一般为(4.6~5.1)∶1,厌氧消化效率较低[8]。为提高剩余污泥厌氧消化效率,在厌氧消化时通过添加其他底物,提高 C/N 是一条行之有效的方法[28]。

刘晓玲(2008 年)认为,通过调控发酵底物的初始 C/N,可以实现不同发酵产酸类型,从而影响污泥的产甲烷状况。例如当底物的 C/N 为 54~68 时,可实现丙酸型发酵,当 C/N 为 150~160 时,可实现丁酸型发酵,继而改变甲烷的产率。当 C/N 为 15~70 时,$H_2$ 和 $CO_2$ 的增长都较为缓慢;当 C/N 提高到 150~250 时,二者的产量迅速提高,因此,底物的 C/N 是影响挥发酸累积的主要因素。在低的 C/N 条件下,乙酸的累积主要是通过氨基酸之间的斯提柯兰氏反应实现,随着C/N 的提高,丙酸和丁酸累积的主要代谢途径转变为糖酵解的丙酮酸代谢途径,进而影响甲烷产生率的高低。

食品废物作为添加底物与剩余污泥混合厌氧消化研究的结果表明,在中温和高温状况下,食品废物与剩余污泥混合比例为 39.3% 和 50.1%,C/N 分别提高到 12.7 和 14.0,厌氧消化效率得到改善[29]。这说明,厌氧消化温度不同,对底物的 C/N 要求也不同。

研究表明,剩余污泥添加咖啡生产废物混合厌氧消化,可提高混合物的 C/N,从而改善厌氧消化效率[30]。城市固废中的有机成分与剩余污泥共厌氧消化,当 C/N 为(9~14):1 时,厌氧消化效果最好[31]。

### 1.2.6 微量元素的酶促作用

在厌氧消化过程中,产甲烷菌除了对常量元素碳(C)、氮(N)、磷(P)、硫(S)有一定的需求之外,厌氧消化过程的良好运行也同样需要微量元素的存在,这些微量元素包括铁(Fe)、钴(Co)、镍(Ni)、钼(Mo)等,比如,Pobeheim 等[30]对玉米青储、麦渣[31]和食品废物[32]厌氧消化进行研究,结果表明,添加一些微量元素能明显提高产气效率。此外,Fermoso 等[33]研究表明,微量元素的存在与厌氧消化体系中微生物菌群生长有本质关系。由于微量元素在环境中含量较低,故它们的作用更引起了人们的广泛关注[34],微量元素逐步也应用在固体废物的厌氧消化过程中,例如具有能源的植物、农作物废物等以及城市生活垃圾中废物的厌氧消化。

在厌氧消化过程中,产甲烷菌群是最后同时也是最关键的产甲烷阶段,它是靠严格的称为古细菌的产甲烷菌群为优势菌群完成的,除了主要元素 C、H、N、P、S,微生物的生长也必须依靠一定的微量元素来支持细胞生长和代谢。因此,良好和稳定的厌氧消化反应运行还必须有足够的微量元素。从发现微量元素对厌氧消化过程有一定的作用以来,Scherer 等[35]分析了不同样品、不同菌株体中微量元素的含量。这些微量元素在厌氧菌群中的含量顺序为:Fe≫Zn>Ni>Cu∽Co∽Mo>Mn。这个结果清楚地表明了微量元素在构建产甲烷菌的过程中发挥着重要的作用。

研究表明,金属 Co 是维生素 $B_{12}$ 合成所需要的微量元素,金属 Ni 是酶 $F_{430}$ 合成的必需元素[36]。同时,在所有微量元素中,金属 Ni 和 Co 被认为是最重要的微量元素。

废物厌氧消化产生甲烷作为可更新能源越来越受到重视,对提高代谢酶的活性、促进甲烷菌的生长起着重要作用,并且微量元素对厌氧消化反应的影响存在"低促高抑"规律。

废水厌氧消化过程中,添加微量元素 $Ni^{2+}$ 和 $Co^{2+}$ 后明显提高了甲烷菌的活性,而且辅酶的浓度由 0.62 $\mu mol\text{-}Ni/g$ VSS 增加到 0.67 $\mu mol\text{-}Ni/g$ VSS[32]。

利用粪堆肥与工业废物共厌氧消化过程中添加微量元素 Ni 和 Co[37]对体系产甲烷的影响研究结果表明,利用猪粪和牛粪的堆肥与工业废物实验室规模上共厌氧消化,与对照实验相比,添加微量元素可以获得低于 89% 挥发酸的厌氧体系,产气率增加 24%,气体产量增加 10%,即使底物中含有 50% 的粪便,微量元素的添加也可以获得较高的甲烷产量并有稳定的运行过程。

微量元素 $Ni^{2+}$ 在络合剂存在的条件下,有利于微量元素的酶促作用发挥。在 $Ni^{2+}$ 存在的条件下,添加络合剂柠檬酸、次氮基三乙酸和乙二胺四乙酸二钠,可以明显提高乙酸的产甲烷能力[33]。

微量元素 Fe、Co 和 Ni 组合添加对农贸市场废弃物厌氧消化有明显促进作用,甲烷产生量提高了 11.2%～25.4%,甲烷含量相应提高,Fe、Co 和 Ni 的最佳投加量分别为 1 mg/L、0.1 mg/L 和 0.2 mg/L[34]。另一项研究表明,投加 Fe、Ni 和 Co 时,其最佳质量浓度分别为 50 mg/L、10 mg/L 和 10 mg/L 时,可明显提高厌氧反应的处理效果[38]。两个研究中明显存在微量元素最佳添加量的差异。添加单一微量元素在厌氧消化体系中的作用见表 1-5～表 1-7。

表 1-5　　　　　　添加微量元素在厌氧消化体系中的作用 1

| 微量元素 | 底物 | 运行条件 | 添加浓度 | 单位 | 参数 | 影响结果/% |
|---|---|---|---|---|---|---|
| Fe | 乙酸 | CSTR OLR:0.6 g/(L·d) | 1.0/1.06 | mg/L | AUR | +3822 |
| | | | | | VSS | +1390 |
| | 食品废物 | 批式,37 ℃ | 100 | mg/L | 甲烷产量 | +11.3 |
| Ni | 乙酸 | CSTR OLR:0.6 g/(L·d) | 0.1/0.201 | mg/L | AUR | +2011 |
| | | | | | VSS | +352 |
| | 食品废物 | 批式,37 ℃ | 100 | mg/kg TS | SMP | +15.4 |
| | 食品废物 | 批式,37 ℃ | 100 | mg/kg TS | SMP | −6.22 |
| | 玉米青储 | 批式,37 ℃ | 0.1 | mg/L | TS 去除率 | +0.5 |
| Co | 乙酸 | CSTR OLR:0.6 g/(L·d) | 0.1/0.154 | mg/L | AUR | +462 |
| | 食品废物 | 批式,37 ℃ | 100 | mg/kg TS | SMP | +11.2 |
| | 食品废物 | 批式,37 ℃ | 100 | mg/kg TS | SMP | −7.14 |
| | 玉米青储 | 批式,37 ℃ | 0.1 | mg/L | TS 去除率 | 没影响 |
| | 食品废物 | 批式,37 ℃ | 1 | mg/L | VS 去除率 | −3.6 |
| Mo | 食品废物 | 批式,37 ℃ | 6 | mg/kg TS | SMP | +42.9 |
| | 食品废物 | 批式,37 ℃ | 6 | mg/kg TS | SMP | −0.23 |
| | 玉米青储 | 批式,37 ℃ | 0.5 | mg/L | TS 去除率 | −0.40 |
| | | | | | VS 去除率 | −3.6 |
| | 食品废物 | 批式,37 ℃ | 5 | mg/L | 甲烷产量 | +11.6 |

续表

| 微量元素 | 底物 | 运行条件 | 添加浓度 | 单位 | 参数 | 影响结果/% |
|---|---|---|---|---|---|---|
| Mo | 食品废物 | 批式,37 ℃ | 10 | mg/kg TS | SMP | −9.45 |
| Se | 食品废物 | 批式,37 ℃ | 10 | mg/kg TS | SMP | +27.2 |
| W | 食品废物 | 批式,37 ℃ | 10 | mg/kg TS | SMP | +10.7 |
| | 食品废物 | 批式,37 ℃ | 10 | mg/kg TS | SMP | −20.3 |

注:AUR 表示乙酸利用率。

表 1-6　　　　添加微量元素在厌氧消化体系中的作用 2

| 底物 | 运行方式 | 操作条件 | 微量元素添加浓度 | 单位 | 结果 |
|---|---|---|---|---|---|
| 屠宰废水 | 连续方式 CSTR,37 ℃, 7.0 L | OLR: 2.5 g VS/(L·d) | 微量元素溶液 Fe,Co, Ni,Mo,Cu, Zn,Se,B | mg/L | VFA 由10000 mg/L 减少到 700 mg/L(减少率为+93%) |
| | 连续方式 CSTR,37 ℃, 7.0 L | OLR: 1.8 kg VS/(L·d) NH₃-N:8.5 g/kg | 微量元素溶液 Fe,Co,Ni, Mo,Cu,Zn, Se,B | mg/L | 由于氨氮的抑制作用,使 SMY 减少 170 ~ 340 Nm³/t COD;VFA 小于或等于 3500 mg/L |
| 粪便和工业废水 | 连续方式, 39 ℃,8L | OLR: 3.0 kg VS/(L·d) | 微量元素溶液: Fe,Co,Ni, Mo,Se,W | mg/L | 微量元素添加, VFA 由 1700 mg/L 减少到 400 mg/L |
| | 连续方式, 39 ℃,8L | OLR: 3.3 kg VS/(L·d) | 微量元素溶液: Fe,Co,Ni, Mo,Se,W | mg/L | 甲烷产率: +24%; 甲烷产量: +10%; |
| 青储 | 半连续方式 CSTR,37 ℃, 4L | OLR: 4.0 g VS/(L·d) HRT:19 d | Fe:74.4; Co:0.13; Ni:2.48 | mg/L | SMP 由 360 L CH₄/kg VS 增加到 404 L CH₄/kg VS(增加率为+12%); 积累的丙酸消除;乙酸浓度下降到低值 |

| 底物 | 运行方式 | 操作条件 | 微量元素添加浓度 | 单位 | 结果 |
|---|---|---|---|---|---|
| 食品废物 | 半连续方式 CSTR,37 ℃, 4.5L | 停止进料 | 微量元素溶液: Fe,Co,Ni | mg/L | VFA 由30470 mg/L 减少到2260 mg/L |
| | 半连续方式 CSTR,37 ℃, 4.5L | 重新开始进料 OLR: 4.0 g VS/(L·d) | Fe:5; Co,Ni:1 | mg/L | 稳定的 SMP 和 VMPR 出现 |
| | 半连续方式 CSTR,37 ℃, 5.5L | 停止进料 | 微量元素溶液: Fe,Co,Ni, Se,W | mg/L | VFA 由20370 mg/L 减少到2860 mg/L |
| | 半连续方式 CSTR,55 ℃, 4.5L | 重新开始进料 OLR: 2.9 g VS/(L·d) | Fe:5; Co,Ni:1 | mg/L | 稳定的 VFA 和 SMP 出现 |
| 含有高氨浓度的食品废物 | 半连续方式 CSTR,36 ℃, 4L | OLR:3.0～ 4.0 g VS/(L·d) | 多元素添加停止 | mg/L | VFA 为 500～ 4000 mg/L |
| | 半连续方式 CSTR,36 ℃, 4L | OLR:3.0～ 4.0 g VS/(L·d) | Se 添加 | mg/L | 暂时性 VFA 减少 |
| | 半连续方式 CSTR,38 ℃, 5L | OLR:2.0～ 4.0 g VS/(L·d) | 多元素添加停止 | mg/L | VFA 由867 mg/L 增加到3000 mg/L |
| 屠宰废水和城市生活垃圾有机部分共厌氧 | 连续方式 CSTR,38 ℃, 8.5 L | OLR: 4.0 g VS/(L·d) | Fe:400; Co:0.5 | mg/L | 添加 Co,使 VFA 累积到 7000 mg/L; 而添加 Fe,使 VFA 累积仅为 2000～ 3000 mg/L |

续表

| 底物 | 运行方式 | 操作条件 | 微量元素添加浓度 | 单位 | 结果 |
|---|---|---|---|---|---|
| 屠宰废水城市生活垃圾有机部分共厌氧 | 连续方式CSTR,38 ℃,8.5 L | OLR:4.0 g VS/(L·d) | Fe:400;Co:0.5;Ni:0.5 | mg/L | 5 d 之内,添加Ni,使 VFA 由7000 mg/L 减少到0;添加 Co 和 Ni 比添加 Fe 和 Ni 更有利,使 SMP 增加8% |
| 养猪屠宰废水 | 半连续方式CSTR,35 ℃,10 L | 停止进料 | 微量元素溶液:Co,Ni,Se,W | mg/L | VFA 累积很小(−91.3%),对照实验仅添加 Fe |
| 养猪屠宰废水 | 半连续方式CSTR,35 ℃,10 L | 开始进料,OLR:1.5 kg VS/(L·d) | 微量元素溶液:Co,Ni,Se,W | mg/L | 甲烷产量4.76% |
| 青储+屠宰废水 | 半连续方式CSTR,37 ℃,4 L | OLR:2.0 g VS/(L·d)HRT:19 d | Fe:20.4;Co:0.8;Ni:3.8 | mg/L | SMP 由278 L $CH_4$/kg VS 增加到339 L $CH_4$/kg VS |

表 1-7 **厌氧消化过程对微量元素的需求实验**

| 微量元素 | 所需浓度 | 反应器 | 底物 | OLR/[g COD/(L·d)](标明者除外) | 温度/℃ |
|---|---|---|---|---|---|
| Fe | 0.2 mg/g $COD_{removed}$ | 甲烷发酵 | 葡萄糖 | 2 | 35 |
| | 0.45 mg/g $COD_{removed}$ | 甲烷发酵 | 葡萄糖 | 2 | 55 |
| | 0.276 mg/g $COD_{removed}$ | 甲烷发酵 | 食品废物 | 1.9~6.3 | 55 |
| | 0.43~0.66 mg/L | UASB | 蔗糖 | 2.16~2.4 | 35 |
| | 5.0 mg/L | 半连续反应 | 食品废物 | 1~4 g/(VSL·d) | 37 |
| | 0.55 mg/L | UASB | 甲醇 | 2.6~7.8 | 30 |
| | 1233 mg/kg | 半连续反应 | 玉米 | 10 | 38 |
| | 400 mg/kg | CSTR | OFMSW+屠宰废物 | 5.14 g/(VSL·d) | 38 |
| | 5.2 mg/L | CSTR | 有机废物 | 3.0~3.5 g/(VSL·d) | 35 |
| | 10 mg/L | UASB | 酒糟 | 5.9 | 35 |

续表

| 微量元素 | 所需浓度 | 反应器 | 底物 | OLR/[g COD/(L·d)]（标明者除外） | 温度/℃ |
|---|---|---|---|---|---|
| Ni | 0.6 mg/kg | 半连续反应 | 玉米青储 | 3 | 35 |
| | 0.0063 mg/g COD$_{removal}$ | 甲烷发酵 | 葡萄糖 | 2 | 35 |
| | 0.0049 mg/g COD$_{removal}$ | 甲烷发酵 | 葡萄糖 | 2 | 55 |
| | 1.0 mg/L | 半连续反应 | 食品废物 | 1~4 g/(VSL·d) | 37 |
| | 100 mg/kg TS | CSTR | 食品废物 | 1.5~6 g/(VSL·d) | 35 |
| | 0.029 mg/L | 厌氧污泥颗粒反应器 | 甲醇 | 5~15 | 30 |
| | 6.1 mg/kg | 半连续反应 | 小麦青储 | 10 g/(L·d) | 38 |
| Co | 0.017 mg/g COD$_{removal}$ | 半连续反应 | 葡萄糖 | 2 | 35 |
| | 0.5 mg/L | CSTR | 玉米青储 | 1.6 | 37 |

国外学者早在20世纪70年代就意识到了微量元素对产甲烷菌的重要作用，并在之后的几十年中围绕对产甲烷菌有激活作用的Fe、Ni、Co等微量元素在厌氧消化中的应用进行了深入的研究。而国内专家学者对微量元素的重要性认识较晚，研究也相对较少。微量元素对甲烷发酵的协同作用不仅表现在满足生产甲烷的营养需求上，而且表现在可以促进反应体系当中甲烷菌转为优势菌演替上。即由甲烷菌占优势逐渐转变为甲烷八叠球菌占优势，后者的乙酸利用率比前者高3~5倍，通过添加微量元素，乙酸利用率超过30 g/(L·d)，优势菌群的变化，提高了乙酸的利用率，甲烷产量和整个厌氧消化系统的效率。

微量元素对甲烷发酵的重要性不容忽视，在温度、pH值、水力停留时间等因素运行正常的条件下，若产甲烷过程不稳定或产气率下降，微量元素的缺乏是首要监测的因素。微量元素不能解决厌氧消化中所有的难题，但是提高微量元素的生物有效度可以解决大部分运行问题，从而保障厌氧消化系统的长期稳定。在充分认识到微量元素对厌氧发酵的积极作用的同时，也要清晰地认识到外源添加微量元素潜在的环境风险，因为微量元素的存在，如果添加浓度太高，对废水和污泥处理不当很容易造成环境污染。因此在微量元素添加的研究中，应根据不同的发酵原料和工艺，优化最佳微量元素添加量，在保证厌氧消化系统稳定的同时，尽可能地减少重金属的累积,重点开展对负面作用影响小的过渡元素 Fe 的影响研究,尽量避免添加对土壤有污染的重金属如 Co、Zn、Ni 等[38]。

此外,厌氧消化体系中同时添加 Fe、Co 和 Ni,明显提高产甲烷菌的生长速度、生物活性和厌氧污泥颗粒化形成速度。含 Fe 污泥可以有效提高剩余污泥的厌氧消化效果;当 Ni 和 Co 浓度分别为 10 mg/L 和 5 mg/L 时,微生物增长可以达到最大值。

由上述研究可以看出,微量元素促进厌氧消化研究中处理的对象多数是合成废水,添加的微量元素主要是由化学试剂配制而成,并没有实际工业生产过程中,富含微量元素的工业废水应用于剩余污泥厌氧消化的研究,也没有应用于剩余污泥高温共厌氧消化的研究。因此,能否利用添加含微量元素的实际工业废水对剩余污泥厌氧消化的促进研究是未来研究的重点。

随着全球对能源安全的进一步强化,可更新能源技术越来越重要。为了使厌氧消化技术更成熟,需要支持相关微量元素酶促功能的科学研究。例如,除了开展厌氧消化过程添加微量元素实现有机物降解效率高、挥发酸浓度低、生物气产生率高的目标研究外,还要开展微量元素的生物有效性方面的研究,涉及微量元素的提取技术的研究,能否实现高回收率且低成本、用时短的回收技术更加重要。此外,微量元素的添加与厌氧消化的其他预处理技术的结合应用,相关技术同样需要进一步研究。

## 1.2.7　搅拌和混合作用

厌氧消化运行是细菌体的内酶和外酶与底物的接触反应过程,因此厌氧消化要受到底物和微生物种群接触方式和接触程度的影响[39],这种影响可通过搅拌和混合改变。适度的搅拌和混合可以及时传输热量、增加底物与细菌的接触机会、加速颗粒物的溶解,并改善底物、酶和微生物菌群分布[40-41]。然而,关于搅拌和混合强度对厌氧消化反应效率的影响研究结果并不相同,例如,有机废水在 4.5 m³ 的反应器内厌氧消化,无搅拌和混合比连续搅拌和混合条件下有更高的甲烷产生量[40];剩余污泥与水果和蔬菜混合物厌氧消化时搅拌的影响实验中,与高强度搅拌和混合条件相比,相对低的搅拌和混合,在较高的有机负荷率条件下,也能较为稳定地运行[42]。不同浓度底物在三种搅拌和混合条件下厌氧消化,当厌氧消化底物为 5% 的养殖废物时,不搅拌和混合与搅拌和混合条件下产气速率基本相同;当厌氧消化底物为 10% 的养殖废物时,厌氧污泥循环搅拌和混合、机械搅拌和混合及甲烷气体循环搅拌和混合条件下比没有搅拌和混合条件下产气量分别增加 29%、22% 和 15%[43]。这说明只有使搅拌和混合强度大小与厌氧消化体系中底物性质、有机负荷等参数相适应才能获得满意的厌氧消化效果。

### 1.2.8　有毒物质的抑制作用

有毒物质会对厌氧微生物产生不同程度的抑制作用,使厌氧消化效率下降甚至导致运行失败。最常见的有毒物质是氨氮、有机酸、硫化物、重金属等[44]。

氨氮主要是有机物蛋白质生物降解后的产物,挥发氨通过膜可以自由渗透而被认为是厌氧消化的主要抑制物质[45-46],在厌氧微生物种群中,甲烷菌的生存对氨氮的毒性最为敏感[47]。当氨氮浓度增加到 4051～5734 mg/L,颗粒污泥中的产酸菌群几乎不受影响而甲烷菌活性损失 56.5%[46];当氨氮浓度低于 200 mg/L 时[48],对厌氧反应过程是有利的,因为厌氧过程微生物生长需要氮的存在;而当氨氮浓度为 1700～14000 mg/L 时,可以导致甲烷产量下降 50%[49]左右。但氨氮浓度对体系产生毒性大小的影响取决于许多因素,如厌氧消化底物成分性质、消化温度和 pH 值等[50-51]。

硫是产甲烷菌需要的营养成分,许多工业废水中含有硫化物,在厌氧消化过程中,硫酸盐被脱硫菌还原为硫化物。然而,硫化物浓度较高时对厌氧消化有影响,当溶解性硫化物浓度为 100～800 mg/L 时对厌氧消化反应产生抑制作用[52];当自由的 $H_2S$ 浓度为 1000 mg/L 时,对积累的乙酸和嗜氢产甲烷菌产生轻微的抑制作用[53];厌氧消化过程最佳硫的浓度应为 1～25 mg S/L,硫化物对所有微生物种群的抑制在 pH 值为 6.8～7.2 范围内与非离子硫浓度有关,对多数微生物种群的抑制在 pH 值为 7.2 以上时才与硫的总浓度有关[54]。

剩余污泥中的重金属不但对剩余污泥厌氧消化产生重要影响,而且是制约污泥能否安全农用的重要因素之一。Ni、Cu、Cd 的存在对有机物 2-氯酚的厌氧降解均有抑制作用[55];重金属离子对厌氧污泥活性的抑制作用发生很快,在 0.25 h 内就能表现出来,并随金属浓度的增加而加剧,对厌氧污泥电子传递体系活性的抑制程度大小为 $Cu^{2+}>Cd^{2+}>Ni^{2+}$[56]。由于 $Ni^{2+}$ 和正四面体结构的酶的活性中心结构相吻合,从而加强了酶的催化作用,微量元素 $Ni^{2+}$ 对污泥电子传递体系活性的作用则基本表现为促进。

由重金属引起的厌氧污泥中毒,通过金属离子和微生物体内的生物配体形成络合物,使具有重要生理作用的生物配体失去活性,影响微生物的生理功能,如呼吸系统的电子传递体系、代谢酶等活性,从污染物去除率、有机酸含量及产气率的变化中表现出来。

因此,降低剩余污泥中的重金属不但对剩余污泥的厌氧消化有重要作用,而且为厌氧消化后的污泥安全农用奠定了基础。目前,去除剩余污泥中的重金属研究[57]包括以下几个方面:① 利用微生物的方法降低污泥中的重金属含量;② 通过化学和电化学方法降低污泥中的重金属含量;③ 利用植物的修复作用降低污泥中的重金属含量。

上述去除剩余污泥中重金属的方法尽管对剩余污泥的厌氧消化和安全利用有一定效果,但是明显存在处理成本高、对后续处置利用有影响及可行性低的弊端。因此,研究低成本、可行性强的降低剩余污泥中的重金属方法十分重要。

厌氧消化容许的有毒物质及限值见表 1-8。

表 1-8 厌氧消化容许的有毒物质及限值

| 有毒物质 | 表示方式 | 极限浓度/(mg/L)(pH 值及注明者除外) |
|---|---|---|
| 硫酸、盐酸、硝酸、磷酸 | pH 值 | 6.8 |
| 乳酸 | pH 值 | 5.0 |
| 丁酸 | pH 值 | 5.0 |
| 草酸 | pH 值 | 5.0 |
| 酒石酸 | pH 值 | 5.0 |
| 甲醇 | $CH_3OH$ | 800 |
| 丁醇 | $C_4H_9OH$ | 800 |
| 异戊醇 | $C_5H_{11}OH$ | 800 |
| 甲苯 | $C_6H_5CH_3$ | 400 |
| 二甲苯 | $C_6H_4(CH_3)_2$ | 870 |
| 甲醛 | HCHO | 100 |
| 丙酮 | $CH_3COCH_3$ | 4 g/L |
| 乙醚 | $(C_2H_5)O$ | 3.6 g/L |
| 汽油 | — | 400 |
| 机油 | — | 25 g/L |
| 氯化钠 | NaCl | 10 g/L |
| 氟化钠 | NaF | 11 g/L |
| 硫代硫酸钠 | $Na_2S_2O_3$ | 2.5 g/L |
| 亚硫酸钠 | $Na_2SO_3$ | 200 |
| 硫氰酸钠 | SCN | 180 |
| 氰氢酸钠 | CN | 10 |
| 苏打、石灰 | pH 值 | 8 |
| 铜化合物 | Cu | 100 |

续表

| 有毒物质 | 表示方式 | 极限浓度/(mg/L)<br>(pH 值及注明者除外) |
| --- | --- | --- |
| 镍化合物 | Ni | 500 |
| 铬化合物 | Cr | 200 |
| 硫化物 | $S^{2-}$ | 200 |
| 氯化物 | Cl | 2 g/L |
| 阳离子去垢剂 | 有效物质 | 100 |
| 阴离子去垢剂 | 有效物质 | 500 |

### 1.2.9 污泥停留时间和有机负荷率

污泥停留时间(SRT)也称污泥龄，是表征底物同微生物接触时间的量度，也是厌氧消化运行的重要参数之一，并且与有机负荷率(OLR)紧密相关，一般呈反比关系。增加 SRT 会提高有机物的去除效率，但会降低有机负荷率，并降低产气率，增加厌氧消化容积；减少 SRT 会增加有机负荷率，增加产气率，但会增加引起挥发酸累积，使反应失败的风险。

SRT 不但对有机物的去除率有很大影响，而且对优势种群甲烷菌的生长有着重要作用，对污泥中的脂类、碳水化合物和蛋白质水解和酸化也产生明显影响[24,58]；因此，调整 SRT、控制有机负荷率对厌氧消化稳定运行具有重要意义。

### 1.2.10 氧化还原电位(ORP)

在厌氧消化过程中，产生甲烷过程主要由产甲烷菌所完成，而产甲烷菌具有两种生理特性，一是产甲烷菌的生长要求严格的厌氧环境，二是细菌能直接利用的底物有限。这两种特性使人们对甲烷发酵的理论研究进展缓慢。

在厌氧消化过程中，产甲烷菌是这一微生物食物链中的最后一组成员，在自然界里或厌氧消化体系内，食物链中的不产甲烷菌在生长代谢过程中，消耗氧并积累脂肪酸、醇类等还原性物质，因而导致环境中的氧化还原电位降低，产甲烷菌则生活在其他微生物为它们所创造的厌氧环境里。微生物引起的各种生物化学反应是在特定的氧化还原电位(ORP)范围内发生和完成的，因此，氧化还原电位值的大小对于微生物生命过程中的生物化学体系具有重要影响。厌氧消化发酵体系中的氧化还原电位是由所有能形成氧化还原电对的化学物质的存在状态和浓度确定的。一般认为，产甲烷菌和其他严格厌氧菌在氧化还原电位大于−0.33V 时不能开始生长。

厌氧发酵水解产酸菌可存活的 ORP 为 $-400 \sim 100$ mV,不同发酵类型的微生物优势菌群所需的 ORP 范围不同,甲烷菌的最适条件为 $-400 \sim -300$ mV,由于污泥的成分较为复杂,能形成氧化还原电位的化学物质不易确定,通过成功地控制 ORP 的大小变化可以在线检测污泥的水解效率和产气状态。

# 1.3　剩余污泥厌氧消化预处理

由于剩余污泥中多数有机质存在于微生物细胞内部,受到细胞壁的保护作用,在厌氧消化过程中难以被微生物利用和降解,因此,水解过程被认为是剩余污泥厌氧消化的限速步骤[31,42]。传统的厌氧消化存在消化速率低、SRT($20 \sim 30$ d)长及处理效率低等[57-59]缺点,限制了厌氧消化技术优势的发挥。为提高厌氧消化效率,对剩余污泥中微生物细胞进行破解,使其中的有机物进入水相,有利于微生物对有机物的进攻、利用和降解。

近年来,国内外学者针对剩余污泥预处理提高厌氧消化效率展开了研究。主要预处理手段[60-68]包括:① 热解法;② 超声波法;③ 微波法;④ 超临界氧化法;⑤ 酶处理法;⑥ 加碱法预处理及其他方法组合而成的预处理方法等。这些方法均可以有效地破坏剩余污泥的结构及细胞壁,使絮体中胞内外有机物不同程度地溶出并进入液相,增加有机物与微生物接触的机会,促进剩余污泥的水解过程。

## 1.3.1　超声波预处理

超声波破解原理是在超声波($20$ kHz $\sim 10$ MHz)作用下,污泥内部产生气穴泡,且不断成长并最终共振内爆,污泥不断压缩和膨胀,局部产生超高温、高压,同时产生巨大的水力剪切力[69-70],使污泥结构中的微生物细胞壁得以破坏,细胞质和酶得以释放。表现为污泥中的有机物更充分地进入水相,剩余污泥的可溶性 COD 比例上升,从而改善剩余污泥厌氧消化体系中微生物对营养物的可利用性[71]。

超声波预处理剩余污泥具有如下优势[72]:① 有紧凑的设计;② 可实现低成本和自动化操作;③ 改善剩余污泥的脱水性能;④ 提高产气率;⑤ 对后续处理没有负面影响。

不同固体含量的剩余污泥,经频率为 $20$ kHz 和超声密度为 $0.768$ W/mL、超声时间为 $5 \sim 15$ min 预处理后溶解性化学需氧量(SCOD)的释放规律研究结果表明,SCOD 从 $2581$ mg/L 增加到 $7509$ mg/L,然而当超声波处理时间延长到 $20$ min 时,SCOD 增加速度明显变慢[73],其他研究[74-77]也得到了相似的结果。

众多关于超声波预处理剩余污泥研究所获得的 SCOD 数据并不一致。在超声能量输入 66800 kJ/kg TS 条件下处理剩余污泥，SCOD/COD 值增加 16.2%[70]；而 Bougrier 等[72]研究表明，超声输入能量仅为 6951 kJ/kg TS，SCOD/COD 值增加达到 $2 \times 16.2\%$；而在另一项研究[78]中，超声能量输入为 60000 kJ/kg TS，却得到 SCOD/COD 值增加 40% 的结果；还有一项研究中，超声波预处理剩余污泥，在能量输入为 64000 kJ/kg TS 的超声条件下，SCOD/COD 值增加 25%[79]。

超声频率是影响污泥破解效率的一个重要参数，因为超声频率直接影响了空化气泡的大小[80-81]。其他处理条件相同时，相对较高的超声频率下，空化效率迅速下降，而在相对较低的频率下，却可以产生极强烈的空化效果。进一步研究认为，双频、三频超声波辐照产生的破解效果远大于单频超声波产生的破解效果[82]；蒋建国等[83]研究发现，单频超声波处理剩余污泥的厌氧产气累计增量高于双频超声波，为 40.93%，而双频超声波处理剩余污泥的 SCOD 溶出量大，比单频超声波处理高 23.5%。

在评价超声波预处理剩余污泥破解效率时，pH 值和温度也是重要影响因素。碱和超声波协同作用对剩余污泥进行预处理破解效果更有效，其原因可能是碱的添加弱化了污泥的细胞壁，可促进碱与污泥细胞中胞外多聚物、细胞壁及细胞质膜中脂类物质的水解作用，使细胞中的有机物更容易释放出来；同时，加碱协同超声波处理可以降低单独超声波处理的成本。污泥超声破解影响破解效率因子作用大小为：剩余污泥的 pH 值>剩余污泥浓度>超声强度>超声密度[74]。

然而，超声波处理污泥所需能耗较高，是制约该技术发展的重要原因[76]。研究发现[66]，以超声波处理为手段，经 60min 预处理的剩余污泥厌氧消化后产气量明显提高，而所增加甲烷气体燃烧获得的能量，远远小于使用超声波所耗电能。因此，如何优化使用超声波处理措施，达到节能的效果，强化剩余污泥共厌氧消化效果值得研究。

## 1.3.2 热水解预处理

热水解是近年来发展起来的一种有效的剩余污泥预处理技术，最初是用来改善污泥的脱水性能[84]。剩余污泥经过热水解处理后，微生物絮体解体，微生物细胞中的结合水释放出来，污泥自由水的比例增大[85]，有利于污泥减量[86]，同时有利于后续污泥的厌氧消化。

剩余污泥热水解加热的温度通常为 75～200 ℃，相应压力范围是 600～2500 kPa[87]；增加温度对污泥中的 SCOD 的增加有正效应，在 150 ℃时，SCOD 的增加达 15%～20%，而在 200 ℃时，SCOD 增加 30%；当热水解温度较低时，增加热水解时间对增加 SCOD 有效;而在高温条件下,增加热水解时间对 SCOD 增加效果不太明显[84,88]。

随着热水解温度的升高,预处理后剩余污泥厌氧消化的产气率和有机物的去除率相应提高,在 170 ℃ 达到最大值,然后开始下降;然而,热水解温度提高到 190 ℃ 时,预处理后剩余污泥的厌氧消化性能开始下降,表明在高温条件下,污泥除了水解之外,有难降解的中间产物生成,并发生了美拉德反应。美拉德反应是氨基化合物和羰基化合物之间的缩合反应,温度越高,反应越激烈,生成的复杂产物称为类黑色素,而类黑色素是难以生物降解的,从而导致厌氧消化性能的下降[89]。

热水解条件与剩余污泥化学成分变化及后续的厌氧消化处理有直接关系。王治军等[90]对热水解剩余污泥溶出液的主要化学成分进行了分析,结果表明,剩余污泥的固体有机物在热水解过程中不断溶解,同时溶解的有机物也不断水解,使污泥水解液中含有丰富的 $C_1 \sim C_5$ 脂肪酸。在 210 ℃、75min 热水解条件下有机酸浓度达到最大值,在实验条件下,挥发酸占 SCOD 的 30% ~ 40%,乙酸占挥发酸的 50% 以上;乙酸所占比例随着热水解温度的升高而增大,说明温度越高,越有利于有机物水解成最稳定的产物(乙酸)。同时,剩余污泥经过热水解处理后,氨氮浓度增加,碱度提高,缓冲能力相应改善。此外,由于水解液含有较丰富的 $C_1 \sim C_5$ 挥发性脂肪酸,如果将污泥水解液作为碳源用于污水处理厂的反硝化脱氮系统,可以减少额外投加的碳源,从而节省费用,这是污泥热水解技术一个新的应用领域[91]。从 COD、脂类、碳水化合物、蛋白质的溶出产生量角度考虑,剩余污泥热水解温度 190 ℃ 比 135 ℃ 条件更有效[92]。

剩余污泥热水解需要外来能源加热污泥,影响运行成本,这是研究者比较关心的问题。为减少热水解处理成本,研究人员又开发了与热水解工艺结合的预处理工艺技术。效果较好的方法首推热碱联合处理法,与其他污泥破解方法相比,热碱联合处理法处理污泥具有操作简单、方便、处理时间短、效果好等优点。

何玉凤等[93]研究了热碱水解法对剩余污泥特性的影响。结果表明,在反应温度为 170 ℃、pH 值为 13、反应时间为 75 min 的热碱水解条件下,SCOD 达到 17956 mg/L,此时 SCOD 与总 COD 之比为 0.65;同样在 pH 值为 13,反应时间为 60 min 的条件下,剩余污泥中悬浮固体、挥发性悬浮固体溶解率均达到了最大值,分别为 67% 和 72%;同时,经热碱水解处理后的剩余污泥 SCOD 随着原始污泥浓度的增大而增大,并呈现了良好的线性关系。

热碱对剩余污泥的预处理[94-95],在适当的温度范围(50~90 ℃)内、pH 值为 8~11 条件下,污泥的破解效率与 pH 值和温度的关系符合一级动力方程,在 pH 值为 11 和温度为 90 ℃ 的条件下挥发性悬浮固体达到 6.82%,在 10 h 内污泥厌氧消化的挥发性悬浮固体的去除率达到 45％。

尽管剩余污泥热水解预处理方法对提高厌氧消化有一定效果，但需要外来热源并消耗能量，高瑞丽等[84]研究认为，热处理在提高产气量方面效果最好，还可以起到消毒灭菌的作用，但运行费较高，给实际推广带来一定的困难。

### 1.3.3 微波预处理

微波辐照作为预处理方法的应用是一项新技术，过去研究的重点放在微波的功能化影响因素上[96]，近年来，微波辐照预处理剩余污泥的研究重点放在优化预处理条件上。Park 等[97]利用微波对剩余污泥进行预处理再厌氧消化，结果表明，对照实验的挥发性固体去除率为(23.2±1.3)％，微波预处理后污泥厌氧消化的挥发性固体去除率为(25.7±0.8)％；剩余污泥微波预处理后厌氧消化，当水力停留时间为 8 d、10 d、12 d 和 15 d 时，沼气产生率分别为(240±11) mL/(L·d)、(183±9) mL/(L·d)、(147±8) mL/(L·d)和(117±7) mL/(L·d)；而对照实验的在水力停留时间为 10 d 和 15 d 时，产气率仅分别为(134±12) mL/(L·d)和(97±7) mL/(L·d)。

Eskicioglu 等[98]研究了微波与传统加热在 50 ℃、75 ℃和 96 ℃三种温度下对剩余污泥预处理效果。结果表明，厌氧消化运行 15 d 后，在 96 ℃下微波辐照剩余污泥厌氧消化相比传统加热方式处理产气量提高更大，增加率为 16％。

微波加热使剩余污泥中有机物水解反应快速发生，并且水解过程受温度影响显著，微波热水解 5 min 时，150 ℃和 170 ℃条件下的挥发性悬浮固体溶解率分别为 15.8％和 29.4％；10 min 时 COD 溶解率达到 19.07％和 25.75％，COD 和总有机碳在 170 ℃条件下分别为 9860.0 mg/L 和 2949.70 mg/L；预处理时间超过 5～10 min，挥发性悬浮固体和 COD 水解率增加缓慢；与碳和氢相比，污泥中氮的水解率更高，170 ℃微波热水解 5 min，氮的水解率达到 67％；150 ℃和 170 ℃条件下热水解 10 min，离心脱水污泥含水率降低到 73.1％和 65.5％；脱水性能相应改善，减量化率分别为 33.9％和 51.7％[62]。

高瑞丽等[84]研究了不同预处理方法对剩余污泥厌氧消化产沼气过程的影响，从污泥厌氧消化过程中累积的产甲烷量来看，微波预处理在几种方法中是最好的，但能量消耗比较大，运行费用较高。

通过热-碱、超声波-碱、热-酸和超声波-酸预处理技术对污泥进行预处理，发现利用碱的方法能够较好地改善高固体浓度的污泥有机溶出效率。污泥中的有机质和蛋白质溶出率分别达到 60.2％～61.6％和 66.8％～67.5％。此外，在热-碱和超声波-碱处理后，液相中 STOC 和 STN 浓度相对于未处理样增加倍数分别为 7.62 和 4.97，两种碱法处理技术不仅能分解污泥最外层的絮状物质，而且能破坏微生物的细胞结构,促使污泥颗粒粒径急剧变小,粒径小于 17 $\mu m$ 的污泥颗粒总数占 50% 以上。然而,在超声波-酸和热-酸的处理中,只有部分的污泥絮凝状结构分解,污泥颗粒粒径变化不明显。

### 1.3.4　其他预处理方法

除了以上几种预处理方法外,臭氧预处理剩余污泥破解法也相当有效。臭氧对污泥的破解,最佳破解条件为臭氧剂量 50 mg $O_3$/g 干泥;当臭氧剂量为 25 mg $O_3$/g 干泥时,经 90 min 处理后,污泥破解程度仅为 10.4%;当臭氧剂量增加到 80 mg $O_3$/g 干泥时并不能进一步对污泥进行破解[99]。

超声波、热水解和臭氧预处理方法都增加了 COD 和总固体的溶解程度;从污泥中有机物的溶解性角度来评价,热水解预处理效果要优于超声波预处理和臭氧预处理;但从预处理后剩余污泥的厌氧消化性能角度来评价,理想的结果是在 6250 kJ/kg TS 或 9350 kJ/kg TS 条件下进行超声波处理和在 170~190 ℃ 下进行热水解处理;另外,上述预处理方法均使污泥的黏度减小,但热水解对污泥黏度的减小作用更明显一些[63]。

超临界水氧化是近二十年发展起来的一种有机废物处理技术。在反应温度为 400~500 ℃、反应时间为 40~515 s 的条件下,超临界水氧化使剩余污泥中有机物的去除率达 99.9% 以上;在反应温度为 420 ℃、反应时间为 155 s 的条件下,氧化后残余固体物的体积仅为被处理污泥的 4%,预处理反应后 COD 小于 10 mg/L,反应动力学规律为幂函数方程,并且速率常数与温度的关系符合 Arrhenius 方程;有机物完全氧化释放的反应 21319.15 kJ/kg,在 400 ℃、26 MPa 条件下,当污泥中有机物质量含量超过 3.0% 时,反应能实现能量的平衡-自热[100-101]。显然,该技术对剩余污泥预处理有较好的效果,但是反应条件较为苛刻。

高速转盘机械法用于剩余污泥预处理,产生的流体剪切力是产生污泥可溶化的主要原因,研磨作用和酶促反应对污泥的可溶化起着促进作用;当转盘转速为 5000 r/min、污泥溶液中悬浮固体浓度高于 18000 mg/L、处理 45 min 后,污泥的可溶化率达 50% 以上[102]。

应用 γ 射线对剩余污泥进行预处理,也取得了一定的效果。γ 射线穿透力强,对微生物有强的致死作用,可将剩余污泥中的大颗粒转化为易于水解的小颗粒,并使污泥微生物的细胞膜受到破坏,增加可溶性有机物,提高厌氧消化效率[103]。

此外,芬顿试剂预处理、生物酶处理[17]剩余污泥,对剩余污泥的厌氧消化都有一定的效果。未来预处理的方法需要满足绿色环保的要求,而且高效、低成本也是关键因素。

由于剩余污泥中的 C/N 低,一般在 6.7 以下,加上细胞壁难以破解,使包裹的有机物不能释放出来,不能满足厌氧消化微生物对营养物质的适宜比例需求,换句话说,造成常规厌氧消化处理产气率小和污染物去除效率低。我国多数污水处理厂剩余污泥厌氧消化处理运行处于半瘫痪状态,厌氧消化成为进一步利用的瓶颈[17-104],如何克服剩余污泥厌氧消化存在的缺陷成为世界范围内研究的重点。

共厌氧消化是在一个在反应器内同时处理两种或两种以上混合废物的过程,它的优势[105-106]包括:① 稀释潜在的有毒物质;② 改善厌氧体系的营养平衡;③ 发挥体系内微生物菌群的协同降解作用;④ 增加有机负荷和产气量并提高厌氧消化效率;⑤ 提高反应器利用率并降低处理成本[107-108]。

# 1.4　剩余污泥共厌氧消化底物的选择研究

剩余污泥共厌氧消化底物的选择十分重要,它影响着厌氧消化的效率及能量平衡,通常具有废物性质,来源稳定,并且容易降解。这些废物可以调节剩余污泥的 C/N,从而促进剩余污泥的厌氧消化。

所有含有碳水化合物、蛋白质、脂类、纤维素、半纤维素的生物质,都可以作为底物通过厌氧消化产生甲烷气体。废水好氧处理产生的污泥、动物粪便、植物残渣、农产品加工过程的废物、肉食工业和鱼类加工过程的废物、乳业制品废物、食品工业废物、生活垃圾中的有机废物、能源作物也是作物厌氧消化的常用底物。

因此,以下这些底物得到广泛研究:① 蔬菜和水果废物[109-110];② 厨余垃圾废物[111-112];③ 制革废物[113];④ 城市固废中的易腐有机物[114-116];⑤ 糖果生产废物[117];⑥ 咖啡生产过程废物[30];⑦ 含木质较多的农业废物[118];⑧ 肉品加工厂的油脂泥[119-120];⑨ 食品加工过程废物[28,108];⑩ 海藻废物[121];⑪ 洋葱汁[122]等。然而,这些废物明显存在来源、产生量不稳定的问题,使大量的剩余污泥共厌氧消化缺乏有相对稳定来源的共厌氧消化底物。

从理论上说,甲烷气体的产生与碳水化合物、蛋白质、脂类的含量密切相关,其中脂类是产气量最高的底物之一,而碳水化合物和蛋白质具有较快的转化率但是产气量较低。

脂类分为脂肪、液体(油类)和固体(类脂类)三类。它们通常存在于食品废物和屠宰、乳制品加工和脂类的精炼过程中的废水[123],脂类是产生甲烷的有利底物,因为分子内 C 和 N 的数量都很高,这意味着有高的甲烷势和良好的营养比,然而,它们在厌氧消化时存在着抑制甲烷菌生长的因素,并且容易被污泥吸附,使污泥上浮或随污泥流出而导致消化效率下降[124]。

碳水化合物是农产品加工厂、食品废物、市政生活垃圾收集处理废物中的主要成分,厌氧消化过程废物的降解主要取决于产酸速率和产甲烷速率,特别地,如果酸化过程比产甲烷过程快,其结果是挥发酸(VFA)趋向于在反应器内累积,导致体系的 pH 值下降,最终导致产甲烷菌群活性下降,更严重的会使消化反应失败[125]。

蛋白质含量高的废物意味着氮的含量也高,这类物质主要来自肉类加工厂、屠宰场和动物粪便。

这些废物有高的有机物含量、高的生化需氧量,但是 C/N 较低[126-128]。动物粪便废物中氨的浓度较高,被认为在厌氧消化时会成为抑制因素[129-130]。当富含蛋白质的废物在厌氧消化时发酵产生的氨的浓度增高,会使抑制厌氧消化的问题特别严重[131]。

造纸厂和板材加工厂以及纺织厂产生的废物含有大量的纤维素废物。这种废物也可以添加到厌氧消化体系中进行厌氧消化降解,因为它含有较高的 C/N,范围一般为 173/1～1000/1[132]。而在厌氧消化过程中,建议最佳的 C/N 范围是20/1～30/1[133]。

在共厌氧消化系统中,富含蛋白质的废物可以提供一定的缓冲能力并且有一定范围的营养物质,富含碳的化合物与富含氮的化合物在一起才有可能平衡 C/N,减小氨抑制的风险[134-135]。因此,与城市生活垃圾 OFMSW 在一起共厌氧消化推荐加入含氮高的物质[136],可以得到较好的 C/N 的效果。动物粪便与农作物秸秆在一起共厌氧消化有很好的 C/N 效果,得到的甲烷产量相应更高[137]。

厌氧消化体系中,不同的底物混合后产生最佳 C/N,影响协同作用开展的研究较多。利用棉秆与牲畜粪肥共厌氧消化,以挥发性固体为基准,通过四个不同比例的组合,考查其厌氧消化过程产气量和过程稳定性,确定当牲畜粪肥与棉秆比例为1：3时,厌氧消化效果最好[138]。Wang(2009 年)观察到小麦秸秆与猪粪共厌氧消化,可以多产生甲烷 10%～46%。

此外,Wu 等[140]研究表明,农作物秸秆,例如棉秆、小麦秸秆和燕麦秆的添加可以增加牲畜粪便的厌氧消化产气量。C/N 分别为 16/1、20/1、25/1 时 N 的计算结果是依据总凯氏氮(TKN)的结果为依据。最好的 C/N 是 25/1,共厌氧消化中的协同作用的进一步调查研究[141]表明,在研究城市生活有机质废物与富含纤维素物质,例如农作物秸秆和富含脂类物质中,得到了有益的结果[142-145]。城市生活垃圾有机质与城市污泥共厌氧消化研究也得到了有意义的结果[146-148]。

不同的植物在共厌氧体系中产生的甲烷气体及含量见表 1-9。

表 1-9 共厌氧体系产生的甲烷气体及含量

| 作物类别 | 甲烷气体产量/<br>(Nm³/t VS$_{added}$) | 甲烷含量/% |
|---|---|---|
| 甘蔗根 | 730～770 | 53 |
| 饲料甜菜 | 750～800 | 53 |
| 玉米秆 | 560～650 | 52 |
| 玉米棒混合物 | 660～680 | 53 |
| 小麦 | 650～700 | 54 |
| 黑小麦 | 590～620 | 54 |
| 高粱秆 | 520～580 | 55 |
| 青草 | 530～600 | 54 |
| 红三叶草 | 530～620 | 56 |
| 太阳花 | 420～540 | 55 |
| 小麦壳 | 700～750 | 53 |
| 黑麦谷 | 560～780 | 53 |

然而,如果比较甲烷的产量和含量,反应体积($V$)、反应温度($T$)、有机负荷率($OLR$)、水力停留时间($HRT$)、反应动力评价、水的含量、底物/种子污泥比例等指标都需要考虑。表 1-10 列出了不同共厌氧体系的甲烷气体的产量和含量对比。

表 1-10 不同共厌氧体系的甲烷气体的产量和含量对比

| 共厌氧底物 | 混合比率<br>(VS 为基准) | 反应条件 | 甲烷气体产量/<br>(Nm³/t VS$_{added}$) |
|---|---|---|---|
| 猪粪：玉米秸秆 | 75：25 | $V=30$L；$T=39$ ℃ | 210 |
| 猪粪：土豆废物 | 85：15 | $V=3.5$L；$T=35$ ℃ | 210～240 |
| | 80：20 | | 300～330 |
| 猪粪：小麦秸秆 | 75：25 | $V=20$L；$T=35$ ℃ | 240 |
| | 50：50 | | 220 |
| 牛粪：麦草 | 50：50 | $V=0.3$L；$T=35$ ℃ | 70 |
| | 25：75 | | 30 |
| 牛粪：甜菜青储 | 83：17 | $V=20$L；$T=35$ ℃ | 400 |

| 共厌氧底物 | 混合比率<br>（VS 为基准） | 反应条件 | 甲烷气体产量/<br>$(Nm^3/t\ VS_{added})$ |
|---|---|---|---|
| 牛粪：蔬菜废物 | 80：20 | $V=18L;T=35\ ℃$ | 380 |
|  | 70：30 |  | 340 |
| 牛粪：黑麦草 | 80：20 | $V=100L;T=35\ ℃$ | 160 |
| 牛粪：甘蔗糖渣 | 90：10 | $V=1.5L;T=35\ ℃$ | 149 |
|  | 60：40 |  | 220 |
| 牛粪：稻草 | 80：20 | $V=1.5L;T=35\ ℃$ | 178 |
|  | 60：40 |  | 250 |
| 水牛粪：玉米秸秆 | 70：30 | $V=0.5L;T=35\ ℃$ | 358 |
| 牛粪：干酪乳清 | 75：25 | $V=0.25L;T=35\ ℃$ | 252 |
|  | 90：10 |  | 237 |
| 牛粪：土豆制品废物 | 75：25 | $V=0.25L;T=35\ ℃$ | 227 |
| 牛粪：普通面条 | 75：25 | $V=0.25L;T=35\ ℃$ | 353 |
|  | 90：10 |  | 224 |
| 牛粪：肉面 | 75：25 | $V=0.25L;T=35\ ℃$ | 285 |
|  | 90：10 |  | 232 |
| 牛粪：柳枝 | 75：25 | $V=0.25L;T=35\ ℃$ | 207 |

在中温（35 ℃）和高温（55 ℃）两种温度条件下，比较屠宰场生产工艺废水与水果蔬菜废物的共厌氧消化效果[149]，结果表明，当水力停留时间（HRT）为 20 d 和 10 d 时，共厌氧消化明显比单独厌氧消化有更高的产气率。屠宰场生产工艺废水厌氧消化、水果蔬菜废物厌氧消化、二者共厌氧消化时产气率分别为 0.56 L/g TVS、0.61 L/g TVS 和 0.85 L/g TVS。与中温厌氧消化相比，高温厌氧消化屠宰场生产工艺废水厌氧消化、水果蔬菜废物厌氧消化、二者共厌氧消化产气率分别增加 28.5％、44.5％和 25％。然而，当水力停留时间（HRT）为 10 d 时，高温厌氧消化屠宰场生产工艺废水厌氧消化、二者共厌氧消化的产气率明显下降，这是由于较高的污泥负荷引起了自由氨浓度的增高抑制反应所造成的。

在 HRT＝10 d、HRT＝20 d 条件下反应的运行结果分别见表 1-11、表 1-12。

表 1-11                    **在 HRT＝10 d 条件下反应的运行结果**

| 参数 | 35 ℃ | | | 55 ℃ | | |
|---|---|---|---|---|---|---|
| | R1 | R2 | R3 | R4 | R5 | R6 |
| OLR/[g TV/(L·d)] | 0.4 | 2.4 | 2.5 | 0.42 | 2.48 | 2.56 |
| $TVS_{in}$/(g/L) | 4.2 | 24.8 | 25.6 | 4.2 | 24.8 | 25.6 |
| $TVS_{out}$/(g/L) | 1.2 | 5.8 | 3.9 | 1.6 | 5.4 | 9.6 |
| $TVS_{revomal}$/% | 71.4 | 76.4 | 84.6 | 60 | 78.2 | 62.5 |
| 气体产生率/(L/d) | 0.26 | 1.53 | 2.53 | 0.2 | 1.65 | 1.18 |
| 气体产量/[L/(g·$TVS_{revomal}$)] | 0.43 | 0.4 | 0.58 | 0.39 | 0.42 | 0.36 |
| 气体产量/[L/(g·$TVS_{add}$)] | 0.31 | 0.3 | 0.49 | 0.23 | 0.33 | 0.23 |
| 甲烷含量/% | 60 | 58 | 61 | 44 | 59 | 40 |
| TVFA/(mg/L) | 480 | 750 | 300 | 8900 | 600 | 800 |
| 总碱度/(mg/L) | 3900 | 1300 | 4400 | 650 | 2500 | 10500 |
| TVFA/总碱度 | 0.12 | 0.57 | 0.07 | 0.07 | 0.24 | 0.07 |
| pH 值 | 7.6 | 6.8 | 7.5 | 8.1 | 6.9 | 8 |
| 氨氮/(mg/L) | 980 | 120 | 900 | 3000 | 450 | 3400 |
| 游离氨/(mg/L) | 41.77 | 0.85 | 30.9 | 987.1 | 13.5 | 953.3 |

表 1-12                    **在 HRT＝20 d 条件下反应的运行结果**

| 参数 | 35 ℃ | | | 55 ℃ | | |
|---|---|---|---|---|---|---|
| | R1 | R2 | R3 | R4 | R5 | R6 |
| OLR/[g TV/(L·d)] | 0.2 | 1.2 | 1.2 | 0.21 | 1.24 | 1.28 |
| $TVS_{in}$/(g/L) | 4.2 | 24.8 | 25.6 | 4.2 | 24.8 | 25.6 |
| $TVS_{out}$/(g/L) | 1.1 | 5.9 | 3.6 | 1.0 | 5.2 | 3.5 |
| $TVS_{revomal}$/% | 73.4 | 76.2 | 84 | 75.2 | 79 | 86.2 |
| 气体产生率/(L/d) | 0.14 | 0.83 | 1.5 | 0.18 | 1.2 | 1.88 |
| 气体产量/[L/(g·$TVS_{revomal}$)] | 0.45 | 0.43 | 0.68 | 0.56 | 0.61 | 0.85 |
| 气体产量/[L/(g·$TVS_{add}$)] | 0.33 | 0.33 | 0.58 | 0.43 | 0.48 | 0.73 |
| 甲烷含量/% | 60 | 58 | 62 | 60 | 58 | 62 |
| TVFA/(mg/L) | 250 | 330 | 180 | 280 | 350 | 120 |

| 参数 | 35 ℃ | | | 55 ℃ | | |
|---|---|---|---|---|---|---|
| | R1 | R2 | R3 | R4 | R5 | R6 |
| 总碱度/(mg/L) | 1900 | 850 | 2300 | 3200 | 1200 | 3600 |
| TVFA/总碱度 | 0.13 | 0.38 | 0.08 | 0.08 | 0.29 | 0.03 |
| pH 值 | 7.4 | 7 | 7.3 | 7.8 | 7 | 7.7 |
| 氨氮/(mg/L) | 600 | 80 | 480 | 2300 | 280 | 2000 |
| 游离氨/(mg/L) | 16.4 | 0.9 | 10.5 | 453.9 | 10.5 | 326.7 |

# 1.5 剩余污泥共厌氧消化工艺研究

剩余污泥共厌氧消化工艺的研究主要包括:① 单相和两相共厌氧消化;② 超高温 65~70 ℃、高温 55 ℃左右、中温 35 ℃左右和低温 15~18 ℃范围内共厌氧消化。但在实际研究中,这些工艺条件是相互紧密联系的,并不能完全割裂开来。

剩余污泥与海藻废物在中温和高温条件下共厌氧消化,当海藻所占混合比例为 20%~40%时,中温共厌氧消化是可行的;而高温条件下,共厌氧消化有明显的抑制作用,并认为高温条件下产生的脱硫菌活性变化对产甲烷活性有强烈的抑制作用[121]。因此,抑制作用也是剩余污泥高温共厌氧消化过程中应避免的问题。

剩余污泥和制革废物在(30±3)℃条件下共厌氧消化,甲烷产率为 0.419~0.635 L/kg VS,挥发性固体去除率为 41%~52%[113]。

城市固废中的有机物与剩余污泥共厌氧消化,并通过元素分析手段可知,剩余污泥中的氮含量明显比城市固废中有机物中氮含量要高,而碳含量却相反;二者共厌氧消化可以提高剩余污泥的 C/N,使厌氧消化效率提高,甲烷产率达到 0.4~0.6 dm$^3$/g VSS$_{add}$[31]。

Zhang 等[115]也进行了城市固废中的有机物与剩余污泥中温共厌氧消化试验,结果表明,共厌氧消化时,剩余污泥的 C/N 从 8.10 提高到 17.6~20.55,使厌氧消化最初 20 d 产生较高的挥发酸及较低的 pH 值,产气量增加,但产气高峰出现较晚;厌氧消化后,污泥中总固体和挥发性固体的去除率分别为 30%和 65%。

Lafitte-Trouqué 等[117]研究了糖果生产废物与剩余污泥混合的单相和两相共厌氧消化对比结果,从挥发性固体的去除效果角度考虑,两相厌氧消化比单相厌氧消化更有效;然而,若从甲烷产生率角度考虑,第一相的高温和第二相的中温组合工艺在 SRT 为 12 d 时最有效,并且可以使厌氧系统保持稳定运行。

五种咖啡加工生产废物与剩余污泥的共厌氧中温消化研究结果表明,共厌氧消化甲烷产生率为 $0.24 \sim 0.28$ m³ $CH_4$/kg $VS_{initianl}$,总固体和挥发性固体去除率分别为 $50\% \sim 73\%$ 和 $75\% \sim 80\%$[118]。

土豆食品加工生产废物对剩余污泥与猪粪的共厌氧消化影响研究结果表明,当剩余污泥和土豆加工废水混合共厌氧消化时,厌氧消化系统的缓冲能力较弱,且当淀粉废水在共厌氧体系中比例增加时,厌氧体系会变得较为敏感,有机负荷率较大时可导致系统酸化失败;当猪粪与屠宰废物、蔬菜和各种工业废物共厌氧消化时,体系的缓冲能力较大,主要原因是氨含量增大;然而,高含量的氨将对体系有抑制作用[28]。

Luostarinen 等[119]研究了剩余污泥与含油脂污泥共厌氧中温消化,结果表明,油脂片厌氧消化时有较高的甲烷势,其值为 918 m³/t $VS_{add}$,当剩余污泥中添加 $46\%$ 油脂污泥,SRT 为 16 d,最大有机负荷率为 3.46 kg VS/(m³ · d),共厌氧消化时,甲烷产生量明显比剩余污泥厌氧消化的产气量高;当添加油脂污泥使混合污泥的挥发性固体为 $55\% \sim 71\%$ 时,共厌氧消化对挥发性固体降解不完全,甲烷产生量不增加。

Davidsson 等[120]也进行了剩余污泥与含油脂污泥共厌氧中温消化研究,表明油脂污泥厌氧消化有较高的甲烷势,但连续厌氧消化时不能达到稳定的产甲烷运行;而剩余污泥中添加 $10\% \sim 30\%$(以挥发性固体计)油脂片共厌氧消化时甲烷产率增加 $9\% \sim 27\%$,且消化过程可以稳定运行。

国内学者付胜涛等[111]研究了剩余污泥与厨余垃圾混合中温共厌氧消化,结果表明,当二者混合进料(按总固体计)之比为 3:1、1:1 和 1:3,SRT 为 10 d、15 d 和 20 d,进料负荷为 $1.53 \sim 5.63$ g VS/(L · d)时,没有出现 pH 值降低、碱度不足、氨抑制和挥发酸积累等抑制现象;进料总固体之比为 1:1 时,厌氧体系具有最大的缓冲能力,且稳定性和处理效果都比较理想,相应的挥发性固体去除率为 $51.1\% \sim 56.4\%$,甲烷产率为 $0.353 \sim 0.373$ L/g,甲烷含量为 $61.8\% \sim 67.4\%$。

Zupancic[116]从能量平衡角度研究了剩余污泥与城市生活垃圾中的有机物中温共厌氧消化,与剩余污泥厌氧消化相比,共厌氧消化有机负荷率为 1.0 kg m³/d $VSS_{add}$、SRT 为 20 d,甲烷气体产量增加了 $80\%$,产气率从 0.39 m³/kg $VSS_{add}$ 增加到 0.60 m³/kg $VSS_{add}$;产生的甲烷气体利用热电联产技术发电,其电能增加 $130\%$,热能增加 $55\%$。

## 1.5.1　高温共厌氧消化研究

如前所述,温度是厌氧消化的关键影响因素之一,温度影响微生物菌群的生长和稳定性,此外,稳定性也影响大分子化合物的溶解速度和吸收速度,所以,共厌氧消化和厌氧消化无非是底物的不同而已,在厌氧消化中都要受到温度的影响。并且中温消化具有明显的低能消耗问题,而高温厌氧消化虽然效率高但对能量需求要求相对较高,如果有合适的能源可以利用,高温消化具有中温消化所没有的优势。因此,人们利用高温(55 ℃左右)厌氧消化研究也相当广泛。

例如,增加高浓度食品废水与剩余污泥在中温和高温条件下厌氧消化对微生物菌群结构变化有很大的影响[150]。研究结果表明,当逐步增加食品废水时,系统产生的甲烷都明显增加,甲烷产生率(MPR)和甲烷含量在中温和高温条件下分别为 1.423 L $CH_4$/(L·d)、68.24％和 1.233 L $CH_4$/(L·d)、65.21％,此时食品废水与剩余污泥混合比率为 75:25(以 VS 计)。然而,当高温条件下仅添加食品废水时,甲烷的产生率和甲烷含量明显减少。焦磷酸测序结果表明,当增加食品废水共厌氧消化时,高温下微生物菌群的多样性减少,在两种温度条件下微生物菌群结构与共厌氧消化前的结构明显不同。例如,细菌成员 2 属 Petrotoga(分配到门热孢菌门)和 Petrimonaas(分配到门 Bacteroidetes)成为占主导地位的细菌。定量实时 PCR 分析结果也同样证明了这种变化结果,这说明主导菌群的变化受添加食品废水负荷的影响。

同样地,在两段高温对城市污泥和生活垃圾的有机质底物共厌氧消化研究中(S. Zahedi,2016)发现,在产酸阶段,也产生氢气,梭菌群占厚壁菌门总额的 76％,当产酸废水进入甲烷反应器后,酸性条件会对产甲烷菌产生负面影响而影响着微生物菌群 Methanosaeta SP(Methanobacteria,Methanomicrobiales,Methanococcales),并分别下降了 50％、38％、52％。同时,甲烷消化过程降低了梭菌群数量,由于 pH 值的增加和底物的减少,厚壁菌群增加(非梭菌),且甲烷微生物增加到 208％。而在对酒精废水污泥与酒糟中温和高温共厌氧消化研究中[151]发现,在中温条件下可以稳定运行,并有甲烷产生率为 0.386 $m^3$/kg COD 的效果,而在高温条件下不但运行过程不稳定,挥发酸明显累积,而且运行 26 d 后反应停止运行,必须加入适量的微量元素 Fe、Co、Ni 后才能启动反应,维持体系内微生物菌群的生长,甲烷产生率为 0.45 $m^3$/kg COD,COD 的去除率达到 88％。中温条件运行下污泥的脱水性能明显要好于高温共厌氧条件下的消化污泥的脱水性能,因为同样的污泥脱水效果,利用高分子聚丙烯酰胺(PAM)作为絮凝剂调理污泥脱水,中温共厌氧消化条件下 PAM 用量为 6.5 g/kg 干污泥,而高温条件下的 PAM 用量为 10 g/kg 干污泥[152]。

批式实验表明,高温条件下对葡萄酒制备过程中的渣汁和葡萄酒糟产气率分别为 0.34 $Nm^3$ $CH_4$/kg VS 和 0.37 $Nm^3$ $CH_4$/kg VS,而葡萄秆的产气率仅为 0.13 $Nm^3$ $CH_4$/kg VS,利用半连续方式进行高温厌氧消化,葡萄渣汁的产气率为 0.29 $Nm^3$/kg VS;考虑热电联产平衡,80 万吨葡萄酒生产量,废物通过高温厌氧消化,污泥停留时间为 40 d 时,在意大利境内,每年能产生热和电分别为 245 GWh 和 201 GWh[153]。

剩余污泥在高温(70 ℃)-中温(35 ℃)两段消化条件下与单段中温条件下厌氧消化进行比较,固体物质 VS 的去除率提高 10%,两种厌氧消化的产气率几乎没有差别,均为 0.24 L/g。在两段厌氧消化中,超嗜热菌发挥了重要作用,34.4% 的 COD 溶解在高温阶段,而中温阶段主要是产甲烷阶段,36.2% 的 COD 产生了甲烷。与中温单段厌氧消化相比,在两段高温厌氧消化中,厚壁菌门成为最优势菌门,与 *Methanothermobacter* 同属于超高温优势菌群,两段高温厌氧消化中的再循环增加了超嗜热阶段的微生物群落的多样性,这个因素导致在超嗜热阶段甲烷产生的改善[154]。

在高温条件下对青草进行厌氧消化,重点考察了青草与接种物的不同含量和比例对产甲烷的影响,结果表明,青草与接种物比例为 1、2、4 时,半纤维素明显增加 30.88%~35.15%($p < 0.05$),最高甲烷产生率为 167 L/kg VS,动力研究表明,用液体接种物可以使接种比例为 1 和 2 的体系,其水解常数和甲烷产生率分别为 0.269/d 和 0.245/d,149 L/kg VS 和 134 L/kg VS[154]。

用海藻昆布和牛粪在中温(35 ℃)和高温(50 ℃)条件下研究了添加不同比率底物对过程的影响[155]。结果表明,当海藻昆布在底物中的比率为 15%(以 VS 计)时,用中温共厌氧消化,对甲烷产量没有明显影响,而在高温条件下丙酸的累积对挥发酸的累积过程有明显的影响。累积的挥发酸后来作为反应器底物时,可使海藻的比率提高到 24% 而获得同样的效果。当海藻昆布在底物中的比率为 41%(以 VS 计)时,用中温共厌氧消化,甲烷的产率明显提高,而高温共厌氧消化产生最大的甲烷产量,进一步增加底物中海藻产率,两种温度下共厌氧消化甲烷产量均有激烈的下降趋势,表明当海藻昆布在底物中的比率为 41%(以 VS 计)时,高温条件下的共厌氧消化可以得到最佳的甲烷产气率。

利用城市污泥与甜菜渣浸出液在高温-中温两种温度交换条件下的共厌氧消化运行并与中温条件下的共厌氧消化进行比较,结果表明,两种水力停留时间在高温-中温两种温度交换条件下,中温保持 10 d 是最佳的消化时间。VS 的去除率取决于污泥的交换时间,在 64.6%~72.6% 的范围内,与单相高温条件下厌氧消化相比,得到明显高于 46.8% 的去除率;与单相中温条件下厌氧消化相比,得到明显高于 40.5% 的去除率,比甲烷产率为 424~468 mL CH₄/g VS,这个结果与中温单相厌氧消化结果相似。与此同时,增加的微生物活性与有机负荷正相关,而在单相中温厌氧消化中,增加的微生物活性与微生物群体的数量成反比[156]。

猪粪与生物柴油生产中的粗甘油在高温条件下共厌氧消化,结果表明,如果在体系中加入 3% 的粗甘油与猪粪中共厌氧消化,与单独猪粪厌氧消化相比,可以增加甲烷产量 180%,原因归结为共厌氧体系可以增加一倍有机负荷,而且游离氨的浓度降低,C/N 得到优化。此外,有机物质,例如蛋白质、糖类、纤维素等成分分析表明,营养物质主要来自粗甘油,而甲烷气体主要来自颗粒物质。但是,共厌氧消化后的污泥不能直接应用于土壤肥料或土壤改良剂,因为它们还有大量的营养物质没有降解。作为对比,猪粪消解后却可以直接作为土壤肥料和土壤改良剂[157]。

而热厌氧消化的启动也很重要,用城市污泥中温厌氧消化种子污泥启动高温厌氧消化污泥进行了研究,结果表明,通过 20 d 的适应期,可以把中温厌氧消化种子污泥接种在高温城市污泥厌氧消化过程中,用 454 焦磷酸测序和定量 PCR 对体系的微生物菌群进行测定,增加温度后,高温厌氧消化菌群主要由甲烷嗜热菌定植(*Methanothermobacter SPP*)和产甲烷菌(*Methanoculleus SPP*)两类群组成。同时,细菌群落主要是 *Fervido bacterium COM*,其丰度迅速从 0 增加到 28.52% 需要18 d,其次是其他潜在的嗜热菌属、梭状芽孢杆菌等。上述结果表明,一步策略可以让嗜热厌氧微生物群落快速建立。

土豆浆与灰泥共厌氧消化和单一牛奶高温厌氧消化进行比较,灰泥含有较高的蛋白质和脂类,它有较高的产气能力,然而,单一高温厌氧消化容易产生中间产物的累积,例如挥发酸、长链脂肪酸、氨氮等可打破厌氧消化的平衡,导致产气率下降。

单一高温厌氧消化灰泥,当有机负荷(OLR)为 1.5 kg VS/(m³·d),水力停留时间为 50 d 时,厌氧消化体系出现不稳定现象,产气率为 450 dm³/kg VS,在同样的有机负荷和水力停留时间下,可以产生 600~680 dm³/kg VS,并且体系不稳定现象得到改善。这为难降解工业废物的处理提供了思路。

城市污泥与油脂废物进行高温共厌氧消化实验室试验,经过添加油脂比例(以COD 计)12% 和 27%,有机负荷率由 22% 增加到 23% 和 28%,甲烷产生量增加1.2倍和 2.2 倍,当添加油脂比例(以 COD 计)37% 时,体系开始有挥发酸累积并导致体系不稳定。尽管存在这一不稳定问题,但挥发酸的累积可以忽略。长链挥发酸的存在会使高温厌氧消化后污泥的脱水性能下降,并且破坏产乙酸活性,而产乙酸活性决定产氢菌的活性。

对中温和高温条件下城市污泥与生物质废物进行共厌氧消化过程中的甲烷产率和甲烷古菌菌群进行了对比研究(D. Yu 等,2014),结果表明,生物质废物和城市污泥分别占 30% 和 70%(以 VS 计),有机负荷由 1 kg VS/(m³·d) 增加到10 kg VS/(m³·d),该过程没有表现出不稳定性,与中温厌氧(35~37 ℃)消化相比,更多的气体是产生于高温厌氧消化(55~57 ℃)过程。中温和高温条件下甲烷菌群都表现了有限的生物多样性,主要由 *Methanobacteriales* 和 *Methanosarcinales*(如

*Methanosarcina*)占主导地位。*Methanothermobacter* 作为高温条件下检测的优势菌属,除了温度对它的影响外,底物成分如乙酸和丙酸的存在状况(如浓度)都有明显的影响。在高温过程中观察细胞计数发现,一个古菌甲烷细胞计数是一般细胞的 6.25 倍,而在中温厌氧消化过程中,细胞计数率在 0.2~8.5 之间变化,这表明高温过程表现得更稳定,而过程中古菌菌群的丰度对甲烷的产生率没有较大的影响。

在高温条件下干酪乳清单段和两段序批式厌氧消化研究[158]结果表明,污泥停留时间为 8.3 d 时,单段厌氧消化过程比甲烷产率(SMP)为 $(314.5 \pm 6.6)$ L $CH_4$/kg $COD_{feed}$,污泥停留时间为 12.5 d 时,两段厌氧消化过程在早期的产甲烷过程有明显的酸的累积,表明这个过程被体系中的钾、钠离子所抑制,比甲烷产率(SMP)达到最大值 $(340.4 \pm 40)$ L $CH_4$/kg $COD_{feed}$,厌氧消化过程用傅立叶变换红外光谱和核磁共振(1 H 核磁共振)分析表明,甘油三酯脂质复合物成分的形成变化与厌氧消化环境中的高盐环境有关。

Bayr 等[159]研究了咖啡加工废物与污泥历时 148 d 的共厌氧消化过程,反应器为浸没式膜反应器,有机负荷由 2.2 kg COD/$(m^3 \cdot d)$增加到 33.7 kg COD/$(m^3 \cdot d)$,污泥停留时间由 70 d 缩短到 7 d,明显观察到体系的由酸累积引起的 pH 值下降,在适度的有机负荷 23.6 kg COD/$(m^3 \cdot d)$、污泥停留时间为 10 d、总固体为 150 g/L 条件下,厌氧消化对底物 COD 的去除率为 44.5%。产气中的 $H_2$ 含量为 100~200 ppm,丙酸的浓度持续在 1.0~3.2 g/L,挥发酸(VFA)消耗了 60% 的总碱度,$NH_4HCO_3$ 补充了总碱度,系统的稳定依赖于 pH 值的管理。16SrDNA 分析结果表明,利用氢的产甲烷菌占优势菌群,丙酸氧化菌在微生物菌群中是不足的。

利用酒糟循环废物与剩余污泥中温(37 ℃)和高温(55 ℃)共厌氧消化中试研究[160],获得高质量的厌氧消化污泥。结果表明,两个同等的连续搅拌式厌氧反应器 230 L,中温和高温厌氧消化都显示了相似的产气率(0.40 $m^3$/kg COD),但中温共厌氧消化比高温共厌氧消化有更稳定的过程参数。

共厌氧消化操作条件见表 1-13。

表 1-13　　　　　　　　共厌氧消化操作条件

| 参数 | 单位 | 数据 |
| --- | --- | --- |
| 温度 | ℃ | 37~55 |
| 反应体积 | $m^3$ | 0.23 |
| HRT | d | 20.6 |
| OLR | % | 2.8 |
| Lee flow | % Total flow | 22 |

| 参数 | 单位 | 数据 |
|---|---|---|
| Lee OLR | %OLR | 75 |
| Feed TS | g TS/kg | 43 |

不同温度下厌氧消化系统的污泥性质见表1-14。

表 1-14　　　　　不同温度下厌氧消化系统的污泥性质

| 参数 | 单位 | 37 ℃ | 55 ℃ |
|---|---|---|---|
| TS | g TS/kg | 23 | 19.6 |
| VS | g VS/kg | 16.1 | 12.4 |
| VS/TS | % | 68.6 | 69.7 |
| pH 值 | | 7.8 | 8.1 |
| 电导 | m S/cm | 9.2 | 9.7 |
| 氨氮 | mg/L | 1291 | 1360 |
| 部分碱度 | g $CaCO_3$/L | 3.42 | 3.27 |
| 总碱度 | g $CaCO_3$/L | 5.28 | 5.38 |
| TCOD | g/kg | 17.8 | 15.3 |
| SCOD | mg/kg | 1167 | 2339 |
| VFA | mg COD/kg | 302 | 1125 |
| PCOD | mg/g | 700 | 704 |
| TKN | mg/g | 48.7 | 42.2 |
| 正磷酸盐 | mg/g | 25.6 | 27.5 |
| COD/凯氏氮 | mg/g N P-$PO_4^{3-}$ | 14.7 | 16.5 |
| COD/正磷酸盐 | mg COD/g | 28.1 | 26.1 |
| 多酚类 | mg/L | 51 | 265 |

## 1.5.2　共厌氧消化能量平衡

在城市污水处理厂建设时,利用厌氧消化处理污泥,该过程中产生一定的沼气,达到污泥的稳定化、减量化、资源化的效果。目前,污水处理厂建成后,污泥厌氧消化池大多运行不正常,其原因需从污泥厌氧消化的净能产量、运行效益和沼气综合利用等方面综合研究考虑。

厌氧消化体系得到的净能产量,是消化作用产生沼气的总能量与用于维持消化过程所消耗的能量之差。正的能量平衡表明在实际生产应用中具有可行性,而负的能量平衡表明在实际生产应用中不具有可行性,能量平衡核算是任何一个污泥厌氧消化技术必须考虑的问题。

维持污泥厌氧消化过程的能量由两部分组成,即加热污泥至消化温度并维持该温度所需的能量以及进料和搅拌所需的能量。

净能产量可用下式表示:

$$E_{净能} = E_1 - E_2 - E_3$$

式中   $E_{净能}$——净能产量,kW·h/d;

      $E_1$——每天产生沼气燃烧后放出的热量,kW·h/d;

      $E_2$——每天所需加热量,kW·h/d;

      $E_3$——每天进料和物料搅拌所需的电能,kW·h/d;

对城市污水处理厂污泥厌氧消化净产能量和运行效益的研究[9]表明,当日处理规模为 5000 m³ 的污水处理厂在平均气温为 16 ℃、污泥平均温度为 19 ℃、土壤平均温度为 12 ℃,采用 35 ℃ 中温厌氧消化,投泥量为 375 m³/d,污泥含固率为 3% 时,VS 占污泥的百分数为 60% 时,不同污泥停留时间获得的净能产量不同。

停留时间与净能产量关系见表 1-15。

表 1-15             **停留时间与净能产量关系**         (单位:kW·h/d)

| 停留时间/d | $E_{净能}$ | $E_1$ | $E_2$ | $E_3$ | $E_4$ | $E_5$ |
|---|---|---|---|---|---|---|
| 10 | −4928 | 8095 | 6978 | 487 | 12797 | 226 |
| 12 | −3398 | 9781 | 6978 | 552 | 12908 | 271 |
| 14 | −2151 | 11179 | 6978 | 613 | 13014 | 316 |
| 16 | −1109 | 12367 | 6978 | 672 | 13115 | 361 |
| 18 | −222 | 13395 | 6978 | 729 | 13212 | 406 |
| 20 | 543 | 14299 | 6978 | 783 | 13305 | 451 |
| 25 | 2064 | 16154 | 6978 | 912 | 13527 | 563 |
| 30 | 3196 | 17606 | 6978 | 1033 | 13734 | 676 |

注:$E_1$ 为沼气放热量;$E_2$ 为加热生污泥至厌氧消化所需热量;$E_3$ 为消化池热损耗;$E_4$ 为每天所需加热量;
    $E_5$ 为每天进料和搅拌所需电量。

结果表明,污泥厌氧消化停留时间越长,产气率越高,产气量越多,保温所需消耗能量也越多,因此停留时间越长,净能产量越大,当停留时间少于 20 d 时,产气获得的热量比所需加热量小,因此净能产量是负的,此时,污泥厌氧消化是净能消耗过程。但另一方面,延长停留时间,意味着增加反应器容积也同时增加操作成本。

温度不同,净能量平衡有不同的值。不同的消化温度对净产能的影响见表 1-16。

表 1-16 　　　　　　**停留时间 20 d 时消化温度对净产能的影响** 　　(单位:kW·h/d)

| 消化温度/℃ | $E_{净能}$ | $E_1$ | $E_2$ | $E_3$ | $E_4$ | $E_5$ |
|---|---|---|---|---|---|---|
| 20 | 4831 | 6490 | 436 | 269 | 1208 | 451 |
| 23 | 4377 | 8456 | 1745 | 372 | 3628 | 451 |
| 26 | 3673 | 10171 | 3053 | 474 | 6047 | 451 |
| 29 | 2774 | 11692 | 4361 | 577 | 8466 | 451 |
| 32 | 1721 | 13058 | 5670 | 680 | 10886 | 451 |
| 35 | 543 | 14299 | 6978 | 783 | 13305 | 451 |

结果表明,厌氧消化温度越高,产气率越高,产气量越多,但加热生污泥至消化温度所需热量也相应增大,消化池与环境的温差大时热损耗也较多,由于提高温度所需增加的热量比增加的产能多,因而消化温度越高,净能产量越少。如果净能是设计的主要目的,消化池可在 35 ℃ 条件下运行。此外,消化温度的选择还必须考虑是否有热源可以利用,尤其是对废热资源的利用。

污水厂规模对净能产量的影响结果见表 1-17。

表 1-17 　　　　　　**污水厂规模对净能产量的影响** 　　(单位:kW·h/d)

| 污水厂处理规模/(m³/d) | 污泥量/(m³/d) | $E_{净能}$ | $E_1$ | $E_2$ | $E_3$ | $E_4$ | $E_5$ |
|---|---|---|---|---|---|---|---|
| 10000 | 75 | -66 | 2860 | 1396 | 258 | 2835 | 90 |
| 20000 | 150 | 39 | 5719 | 2791 | 417 | 5500 | 180 |
| 50000 | 375 | 543 | 14299 | 6978 | 783 | 13305 | 451 |
| 100000 | 750 | 1615 | 28597 | 13957 | 1257 | 26080 | 902 |
| 200000 | 1500 | 4088 | 57195 | 27913 | 2013 | 51302 | 1805 |

结果表明,污水厂规模越小,净能产量越小;污水厂规模越大,净能产量越大。

污水厂规模越大,污泥厌氧消化系统的建设费用和总投资额越大。若以 10000 m³/d 规模污水处理厂为一个建设单位,则随着规模的扩大,建设费和总投资的单位损耗分别为 10000 m³/d 规模污水处理厂污泥厌氧消化系统的 41.5% 和 41.2%。污水处理厂规模越大,污泥厌氧消化系统建设与总投资的单位亏损越小,50000 m³/d 以上规模的污水处理厂的污泥厌氧消化能扭亏为盈,收益随规模扩大而增加。

污泥含固率对净产能也有一定的影响。当污水处理厂处理规模为50000 $m^3/d$ 时,在采样35 ℃中温厌氧消化,消化时间为 20 d,含固率为 2.0%～4.5%的情况下,污泥厌氧消化得到的净能产量见表 1-18。

表 1-18 　　　　　　　污泥含固率对净能产量影响结果 　　　　（单位:kW·h/d）

| 污泥含固率/% | 污泥消化量/($m^3$/d) | 反应器容积/$m^3$ | $E_{净能}$ | $E_1$ | $E_2$ | $E_3$ | $E_4$ | $E_5$ |
|---|---|---|---|---|---|---|---|---|
| 2.0 | 562.5 | 5625 | −6093 | 14299 | 10468 | 1033 | 19715 | 676 |
| 2.5 | 450.0 | 4500 | −2118 | 14299 | 8374 | 887 | 15876 | 541 |
| 3.0 | 375.0 | 3750 | 543 | 14299 | 6978 | 783 | 13305 | 451 |
| 3.5 | 321.4 | 3214 | 2450 | 14299 | 5981 | 705 | 11462 | 386 |
| 4.0 | 281.3 | 2813 | 3886 | 14299 | 5234 | 643 | 10074 | 338 |
| 4.5 | 250.0 | 2500 | 5006 | 14299 | 4652 | 593 | 8992 | 300 |

结果表明,污泥浓度越高,污泥体积越小,加热生污泥至消化温度所需热量也少,同时可减小反应器容积,热损耗也小,因此净能产量越多。然而,污泥浓度高,污泥的黏度相应就高,污泥的搅拌耗能相应也高,污泥的含固率为 4%～5%时净能的产生有突跃点存在;5%以上的含固率污泥厌氧消化,污泥黏度、搅拌力急剧增大,在设计和运行时必须进行综合考虑。

对污泥高温(55 ℃)厌氧消化过程中热和能量需求进行研究[21]发现,当污泥停留时间为 1～10 d,热源是通过热电联产系统(CHP)获得,结果表明高温厌氧消化比中温厌氧消化反应速度更快,因此通过高温厌氧消化,实现在较短的停留时间和较小的反应器可以产生与中温厌氧消化同样的甲烷气体。污泥加热是热能需要的主要部分,反应的热损失只有污泥加热量的 2%～8%,高温厌氧消化的热能需求是中温厌氧消化需求的 2 倍。对于一个成功的高温厌氧消化系统,一个热电联产系统不可能满足所有的能量需求。热再生是一个解决的方法,流出污泥的温度为50～55 ℃,可以用于进料污泥 11 ℃的加热,产生足够的热能,在热能交换器中可以带来与中温厌氧消化同样需求水平的高温厌氧消化。

通过热电联产系统(CHP)热电产生势结果见表 1-19。

表 1-19 　　　　　　通过热电联产系统(CHP)热电产生势

| 污水厂处理量(PE) | HRT/d | | | | | | | | | |
|---|---|---|---|---|---|---|---|---|---|---|
| | 1 | 2 | 3 | 4 | 5 | 6 | 7 | 8 | 9 | 10 |
| | 通过 CHP 产热势/kW | | | | | | | | | |
| 10000 | 3.3 | 14.6 | 27.5 | 31.6 | 33.9 | 35.4 | 36.8 | 38.3 | 40.0 | 41.8 |

续表

| 污水厂处理量<br>（PE） | HRT/d | | | | | | | | | |
|---|---|---|---|---|---|---|---|---|---|---|
| | 1 | 2 | 3 | 4 | 5 | 6 | 7 | 8 | 9 | 10 |
| 通过CHP产热势/kW | | | | | | | | | | |
| 20000 | 6.59 | 29.1 | 55.1 | 63.2 | 67.8 | 70.7 | 73.6 | 76.5 | 80.1 | 83.6 |
| 30000 | 9.89 | 43.6 | 82.6 | 94.8 | 102 | 106 | 110 | 115 | 120 | 125 |
| 40000 | 13.2 | 58.2 | 110 | 126 | 136 | 141 | 147 | 153 | 160 | 167 |
| 50000 | 16.5 | 72.7 | 138 | 158 | 169 | 177 | 184 | 191 | 200 | 209 |
| 100000 | 33 | 145 | 275 | 316 | 339 | 354 | 368 | 383 | 400 | 418 |
| 150000 | 49.4 | 218 | 413 | 474 | 508 | 531 | 552 | 574 | 601 | 627 |
| 200000 | 65.9 | 291 | 551 | 632 | 678 | 707 | 736 | 765 | 801 | 836 |
| 250000 | 82.4 | 364 | 689 | 790 | 847 | 884 | 919 | 956 | 1000 | 1050 |
| 300000 | 98.9 | 436 | 826 | 948 | 1020 | 1060 | 1100 | 1150 | 1200 | 1260 |
| 400000 | 132 | 582 | 1100 | 1260 | 1360 | 1420 | 1470 | 1530 | 1600 | 1670 |
| 500000 | 165 | 727 | 1380 | 1580 | 1690 | 1770 | 1840 | 1910 | 2000 | 2090 |
| 通过CHP产电势/kW | | | | | | | | | | |
| 10000 | 2.1 | 9.26 | 17.5 | 20.1 | 21.6 | 22.5 | 23.4 | 24.4 | 25.5 | 26.6 |
| 20000 | 4.19 | 18.5 | 35.1 | 40.2 | 43.1 | 45.0 | 46.8 | 48.7 | 51.0 | 53.2 |
| 30000 | 6.29 | 27.8 | 52.6 | 60.3 | 64.7 | 67.5 | 70.2 | 73.0 | 76.4 | 79.8 |
| 40000 | 8.39 | 37.0 | 70.1 | 80.4 | 86.3 | 90.0 | 93.6 | 97.4 | 102 | 106 |
| 50000 | 10.5 | 46.3 | 87.6 | 101 | 108 | 113 | 117 | 122 | 127 | 133 |
| 100000 | 21 | 92.6 | 175 | 201 | 216 | 225 | 234 | 243 | 255 | 266 |
| 150000 | 31.5 | 139 | 263 | 302 | 323 | 338 | 351 | 365 | 382 | 399 |
| 200000 | 41.9 | 185 | 351 | 402 | 431 | 450 | 468 | 487 | 510 | 532 |
| 250000 | 52.4 | 231 | 438 | 503 | 539 | 563 | 585 | 609 | 637 | 665 |
| 300000 | 62.9 | 278 | 526 | 603 | 647 | 675 | 702 | 730 | 764 | 798 |
| 400000 | 83.9 | 370 | 701 | 804 | 863 | 900 | 936 | 974 | 1020 | 1060 |
| 500000 | 105 | 463 | 876 | 1010 | 1080 | 1130 | 1170 | 1220 | 1270 | 1330 |

通过污泥厌氧消化体系的热和电平衡进行研究[157]，共设计了四个厌氧消化处理体系，分别是：实验1，中温厌氧消化；实验2，高温厌氧消化；实验3，中温厌氧消

化后续 60 ℃或 80 ℃的卫生学热处理;实验 4,高温厌氧消化后续 60 ℃或 80 ℃的卫生学热处理,考察其运行的经济可行性。结果表明,实验 3 和实验 4 都可产生符合美国和欧洲农用卫生学标准的厌氧消化污泥,更高的污泥去除效率指标需要后续的 60 ℃或 80 ℃的卫生学处理。四个实验都可获得多余的能量,然而,正的能量平衡来源于实验 2 高温厌氧消化;如果中温厌氧消化获得正的能量平衡,则对于实验 3 中温厌氧消化后续 60 ℃或 80 ℃的卫生学热处理,必须在设备运行中考虑安装新鲜污泥或消化污泥的热交换装置。

城市污水处理厂剩余污泥厌氧消化,通过计算净能量和运行效益,结果表明,规模为 50000 m³/d 的污水处理厂采用 35 ℃中温厌氧消化,由于剩余污泥产气率低,能量平衡是负值,在经济上是亏损的[9]。

David 等研究了剩余污泥中温厌氧消化在不同 SRT 下的能量平衡,结果表明,由于产气率低,在研究的 SRT 条件下厌氧消化体系的能量平衡均为负值。

Lu 等研究了高温 55 ℃和 SRT 为 15 d 条件下,剩余污泥厌氧消化的能量平衡。结果表明,能量平衡出现负值。

因此,利用预处理方法和热厌氧消化改善剩余污泥厌氧消化能量平衡,并使厌氧消化体系能量平衡为正值成了努力的目标。

### 1.5.3　剩余污泥共厌氧消化动力学评价

在厌氧消化反应器内,同时存在着微生物对基质的降解和微生物自身的增长,厌氧过程动力学,是把厌氧消化过程基质的降解速率和微生物的增长速率同时用数学模型表达出来;应用动力学模型方程研究剩余污泥共厌氧消化过程,可以揭示反应本质,指导实验设计并优化反应运行过程[18]。

一切生命的代谢活动都是在酶的作用下进行的。酶在科学研究、医学领域、工农业生产中都有着重要作用。

厌氧消化的过程其实质是微生物降解底物中有机物的过程,有机物的降解需要酶的参与。这个过程既包含微生物的生长过程,也包含有机大分子降解成小分子的过程,前人对两个过程的规律都做了大量的研究。其中酶促反应动力学的基本公式米-门(Michaelis-Menten)公式,是研究酶反应动力学的一个最基本的关系式,它描述了反应速度与基质浓度之间的关系。

$$v = \frac{v_{\mathrm{m}} S}{K_{\mathrm{m}} + S} \qquad (1\text{-}1)$$

式中　$v$——反应速度;

　　　$S$——基质浓度;

　　　$v_{\mathrm{m}}$——最大反应速度;

$K_m$——当酶促反应速度为 $\frac{1}{2}v_m$ 时的基质浓度,常称为米氏常数。

当 $v_m = S$ 时,可得 $v = \frac{1}{2}v_m$,即当基质浓度等于米氏常数时,酶促反应速度正好等于反应速度的一半,故 $v_m$ 又称为半饱和常数。

$K_m$ 是酶的特征常数,它只与酶的种类和性质有关,而与酶浓度无关。$K_m$ 值受 pH 值和温度的影响。

如果 $S \ll K_m$,则米-门公式可简化为 $v = \frac{v_m S}{K_m}$,此时酶促反应为一级反应。

如果 $S \gg K_m$,则米-门公式可简化为 $v = v_m$,此时酶促反应为零级反应。

在一定范围内,反应速度随基质浓度的增加而提高,但当基质浓度很大时,就与基质无关,这是因为酶促反应是分两步进行的,当基质浓度很小时,则所有的基质都可与酶结合成复合物,同时还有过量的酶没有与基质结合,此时再增加基质,反应速度随之增加。若基质浓度很大,所有的酶都与基质结合,此时再增加基质,也不可能增加中间复合物的浓度,也就不会增加反应速度。因此,在水处理中为了加快反应速度,需要尽可能多地培养细菌,提高酶浓度,从而提高污染物的去除率及反应器的去除效率。

当需要求解 $K_m$ 和 $v_m$ 时,米-门公式可以变为如下形式:

$$\frac{1}{v} = \frac{K_m}{v_m}\frac{1}{S} + \frac{1}{v_m} \tag{1-2}$$

很显然,这是一个直线方程,可以利用基质浓度 $S$ 与反应速度的一些实验数据来估算最大反应速度 $v_m$ 和米氏常数 $K_m$。习惯上称之为倒数作图法。

尽管米-门公式是从酶促反应中得到的,但它同样可以适用于细菌生长过程中的规律。

1942 年莫诺特(Monod)根据实验数据得出基质浓度与微生物比增长速度的关系,1949 年用连续投料进行实验,并得出了同一关系式

$$\mu = \frac{\mu_{max} S}{S + K_s} \tag{1-3}$$

式中  $\mu$——微生物比增长速度;

  $\mu_{max}$——微生物最大比增长速度;

  $S$——基质浓度;

  $K_s$——半饱和常数。

1970 年劳伦斯(Lawrence)和麦卡蒂(McCarty)将 $\frac{dS}{dt}$ 与反应器中微生物量及周围基质浓度联系起来,得出如下关系式

$$\frac{dS}{dt} = \frac{KXS}{K_s + S} \tag{1-4}$$

式中 $\dfrac{dS}{dt}$——总基质利用速度；

$K$——最大比基质利用速度；

$S$——基质浓度；

$K_s$——半饱和常数；

$X$——微生物浓度。

比较分析表明，相比米-门公式，式(1-3)、式(1-4)能更直接地把微生物与废水中有机物浓度联系起来，因此可以更广泛地应用于废水生物处理的工程计算设计工作当中。

一般认为，厌氧消化符合一级动力学关系，因此，一级动力学方程评价剩余污泥共厌氧消化过程比较科学。常用底物厌氧消化动力学模型见表1-20[18]。

表1-20               常用底物厌氧消化动力学模型

| 微生物比生长速率 | 基质去除速率 | 可降解的限制基质浓度 |
|---|---|---|
| $\mu = \dfrac{KS}{S_0 - S} - k_d$ （一级反应） | $-\dfrac{dS}{dt} = KS$ | $S = \dfrac{S_0}{1 + k\theta_e}$ |
| $\mu = \dfrac{\mu_{max} S}{K_s + S} - K_d$ （Monod） | $-\dfrac{dS}{dt} = \dfrac{\mu_{max} XS}{Y(K_s + S)}$ | $S = \dfrac{K_s(1 + k_d \theta_c)}{\theta_c(\mu_{max} - k_d) - 1}$ |
| $\mu = \dfrac{\mu_m S}{BX + S} - K_d$ （Cotois） | $-\dfrac{dS}{dt} = \dfrac{\mu_m XS}{Y(BX + S)}$ | $S = \dfrac{BYS_0(1 + k_d \theta_c)}{BY(1 + k_d \theta_c) + \theta_c(\mu_m - k_d) - 1}$ |
| $\mu = \dfrac{\mu_m S}{S_0} - K_d$ （Grau） | $-\dfrac{dS}{dt} = \dfrac{\mu_{max} XS}{YS_0}$ | $S = \dfrac{K_s(1 + k_d \theta_c)}{\theta_c \mu_{max}}$ |
| $\mu = \dfrac{\mu_m S}{KS_0 + (1-K)S} - K_d$ | $-\dfrac{dS}{dt} = \dfrac{\mu_{max} XS}{KX + YS}$ | $S = \dfrac{KS_0(1 + k_d \theta_c)}{(K+1)(1 + b\theta_c) + \mu_{max} \theta_c}$ |

注：$\theta_c$是污泥龄，也可以为SRT，细胞平均停留时间；$S$是基质出水浓度；$B$是微生物生长系数；$\mu_{max}$和$\mu_m$
都是最大比生长速率；$X$是微生物浓度；$K_s$是半饱和常数。

大多数厌氧消化过程动力学的研究，尤其是涉及较为复杂的降解基质，一般不考虑子过程的动力学，通常把厌氧过程分为产酸过程和产甲烷两个过程考虑，每个过程的动力学常数见表1-21。

表1-21               中温厌氧消化过程动力学常数

| 过程或阶段 | $k/$ [mg COD/ (mg VSS·d)] | $K_s/$ (mg COD/L) | $\mu_{max}/$ (1/d) | $Y/$ (mg VSS/mg COD) |
|---|---|---|---|---|
| 产酸阶段 | 13 | 200 | 2.0 | 0.15 |

续表

| 过程或阶段 | $k/$ [mg COD/ (mg VSS · d)] | $K_s/$ (mg COD/L) | $\mu_{max}/$ (1/d) | $Y/$ (mg VSS/mg COD) |
|---|---|---|---|---|
| 产甲烷阶段 | 13 | 50 | 0.4 | 0.03 |
| 总的过程 | 2 | — | 0.4 | 0.18 |

对于颗粒有机物的水解,目前表达水解速率最普遍应用的模型为一级反应动力学方程。有机颗粒物不能被微生物直接利用,必须转化为能够透过细胞膜的溶解性物质,然后才能进行厌氧消化降解,因此,颗粒有机物的溶解是有机物厌氧消化反应的第一步。

颗粒有机物的水解速度与可降解有机物浓度属于一级反应动力学关系,可用下式表达:

$$\frac{dS}{dt} = -k_h \cdot S \tag{1-5}$$

式中    $S$——可降解有机颗粒物浓度,$mg/L^3$;

$k_h$——水解速率常数,$1/T$;

对间歇反应器,可以通过积分变为:

$$S = S_0 e^{-k_h \cdot t}$$

式中    $S_0$——可降解有机颗粒物初始浓度,$mg/L^3$;

对于稳态的完全反应器(CSTR),可得下式:

$$S = \frac{S_0}{1 + k_h \theta} \tag{1-6}$$

式中    $\theta$——水力停留时间(Hydraulic Retention Time,HRT),d。

不同颗粒有机物的水解速率常数见表 1-22。

表 1-22                                       不同颗粒有机物的水解速率常数

| 颗粒有机物 | 类别 | 厌氧消化温度/℃ | $k_h/(1/d)$ |
|---|---|---|---|
| 碳水化合物 | 滤纸 | 37 | 2.88 |
| 碳水化合物 | 粮食秸秆 | 35 | 0.045 |
| 蛋白质 | 酪蛋白 | 35 | 0.35 |
| 蛋白质 | 明胶蛋白 | 35 | 1.06 |
| 蛋白质 | 玉米蛋白 | 35 | 2.0 |
| 复杂有机基质 | 初沉污泥 | 25 | 0.77 |
| 复杂有机基质 | 活性污泥 | 35 | 0.15 |

续表

| 颗粒有机物 | 类别 | 厌氧消化温度/℃ | $k_h$/(1/d) |
|---|---|---|---|
| 复杂有机基质 | 生活垃圾 | 35～60 | 0.052～0.99 |
| 复杂有机基质 | 藻类 | 25 | 0.22 |

短链脂肪酸是厌氧消化过程中的重要中间产物,并影响着最终产物甲烷的产量和收率。因此,了解短链脂肪酸的厌氧消化动力学常数对于研究控制颗粒物的厌氧消化反应过程有重要参考作用。

主要短链脂肪酸厌氧消化动力学常数见表 1-23。

表 1-23 　　　　　　　　　主要短链脂肪酸厌氧消化动力学常数

| 脂肪酸类别 | 消化温度/℃ | $k$/[mg COD/(mg VSS d)] | $K_s$/[(mg COD/L)] | $\mu_{max}$/(1/d) | $Y$/(mg VSS/mg COD) | $K_d$/(1/d) |
|---|---|---|---|---|---|---|
| 丙酸 | 25 | 7.8 | 1145 | 0.358 | 0.051 | 0.04 |
| | 33 | 6.2 | 246 | 0.155 | 0.025 | — |
| | 35 | 7.7 | 60 | 0.313 | 0.042 | 0.01 |
| | 35 | | 17 | 0.13 | — | — |
| | 35 | — | 500 | 1.2 | — | — |
| 丁酸 | 35 | 8.1 | 13 | 0.354 | 0.047 | 0.027 |
| | 60 | | 12 | 0.77 | | |
| | 37 | | 166 | 0.86 | | |
| 混合酸 | 35 | 17.1 | 298 | 0.414 | 0.030 | 0.099 |

注:混合酸比例为乙酸:丙酸:丁酸=2:1:1。

Kim 等[29]用修正的 Gompertz 方程评价了剩余污泥与食品废物中温和高温共厌氧消化。结果表明,以进料参数和甲烷产生率为基础,通过动力学方程计算,在中温和高温共厌氧消化条件下,由于添加了较高 C/N 的食品废物,提高了剩余污泥厌氧消化效率,同时确定,食品废物与剩余污泥的最佳混合比例分别为39.3%和50.1%。

Thangamani 等[113]研究了剩余污泥与三种不同含量制革废物在(30±3)℃条件下共厌氧消化,用一级动力学模型方程评价共厌氧消化,结果表明,一级动力学方程模型描述动物组织和剩余污泥共厌氧消化是合适的,共厌氧消化体系反应速率常数为 0.0193～0.0207/d,高于剩余污泥厌氧消化反应速率常数。

Derbal 等[114]应用国际水协会推荐的一级动力学 ADM1 模型,研究了剩余污泥和有机废物中温共厌氧消化。结果表明,共厌氧消化体系的 pH 值、甲烷和二氧化碳含量、气体产生体积、COD、挥发酸、无机碳和无机氮的理论计算与实际实验数据能够很好地拟合;然而,该模型在应用于反应启动期数据拟合时效果并不太理想,同时应用于复杂过程会相对地受到限制。

研究结果见表 1-24～表 1-27。

表 1-24       **进料底物性质**

| 参数 | 均值 | 最小值 | 最大值 | 标准偏差 | 样品数 |
|---|---|---|---|---|---|
| pH 值 | 6.5 | 5.9 | 6.9 | 0.28 | 48 |
| $NH_3$/(mg N/L) | 18 | 8 | 46.5 | 10 | 48 |
| TKN/(mg N/L) | 47.9 | 40 | 52.5 | 3.54 | 23 |
| TCOD/(mg COD/L) | 691.9 | 591.1 | 822.1 | 69.4 | 27 |
| TP/(mg P/L) | 24.0 | 669.2 | 1183 | 172.4 | 23 |
| TS/(g/L) | 39.1 | 29 | 48.1 | 3.28 | 47 |
| TVS/(g/L) | 25.8 | 23.2 | 29.5 | 1.34 | 47 |
| TVS/(%TS) | 65 | 57.1 | 70 | 2.57 | 47 |
| 总碱度(pH=6.0) | 201.6 | 39 | 400 | 92.4 | 49 |
| 总碱度(pH=4.0) | 590.5 | 380 | 1268.8 | 201.7 | 48 |
| VFA/(mg COD/L) | 225.8 | 22.6 | 1358.7 | 364.6 | 47 |

表 1-25       **底物处理后性质**

| 参数 | 均值 | 最小值 | 最大值 | 标准偏差 | 样品数 |
|---|---|---|---|---|---|
| pH 值 | 7.4 | 7.2 | 7.7 | 0.14 | 50 |
| $NH_3$/(mg N/L) | 593.1 | 440 | 720 | 66 | 38 |
| TKN/(mg N/L) | 41.1 | 35.1 | 44.1 | 2.48 | 21 |
| TCOD/(mg COD/L) | 625.5 | 565.4 | 702.2 | 42.1 | 27 |
| TP/(mg P/L) | 28.4 | 7 | 125 | 15 | 23 |
| TS/(g/L) | 31.8 | 27.7 | 38.2 | 1.6 | 47 |
| TVS/(g/L) | 18 | 15.4 | 20.8 | 1 | 47 |
| TVS/(%TS) | 56.9 | 49.9 | 63.2 | 2.57 | 47 |
| 总碱度(pH=6.0) | 2342.1 | 1100 | 2163 | 163.1 | 49 |
| 总碱度(pH=4.0) | 1469.3 | 2040 | 2982 | 175.2 | 48 |
| VFA/(mg COD/L) | 12.1 | 2.1 | 30.6 | 7.6 | 47 |

表 1-26　　　　　　　　　　气体产生及性质

| 参数 | 均值 | 最小值 | 最大值 | 标准偏差 | 样品数 |
|---|---|---|---|---|---|
| 气体体积/(m³/d) | 606.4 | 375 | 860 | 129.3 | 46 |
| SGP/(m³/kg TVS) | 0.31 | 0.118 | 0.45 | 0.09 | 39 |
| 气体产生率/[m³/(m³·d)] | 0.4 | 0.183 | 0.42 | 0.06 | 48 |
| $CH_4$ 体积百分数/% | 65.8 | 60.3 | 68.1 | 1.3 | 49 |
| $CO_2$ 体积百分数/% | 34.2 | 31.9 | 39.7 | 1.3 | 49 |
| $CH_4$ 体积/(m³/d) | 399.7 | 246 | 559.9 | 83.6 | 46 |
| $CO_2$ 体积/(m³/d) | 206.7 | 139 | 300 | 46.6 | 46 |
| $H_2S$/ppm | 622.7 | 321 | 778 | 125.1 | 43 |

表 1-27　　　　　　　　　　常见大分子有机物动力常数

| 动力参数 | 名称 | 单位 | 用模型 ADM1 的初值 | 初值 | 估计值 |
|---|---|---|---|---|---|
| $K_{dis}$ | 破解常数 | 1/d | 0.5 | 0.7 | 0.5 |
| $K_{hyd.ch}$ | 碳水化合物水解常数 | 1/d | 10 | 1.25 | 1.017 |
| $K_{hyd.pr}$ | 蛋白质水解常数 | 1/d | 10 | 0.5 | 0.3482 |
| $K_{hyd.li}$ | 脂类水解常数 | 1/d | 10 | 0.4 | 0.999 |

　　由表 1-24～表 1-27 可知,国际水协会推荐的 ADM1 模型可以很好地模拟剩余污泥的厌氧消化和气体产生过程,因此可以作为厌氧消化的一种管理工具使用。

　　利用国际水协会推荐的 ADM1 模型在城市污泥与餐厅含油脂废物共厌氧消化过程进行校正比对[150],结果表明,模型可以合理地预测厌氧稳定状态下的气体产生率、$CH_4$ 含量、$CO_2$ 含量、pH 值,而 VFA 和碱度被模型过度预测,具体校正数据见表 1-28。

表 1-28　　　　　　　　　　碱度模型校正数据

| 参数 | 单位 | ADM1 缺陷值 | 校正值 |
|---|---|---|---|
| $K_{dis}$ | 1/d | 0.5 | 0.2 |
| $K_{hy-ch}$ | 1/d | 10 | 0.75 |

| 参数 | 单位 | ADM1 缺陷值 | 校正值 |
|---|---|---|---|
| $K_{hy\text{-}pr}$ | 1/d | 10 | 0.7 |
| $K_{hy\text{-}li}$ | 1/d | 10 | 2.1 |
| $K_{m\text{-}su}$ | 1/d | 30 | 37.4 |
| $K_{s\text{-}su}$ | mg COD/L | 500 | 496 |
| $K_{m\text{-}c4}$ | 1/d | 20 | 14.1 |
| $K_{s\text{-}c4}$ | mg COD/L | 200 | 193 |
| $K_{m\text{-}f2}$ | 1/d | 6.0 | 5.9 |
| $K_{s\text{-}f2}$ | mg COD/L | 400 | 381.5 |
| $K_{m\text{-}pro}$ | 1/d | 13.0 | 17.1 |
| $K_{s\text{-}pro}$ | mg COD/L | 100 | 63.5 |
| $K_{m\text{-}ac}$ | 1/d | 8.0 | 10.9 |
| $K_{s\text{-}ac}$ | mg COD/L | 150 | 96.1 |

Anhuradha 等(2007 年)研究了剩余污泥和蔬菜市场废物中温共厌氧消化运行的动力学过程,并用 Ken 和 Hashimoto 一级动力模型方程:

$$\frac{S}{S_0} = \frac{K}{\dfrac{J}{J_m} + (1+K)} \tag{1-7}$$

$$r_{CH_4} = \frac{B_0 S_0}{J}\left[1 - \frac{K}{\dfrac{J}{J_m} - (1+K)}\right] \tag{1-8}$$

式中　$B_0$——最终甲烷产率,L/g VS;

　　　$J$——停留时间,d;

　　　$J_m$——最小停留时间,d;

　　　$K$——动力常数;

　　　$S$——厌氧后底物浓度,g/L;

　　　$S_0$——厌氧前底物浓度,g/L。

研究剩余污泥厌氧消化和共厌氧消化动力学参数,结果表明,反应容积为 1.5 L,反应温度为 35 ℃,污泥与蔬菜质量比(以 VS 计)为 75%:25%,污泥停留时间为 15 d,剩余污泥添加蔬菜市场废物共厌氧消化,明显提高厌氧消化效率,增加了产气率;同时对实验数据进行动力学方程拟合,剩余污泥厌氧消化和剩余污泥共厌氧消化的动力学常数 $K$ 分别为 0.180 和 1.686,对 VS 的去除率为 63%～

65%。以产气率对进料的 VS 进行评价,蔬菜厌氧消化的产气率为 0.75 L/g VS,污泥的厌氧消化的产气率为 0.43 L/g VS,二者共厌氧消化后的产气率为 0.68 L/g VS;以产气率对降解后物料的 VS 进行评价,蔬菜厌氧消化的产气率为 1.17 L/g VS,污泥的厌氧消化的产气率为 0.68 L/g VS,二者共厌氧消化后的产气率为 1.04 L/g VS。这表明剩余污泥共厌氧消化动力学常数明显大于剩余污泥厌氧消化的动力学常数,同时也说明,与污泥相比,蔬菜是容易降解的底物,蔬菜与污泥共厌氧消化可以提高污泥的降解效率。动力学常数的数据可以为反应设计提供理论计算依据。

通过酒糟分别不处理和用 *Penicillium decumbens* 处理后中温(35 ℃)厌氧消化的动力学研究,利用 Chen-Hashimoto 预测模型对两个厌氧消化体系进行评价,得出:

$$\Theta = \frac{1}{\mu_{max}} + \frac{K}{\mu_{max}} \times \frac{B}{B_0 - B} \qquad (1\text{-}9)$$

式中　$\Theta$——污泥停留时间(SRT)或水力停留时间(HRT),d;

　　　$\mu_{max}$——最大比微生物生长速率,1/d;

　　　$K$——厌氧消化的动力学常数,与反应速率和体系的稳定性有关;

　　　$B$——底物在标准状态下的产气率,L $CH_4$/g $COD_{add}$;

　　　$B_0$——底物被微生物完全利用在标准状态下的产气率,L $CH_4$/g $COD_{add}$。

为了获得参数 $B_0$,先以 $\Theta$ 对 $\frac{B}{B_0 - B}$ 作图,得到相应的直线斜率 $K/\mu_{max}$ 和截距 $1/\mu_{max}$。

为了获得参数 $B_0$,从上面的方程可得如下方程式。

$$B = B_0 \left| 1 - \frac{K}{\mu_{max}\Theta - 1 + K} \right| \qquad (1\text{-}10)$$

当 $\mu_{max}\Theta \gg |1 - K|$ 时,以 $B$ 对 $1/\Theta$ 作图是一条直线,由于 $B$ 是每克 COD 产生的甲烷量,甲烷体积产生率 $\delta$ 等于 $B$ 乘以有机负荷率。

$B$ 是停留时间无限长时的产气率,直线的截距与 $B_0$ 一致,也即 $B$ 与 $B_0$ 一致,换句话说是二者无限接近。

$$\delta = B\frac{S_0}{\Theta} = B_0 \frac{S_0}{\Theta} \left| 1 - \frac{K}{\mu_{max}\Theta - 1 + K} \right| \qquad (1\text{-}11)$$

结果表明,未处理酒糟中温厌氧消化的 $\mu_{max}$ 和 $K$ 分别是 0.09/d 和 0.13,经过 *Penicillium decumbens* 处理后中温(35 ℃)厌氧消化 $\mu_{max}$ 和 $K$ 分别是 0.87/d 和 0.9。*Penicillium decumbens* 处理后中温(35 ℃)厌氧消化 $\mu_{max}$ 和 $K$ 是未处理酒糟中温厌氧消化的 $\mu_{max}$ 和 $K$ 的 9.6 倍和 6.9 倍。

　　Bernd Linke(2006 年)研究了土豆加工生产过程中废物在高温 55 ℃、完全混合反应器的厌氧消化过程的动力学常数,结果表明,随着有机负荷率的增加,甲烷的产率降低,当有机负荷为 0.8～3.4 g/(L·d)时,甲烷的产率为 0.65～0.85 L/g,甲烷的体积百分数为 50%～58%,在一级动力方程的基础上检测了反应速率常数 $k$ 和污泥停留时间 SRT,甲烷的最大产率 $y_m$ 通过批式实验的曲线拟合:$k$ 的结果通过 $y/(y_m-y)$ 对 $1/OLR$ 作图得到,经过长期实验数据并得到最大产率值 $y_m$,最终确定 $y_m$ 和 $k$ 值分别为 0.88 L/g 和 0.089/d。实验结果说明,一级反应动力模型可以应用于描述工业过程废物的厌氧消化处理过程。

# 1.6　污泥脱水性能

　　剩余污泥共厌氧消化除了改善厌氧消化效率外,消化后污泥的性质也是应该考虑的因素,在这些性质中污泥的脱水性能是重要因素之一。研究发现,污泥与小球藻(*Chlorella*)中温共厌氧消化能明显改善剩余污泥单独厌氧消化后的脱水性能,当绿藻(*Chlorophyta*)添加比例为 4% 和 11%(以 VS 为基准)与剩余污泥共厌氧消化,厌氧消化后污泥的脱水性能明显改善,其 CST 分别比剩余污泥单独厌氧消化后污泥分别降低 29.3% 和 50.6%。

　　酒精糟液厌氧消化后污泥脱水性能的研究也可以为研究共厌氧消化后污泥脱水性能提供参考依据,因此,厌氧消化后污泥脱水性能的研究也十分重要。

# 1.7　剩余污泥共厌氧消化研究存在的问题

　　尽管剩余污泥共厌氧消化的研究很活跃,并取得了阶段性成果,但真正应用于工业化生产尚有一些问题有待解决,主要是:① 如何建立剩余污泥高效的共厌氧消化体系,同时需要寻求来源、产量及性质稳定的共厌氧消化底物;② 剩余污泥高温共厌氧消化体系是高效厌氧消化体系,同时又是耗能体系,如何突破体系能量平衡为负值的瓶颈,实现节能减排是一个难题;③ 缺乏对剩余污泥性质与高温共厌氧消化体系之间交互影响的研究,如高温共厌氧消化对污泥脱水性能产生的影响,共厌氧消化对污泥中重金属含量的影响,高分子聚丙烯酰胺絮凝剂对剩余污泥高温共厌氧消化效果的影响;④ 有效强化共厌氧消化体系效率应采取的措施。

# 1.8 研究内容和研究意义

## 1.8.1 主要研究内容

(1)利用酒精糟液为底物,构建剩余污泥与酒精糟液高温共厌氧消化体系,研究体系的作用规律和机理,探讨剩余污泥与酒精糟液高温共厌氧消化能量平衡及其动力学。

(2)研究剩余污泥与酒精糟液高温共厌氧消化对污泥脱水性能的影响规律和机理,以及高温共厌氧消化对污泥中重金属的作用效果。

(3)研究超声波预处理剩余污泥和富含微量元素的工业废水对剩余污泥与酒精糟液高温共厌氧消化的影响规律和机理。

(4)研究剩余污泥中残存的聚丙烯酰胺絮凝剂对剩余污泥与酒精糟液高温共厌氧消化体系的影响及降低这种影响的措施。

(5)研究厌氧消化对污泥脱水性能的影响。

(6)研究哪些因素(如氧化剂、表面活性剂、骨架构建)对污泥脱水性能有影响。

## 1.8.2 研究意义

本研究为解决日益突出的剩余污泥二次污染问题提供切实可行的厌氧消化新思路和新途径。

(1)利用酒精糟液作为共厌氧消化体系的底物,利用工业废水中的微量元素研究增强体系效率的措施,体现了废物资源利用和实现节能减排的新思路。

(2)突破剩余污泥厌氧消化能量平衡为负值的瓶颈问题,为剩余污泥厌氧消化实现低碳处理模式提供理论依据。

(3)研究高温共厌氧消化对剩余污泥脱水性能及其中重金属含量的影响,为剩余污泥的后续处理和安全农用奠定理论基础和积累基础资料。

(4)研究污泥脱水性能的影响,为污泥作为有机肥原料及再利用提供基础数据。

## ⚛ 注释

[1] Strunkmann G W, Muller J A, Albert F, et al. Reduction of excess sludge production using mechanical disintegration devices[J]. Water Science and Technology,2006,54(5):69-76.

［2］ Paul E,Camacho P,Lefebvre D,et al. Organic matter release in low temperature thermal treatment of biological sludge for reduction of excess sludge production[J]. Water Science and Technology,2006,54(5):59-68.

［3］ Lee J W,Cha H Y,Park K Y,et al. Operational strategies for an activated sludge process in conjunction with ozone oxidation for zero excess sludge production during winter season[J]. Water Research,2005,39(7):1199-1204.

［4］ 中华人民共和国环境保护部.2014 中国环境状况公报[R].2016.

［5］ 杨健,吴敏.我国城市污水处理厂延伸污泥处理与处置责任[J].城市环境与城市生态,2004,17(1):16-18.

［6］ 吴静,姜洁,周红明,等.我国城市污水处理厂污泥厌氧消化系统的运行现状[J].中国给水排水,2008,24(22):21-23.

［7］ Gou Chengliu,Yang Zhaohui,Huang Jing,et al. Effects of temperature and organic loading rate on the performance and microbial community of anaerobic co-digestion of waste activated sludge and food waste[J]. Chemosphere,2014,105:146-151.

［8］ Yuan Dongqin,Wang Yili,Qian Xu. Variations of internal structure and moisture distribution in activated sludge with stratified extracellular polymeric substances extraction[J]. International Biodeterioration and biodegradation,2017,116:1-9.

［9］ 张辰,张善发,王国华.污泥处理处置技术研究进展[M].北京:化学工业出版社,2004.

［10］ 顾夏声,胡洪营,文湘华,等.水处理生物学[M].5 版.北京:中国建筑工业出版社,2011.

［11］ Hu C,Tan Q,Wu L,et al. Chemical properties of several kinds of sludge from wuhan in china and its utilization in crop production[J]. Journal of Huazhong Agricultural University,2002,21(4):362-366.

［12］ Burke S,Heathwaite L,Quinn N,et al. Strategic management of nonpoint source pollution from sewage sludge[J]. Water Science and Technology,2003,47(8):305-310.

［13］ Cusido J A,Cremades L V,Gonzalez M. Gaseous emissions from ceramics manufactured with urban sewage sludge during firing processes[J]. Waste Management,2003,23(3):273-280.

［14］ Chang Y,Chou C,Su K,et al. Elutriation characteristics of fine parti-cles from bubbling fluidized bed incineration for sludge cake treatment[J]. Waste

Manag,2005,25(3):249-263.

[15] Agridiotis V,Forester C F,Carliell-Marquet C. Addition of Al and Fe salts during treatment of paper mill effluents to improve activated sludge settlement characteristics[J]. Bioresource Technology,2007,98(15):2926-2934.

[16] 戴前进,李艺,方先金. 城市污水处理厂剩余污泥厌氧消化试验研究[J].中国给水排水,2006,22(23):95-98.

[17] Appels L, Baeyens J, Degrève J. Principles and potential of the anaerobic digestion of waste-activated sludge[J]. Progress in Energy and Combustion Science,2008,34(6):755-781.

[18] 胡纪萃,周孟津,左剑恶,等.废水厌氧生物处理理论与技术[M].北京:中国建筑工业出版社,2002.

[19] Cavinato C,Fatone F,Bolzonella,et al. Thermophilic anaerobic co-digestion of cattle manure with agro-wastes and energy crop:Comparison of pilot and full scale experiences[J]. Bioresource Technology ,2010,101(2):545-550.

[20] Owen W F, Parkin G F. Fundamentals of anaerobic digestion of wastewater sludges[J]. Journal of Environmental Engineering 1986,112(5):867-920.

[21] Zupancic G D, Roš M. Heat and energy requirements in the thermophilic anaerobic sludge digestion[J]. Renewable energy,2003,28(14):2255-2267.

[22] Zabranska J,Stepova J,Wachtl R,et al. The activity of anaerobic biomass in thermophilic and mesophilic digesters at different loading rates[J]. Water Science and Technology,2000,32(9):49-56.

[23] 韩育宏.污泥超声破解对高温厌氧消化的促进作用研究[M].天津:天津大学,2007.

[24] Yu H,Herbet H P,Gu G. Comparative performance of mesophilic and thermophilic acidogenic upflow reactors[J]. Process Biochemistry,2002,38(3):447-454.

[25] Perez M,Rodriguez-Cano R,Romero L I,et al. Anaerobic thermophilic of cutting oil wastewater:Effect of co-substrate[J]. Biochemical Engineering Journal,2006,29(3):250-257.

[26] De la Rubia M A,Romero L I,Sales D,et al. Temperature conversion (mesophilic to thermophilic)of municipal sludge digestion[J]. Environmental and Energy Engineering,2005,51(9):2581-2586.

［27］　Callaghan F J, Wase D A J, Thayanithy K, et al. Continuous co-digestion of cattle slurry with fruit and vegetable waste and chicken manure[J]. Biomass Bioenerg,2002,22(1):71-77.

［28］　Murto M,Björnsson L,Mattiasson B. Impact of food industrial waste on anaerobic co-digestion of sewage sludge and pig manure[J]. Journal of Environmental Management,2004,70(2):101-107.

［29］　Kim H W,Han S K,Shin H S. The optimization of food wastes addition as a cosubstrate in anaerobic digestion of sewage sludge[J]. Waste Management and Research,2003,21(6):515-526.

［30］　Pobeheim H,Munk B,Johasson J,et al. Influence of trace elements on methane formation froma synthetic model substrate for maize silage[J]. Bioresource technology,2010,101:836-839.

［31］　Schmidt T,Nelles M,Scholwin F,et al. Trace element supplementation in the biogas production from wheat stillage-optimization of metal dosing[J]. Bioresource Technology,2014,18:80-85.

［32］　Wei Q,Zhang W,Guo J,et al. Performance and kinetic evaluation of semi-continuously fed anaerobic digester treating food waste:effect of trace elements on the digester recovery and stability[J]. Chemosphere,2014,117:477-485.

［33］　Fermoso F G,Bartacek J,Jansen S,et al. Metal supplementation to UASB bioreactors:from cell-metal interactions to full-scale application[J]. Science of the Total Environment,2009,407,3652-3667.

［34］　Demirel B,Scherer P. Trace element requirments of agricultural biogas digesters during biological conversion of renewable biomass to methane[J]. Biomass and Bioenergy,2011,35,992-998.

［35］　Scherer P,Lippert H,Wolff G. Composition of the major elements and trace elements of 10 methanogenic bacteria determined by inductively coupled plasma emission spectrometry[J]. Biological Trace Element Research,1983,5,149-163.

［36］　Kida K J,Shigematsu T,Kijima J,et al,Influence of $Ni^{2+}$ and $Co^{2+}$ on methanogenic activity and the amounts of coenzymes involved in methanogenesis[J]. Journal of Bioscience and Bioengineering,2001,91(6):590-595.

［37］　Nordell E,Nilsson B,Påledal S N,et al. Co-digestion of manure and industrial waste—The effects of trace element addition[J]. Waste Management,2016,47:21-27.

[38] 张万钦,吴树彪,郎乾乾,等. 微量元素对沼气厌氧发酵的影响[J]. 农业工程学报,2013,29(10):1-11.

[39] Karim K,Hoffmann R,Klasson T,et al. Anaerobic digestion of animal waste:Effect of mode of mixing[J]. Water Research,2005,39(15):3597-3606.

[40] Chen T,Chynoweth D P,Biljetina R. Anaerobic digestion of municipal solid waste in a nonmixed solids concentrating digestor[J]. Applied Biochemisty and Biotechnology,1990,24-25(1):533-544.

[41] Lema J M,Mendez R,Iza J,et al. Chemical reactor engineering concepts in design and operation of anaerobic treatment processes[J]. Water Science and Technology,1991,24(8):79-86.

[42] Gómez X,Cuetos M J,Cara J,et al. Anaerobic co-digestion of primary sludge and the fruit and vegetable fraction of the municipal solid wastes conditions for mixing and evaluation of the organic loading rate[J]. Renewable Energy,2006,31(12):2017-2024.

[43] Karim K,Hoffmann R,Klasson T,et al. Anaerobic digestion of animal waste:Waste strength versus impact of mixing[J]. Bioresource Technology,2005,96(16):1771-1781.

[44] 伦世仪. 环境微生物工程[M]. 北京:化学工业出版社,2002.

[45] Koster I W,Lettinga G. The influence of ammonium-nitrogen on the specific activity of pelletized methanogenic sludge[J]. Agriculture Wastes,1984,9(3):215/205-216.

[46] Koster I W,Lettinga G. Anaerobic digestion at extreme ammonia concentrations[J]. Biological Wastes,1998,25(1):51-59.

[47] Kayhanian M. Performance of a high-solids anaerobic digestion process under various ammonia concentrations [J]. Journal of Chemical Technology and Biotechnol,1994,59(4):349-352.

[48] Liu T,Sung S. Ammonia inhibition on thernophilic aceticlastic methanogens[J]. Water Science and Technology,2002,45(10):113-120.

[49] Sung S,Liu T. Ammonia inhibition on thermophilic digestion[J]. Chemosphere,2003,53(1):43-52.

[50] Angelidaki I,Ahring B K. Thermophilic digestion of livestock waste:the effect of ammonia[J]. Applied Microbiology and Biotechnology,1993,38(4):560-564.

〔51〕 Angelidaki I, Ahring B K. Anaerobic thermophilic digestion of manure at different ammonia loads: Effect of temperature[J]. Water Research, 1994, 28(3):727-731.

〔52〕 Parkin G F, Lynch N A, Kuo W, et al. Interaction between sulfate reducers and methanogens fed acetate and propionate[J]. Water Pollution Control Federation, 1990, 62(6):780-788.

〔53〕 Isa Z, Grusenmeyer S, Verstrate W. Sulphate reduction relative to methane production in high-rate anaerobic digestion:technical aspects[J]. Applied and Environmental Microbiology, 1986, 51(3):572-579.

〔54〕 Scherer P, Sahm H. Influence of sulfur-containing-compounds on the growth of Methanosarcina barkeri in a defined medium[J]. European Journal of Applied Microbiology and Biotechnol, 1981, 12(1):28-35.

〔55〕 王虹, 陈玲, 陈皓, 等. $Ni^{2+}$、$Cu^{2+}$、$Cd^{2+}$ 对 2-氯酚厌氧降解影响的研究[J]. 中国给水排水, 2007, 23(21):19-23.

〔56〕 陈皓, 陈玲, 赵建夫, 等. 重金属对厌氧污泥电子传递体系活性影响研究[J]. 环境科学, 2007, 28(4):786-790.

〔57〕 王敦球. 城市污水污泥重金属去除与污泥农用资源化试验研究[D]. 重庆:重庆大学, 2004.

〔58〕 De la Rubia M A, Perez M, Romero L I, et al. Effect of solids retention time(SRT) on pilot scale anaerobic thermophilic sludge digestion[J]. Process Biochemistry, 2006, 41(1):79-86.

〔59〕 Feytili D, Zabaniotou A. Utilization of sewage sludge in EU application of old and new methods-A review[J]. Renewable and sustainable Energy Reviews, 2008, 12:116-140.

〔60〕 何玉凤, 杨凤林, 胡绍伟, 等. 碱处理促进剩余污泥高温水解的试验研究[J]. 环境科学, 2008, 29(8):2260-2265.

〔61〕 王治军, 王伟. 热水解预处理改善污泥的厌氧消化性能[J]. 环境科学, 2005, 26(1):68-71.

〔62〕 乔玮, 王伟, 茍锐, 等. 高固体污泥微波热水解特性变化[J]. 环境科学, 2008, 29(6):1611-1615.

〔63〕 Bougrier C, Albasi C, Delgenes J P, et al. Effect of ultrasonic, thermal and ozone pre-treatments on waste activated sludge solubilisation and anaerobic biodegradability[J]. Chemical Engineering and Processing, 2006, 45(8):711-718.

［64］ López Torres M，Ma. del C，Lioréns E. Effect of alkaline pretreatment on anaerobic digestion of solid wastes［J］. Waste Management，2008，28(11)：2229-2234.

［65］ Gavala H N，Yenal U，Skiadas I V，et al. Mesophilic and thermophilic anaerobic digestion of primary and secondary sludge. Effect of pre-treatment at elevayed temperature［J］. Water Research，2003，37(19)：4561-4572.

［66］ Onyeche T I，Schlafer O，Bormann H，et al. Ultrasonic cell disruption of stabilised sludge with subsequent anaerobic digestion［J］. Ultrasonic，2002，40(1-8)：31-35.

［67］ Kim J S，Park C W，Kim T H，et al. Effect of various pretreatment for enhanced anaerobic digestion with activated sludge［J］. Journal of Bioscience and Bioengineering，2003，95(3)：271-275.

［68］ 龙腾锐，蒋洪波，丁文川. 不同工况的低强度超声波处理对活性污泥活性的影响［J］. 环境科学，2007，28(2)：392-396.

［69］ 诸一殊，余光辉，何品晶，等. 超声波预处理提高污泥好氧消化性能研究［J］. 环境工程学报，2008，2(5)：690-693.

［70］ Khanal S，Grewell D，Sung S，et al. Ultrasonic applications in wastewater sludge pretreatment：A review［J］. Environmental Science and Technology，2007，37(4)：277-313.

［71］ 沈劲锋，殷绚，包和平，等. 超声波分解石化水厂剩余污泥及其能耗［J］. 化学工程，2006，34(11)：64-67.

［72］ Bougrier C，Carrere H，Delgenes J P. Solubilization of waste-activated sludge by ultrasonic treatment［J］. Chemical Engineering Journal，2005，106(2)：163-169.

［73］ Wang F，Shan L，Jin M. Components of released liquid from ultrasonic waste activated disintegration［J］. Ultrasonic Sonochemistry，2006，13(4)：334-338.

［74］ Wang F，Wang Y，Jin M. Mechanisms and kinetic models for ultrasonic waste activated disintegration［J］. Hazardous Materials，2005，123(1-3)：145-150.

［75］ Zhang P，Zhang G，Wang W. Ultrasonic treatment of biological sludge：Floc disintegration，cell lysis and inactivation［J］. Bioresource Technology，2007，98(1)：207-210.

［76］ 刘春红，苏春江，杨顺生，等. 超声波处理的污泥厌氧消化能量效率［J］.

武汉大学学报:理学版,2008,54(2):188-192.

[77]　王永霞,樊建军,莫卫松.超声波技术在污泥处理中的应用[J].重庆建筑大学学报,2007,29(3):91-94.

[78]　Tiehm A,Nickel K,Nies U. Ultrasonic waste activated sludge disintegration for improving anaerobic stabilization[J]. Water Research,2001,35(8):2003-2009.

[79]　Rai C L,Struenkmann G,Mueller J,et al. Influence of ultrasonic disintegration on sludge growth and its estimation by respirometry[J]. Environmental Science and Technology,2004,38(21):5779-5785.

[80]　马守贵,许红林,吕效平,等.超声波促进处理剩余活性污泥中试研究[J].化学工程,2008,36(2):46-49.

[81]　Hua I,Hoffmann M R. Optimization of ultrasonic irradiation as an advanced oxidation technology[J]. Environmental Science and Technology,2004,31(8):2237-2243.

[82]　冯若,朱昌平,赵逸云,等.双频正交辐照的声化学效应研究[J].应用声学,2006,25(4):206-211.

[83]　蒋建国,张妍,张群芳,等.超声波对污泥破解及其改善厌氧消化效果的研究[J].环境科学.2008,29(10):2815-2819.

[84]　高瑞丽,严群,邹华,等.不同预处理方法对剩余污泥厌氧消化产沼气过程的影响[J].食品与生物技术学报,2009,28(1):107-112.

[85]　Colin F,Gazbar S. Distribution of water in sludge in relation to their mechanical dewatering[J]. Water Research,1995,29(28):2000-2005.

[86]　Ferrer I,Ponsá S,Vázquez F,et al. Increasing biogas production by thermal(70 ℃)sludge pretreatment prior to thermophilic anaerobic digestion[J]. Biochemical Engineering Journal,2008,42(2):186-192.

[87]　Li Y Y,Noike T. Upgrading of anaerobic digestion of waste activated sludge by thermal pre-treatment[J]. Water Science and Technology,1992,26(3-4):857-866.

[88]　Neyen E,Baeyens J. A review of thermal sludge pre-treatment processes to improve dewaterability[J]. Journal of Hazardous Materials,2003,98(1-3):51-67.

[89]　Martins S. A review of Maillard reaction in food and implications to kinetic modeling [J]. Treads in Food Science and Technology,2001,11(9-10):364-373.

[90] 王治军,王伟.剩余污泥的热水解试验[J].中国环境科学,2005,25(s1):56-60.

[91] 刘晓玲.城市污泥厌氧发酵产酸条件优化及机理研究[D].无锡:江南大学,2008.

[92] Bougrier C,Delgenes J P,Carrere H. Impacts of thermal pretreatments on the semi-continuous anaerobic digestion of waste activated sludge[J]. Biochemical Engineering Journal,2007,34(1):20-27.

[93] 何玉凤,杨凤林,胡绍伟,等.碱处理促进剩余污泥高温水解的试验研究[J].环境科学,2008,29(8):2260-2265.

[94] Vlyssides A G,Karlis P K. Thermal-alkaline solubilization of waste activated sludge as a pre-treatment stage for anaerobic digestion[J]. Bioresource Technology,2004,91(2):201-206.

[95] 肖本益.刘俊新.污水处理系统剩余污泥碱处理融胞效果研究[J].环境科学,2006,27(2):319-323.

[96] Banik S,Bandyopadhyay S,Ganguly S. Bioeffects of microwave-a brief review[J]. Bioresource Technology,2003,87(2):155-159.

[97] Park B,Ahn J H,Kim J,et al. Use of microwave pre-treatment for enhanced anaerobiosis of secondary sludge[J]. Water Science and Technology,2004,50(9):17-23.

[98] Eskicioglu C,Terzian N,Kennedy KJ,et al. A thermal microwave effects for enhancing digestibility of waste activated sludge[J]. Water Research,2007,41(11):2457-2466.

[99] Zhang G M,Yang J,Liu H Z,et al. Sludge ozonation:Disintegration,supernatant changes and mechanisms[J]. Bioresource Technology,2009,100(3):1505-1509.

[100] 昝元峰,王树众,张钦明,等.污泥的超临界水氧化动力学研究[J].西安交通大学学报,2005,39(1):104-110.

[101] 昝元峰,王树众,张钦明,等.城市污泥超临界水氧化及反应热的实验研究[J].高校化学工程学报,2006,20(3):379-384.

[102] 韩进,朱彤,今井刚,等.基于高速转盘法的剩余污泥可融化处理[J].化工学报,2008,59(2):478-483.

[103] 牟艳艳,袁守军,崔磊,等.γ-射线处理改善污泥厌氧消化特性的影响研究[J].核技术,2005,28(10):751-754.

[104] 郝晓地,张璐平,兰力.剩余污泥处理/处置方法的全球概览[J].中国

给水排水,2007,23(20):1-5.

[105] Mata-Alvarez J,Macé S,Llabrés P,et al. Anaerobic digestion of organic solid waste. An overview of research achievements and perspectives[J]. Bioresource Technology,2000,74(1):13-16.

[106] Stroot P G,Mcmmabon K D,Mackie RI,et al. Anaerobic codigestion of municipal solid waste and sewage sludge under various mixing conditions[J]. Water Research 2001,35(7):1804-1816.

[107] Alatriste-Mondragón F,Samar P,Cox H H J. Anaerobic codigestion of municipal,farm and industrial organic wastes:A survey of recent literature[J]. Water Environmental Research,2006,78(6):607-635.

[108] Kim H W,Han S K,Shin H S. The optimization of food waste addition as a co-substrate in anaerobic digestion of sewage sludge[J]. Waste Management and Research,2003,21(6):515-526.

[109] Dinsdale R M,Premier G C,Hawkes F R,et al. Two-stage anaerobic co-digestion of waste activated sludge and fruit/vegetable waste using inclined tubular digesters[J]. Bioresource Technology,2000,72(2):159-168.

[110] Anhuradha S,Vijayagopal V,Radha P,et al. Kinetic studies and anaerobic co-digestion of vegetable market waste and sewage sludge[J]. Clean, 2007,35(2):197-199.

[111] 付胜涛,于水利,严晓英,等. 剩余活性污泥和厨余垃圾的混合中温厌氧消化[J]. 环境科学,2006,27(7):1459-1463.

[112] Myungyeol L,Hidaka T,Hagiwara W,et al. Comparative performance and microbial diversity of hyperthermophilic and thernophilic co-digestion of kitchen garbage and excess sludge[J]. Bioresource Technology,2009,100(2):578-585.

[113] Thangamani A,Rajakumar S,Ramanujam R A. Anaerobic co-digestion of hazardous tannery solid waste and primary sludge:biodegradation kinetics and metabolite analysis[J]. Clean Technologies and Environmental Policy,2010,12(5):517-524.

[114] Derbal K,Bencheikh-lehocine M,Ceechi F,et al. Application of the IWA ADM1 model to simulate anaerobic co-digestion of organic waste with waste activated sludge in mesophilic condition[J]. Bioresource Technology,2009,100 (4):1539-1543.

[115] Zhang P Y,Zeng G M,Zhang G M,et al. Anaerobic co-digestion of

biosolids and organic fraction of municipal solid waste by sequencing batch process[J]. Fuel Processing Technology,2008,89(4):485-489.

[116] Zupančič G D, Uranjek-Ževert N, Roš M. Full-scale anaerobic co-digestion of organic waste and municipal sludge[J]. Biomass and Bioenergy, 2008,32(2):162-167.

[117] Lafitte-Trouqué S, Forster C F. Dual anaerobic co-digestion of sewage sludge and confectionery waste[J]. Bioresource Technology,2000,71(1): 77-82.

[118] Converti A, Drago F, Ghiazza G, et al. Co-digestion of municipal sewage sludges and pre-hydrolysed woody agricultural wastes[J]. Journal of Chemical Technology and Biotechnology,1997,69(2):231-239.

[119] Luostarinen S, Luste S, Sillanpää M. Increased biogas production at wastewater treatment plants through co-digestion of sewage sludge with grease trap sludge from a meat processing plant[J]. Bioresource Technology,2009,100 (1):79-85.

[120] Davidsson A, Lövstedt C, Jansen J L C, et al. Co-digestion of grease trap sludge and sewage sludge[J]. Waste Management,2008,28(6):986-992.

[121] Ceechi F, Pavan P, Mata-Alvarez J. Anaerobic co-digestion of sewage sludge: application to the macroalage from the Venic lagoon[J]. Resources, Conservation and Recycling,1996,17(1):57-66.

[122] Rowena T, Romano, Zhang R H. Co-digestion of onion juice and wastewater sludge using an anaerobic mixed biofilm reactor[J]. Bioresource Technology,2008,99(3):631-637.

[123] Li Y Y, Saaki H, Yanashita K, et al. High-rate methane fermentation of lipid-rich food wastes by a high-solids co-digestion process[J]. Water Science and Technology,2002,45:143-150.

[124] Neves L, Oliveira R, Alves M M. Co-digestion of cow manure, food waste and intermittent input of fat[J]. Bioresource Technology, 2009, 100: 1957-1962.

[125] Siegert I, Banks C. The effect of volatile fatty acid additions on the anaerobic digestion of cellulose and glucose in batch reactors[J]. Process Biochemisty,2005,40:3412-3418.

[126] Callaghan F J, Wase D A J, Thayanity K, et al. Continuous co-digestion of cattle slurry with fruit and vegetable wastes and chicken

manure[J]. Biomass Bioenergy,2002,22:71-77.

[127]　Edström M,Nordberg A,Thyselius L. Anaerobic treatment of animal by products from slaughterhouses at laboratory and pilot scale[J]. Applied Biochemisty and Biotechnology,2003,109:127-138.

[128]　Cuetos M J, Gómez X, Otero M, et al. Anaerobic digestion and co-digestion of salghterhouse waste (SHW): influence of heat and pressure pretreatment in biogas yield[J]. Waste Management,2010,30:1780-1789.

[129]　Angelidaki I,Ahring B K. Thermophilic anaerobic digestion of livestock waste: effect of ammonia[J]. Applied Microbiology and Biotechnology, 1993,38:60-564.

[130]　Nielsen H B,Angelidaki I. Strategies for optimizing recovery of biogas process following ammonia inhibition[J]. Bioresource Technology,2008, 99:7995-8001.

[131]　Chen Y,Cheng J J,Cremer K S. Inhibition of anaerobic process: a review[J]. Bioresource Technology Letter,2008,9:4044-4046.

[132]　Zhang P,Zeng G,Zhang G,et al. Anaerobic co-digestion of biosolids and organic fraction of municipal solid waste by sequencing batch process[J]. Fuel Process Technology,2008,89:485-489.

[133]　Hawkes D L. Factors affacting net energy production from mesophilic anaerobic digestion[C]//Strstford D A,Wheatley B I,Hughes D E. Anaerobic digestion,1980,131-150.

[134]　Hills D J,Roberts D W. Anaerobic digestion of diary manure and field crops residues[J]. Agriculture Waste,1981,3:179-189.

[135]　Hashimoto A G. Ammonia inhibition of methanogenesis from cattle waste[J]. Agriculture Wastes,1986,17:241-246.

[136]　Buendía I M, Fernández F J, Villaseñor J, et al. Feasibility of anaerobic co-digestion as a treatment option of meat industry waste[J]. Bioresource Technology,2009,100:1903-1909.

[137]　Lehtomäki A,Huttunen S,Rintala J A. Laboratory investigation of energy crops and crop residues with cow manure for methane production:effect of crop to manure ratio[J]. Resource Conservation and Recycling,2007,51:591-609.

[138]　Li X,Li L,Zhang M,et al. Anaerobic co-digestion of cattle manure with corn stover pretreated by sodium hydroxide for efficient biogas production[J]. Energy and Fuels,2009,23:4635-4639.

［139］ Wang G. Biogas production from energy crops and agriculture residures[J]. Dissertation,Technical University of Damark,2009.

［140］ Wu X, Yao W, Zhu J, et al. Biogas and $CH_4$ productivity by co-digesting swine manure with three crop residues as an external carbon source[J]. Bioresource Technology,2010,101:4042-4047.

［141］ Zitomer D H,Adhikari P,Heisel C,et al. Municipal anaerobic digesters for co-digestion, energy recovery, and greenhouse gas reductions[J]. Water Environment Research,2008,80:229-237.

［142］ Coverti A,Drago F,Ghiazza G,et al. Co-digestion of municipal sewage sludges and prehydrolised woody agricultural wastes[J]. Journal of Chemical Technology and Biotechnology,1997,69:231-239.

［143］ Kübler H,Hoppenheidt K,Hirsch P,et al. Full-scale co-digestion of organic waste[J]. Water Science and Technology,2000,41:195-202.

［144］ Ponsá S,Gea T,Sánchez A. Anaerobic co-digestion of the organic fraction of municipal solid waste with several pure organic co-substrates[J]. Biosystems Engineering,2011,108:352-360.

［145］ Fernández A,Sáanchez A,Font X. Anaerobic a co-digestion of simulated organic fraction of municipal solid wastes and fats of animal and vegetable orgin[J]. Biochem Eng J,2005,26:22-28.

［146］ Fujita M,Scharer J M,Moo-Young M. Effect of corn stover addition on the anaerobic digestion of swine manure[J]. Agriculture Wastes, 1980, 2: 177-184.

［147］ Kaparaju P,Luostarinen S,Kalmari E,et al. Co-digestion of energy crops and industrial confectionery by-products with cow manure:batch scale and farm-scale evaluation[J]. Water Science and Technology,2002,41:275-280.

［148］ Weiland P,Hassan E. Production of biogas from forage beets[C]// van Velsen AFM,Vestraete WH. Proceedings of 9th world congress on anaerobic digestion,2001,631-633.

［149］ Hills D J. Biogas from a high solids combination of dairy manure and barley straw[J]. Transactions of the Asae,1980,23(6):1500-1504.

［150］ Lehtomäki A,Viinikainen T A,Ronkainen O M,et al. Effect of pretreatments on methane production potential of energy crops and crop residues [C]//Guiot S G,Pavlostathis S,van Lier J B. Proceedings of the 10th world IWA congress on anaerobic digestion. London:IWA Publishing,2004,1016-1021.

[151]　Esposito G,Frunzo L,Liotta F,et al,Pirozzi F. BMP tests to measure the biogas production from the digestion and co-digestion of complex organic substrates[J]. Open J Environ Eng,2012,5:1-8.

[152]　Hyun Min Jang, Jeong Hyub Ha, Mi-Sun Kim, et al. Effect of increased load of high-strength food wastewater inthermophilic and mesophilic anaerobic co-digestion of wasteactivated sludge on bacterial community structure[J]. Water Research,2016,99:140-148.

[153]　Ros C D, Cavinato C, Pavan P, et al. Mesophilic and thermophilic anaerobic co-digestion of winerywastewater sludge and wine lees: An integrated approach forsustainable wine production[J]. Journal of Environmental Management,2016,10:1-8.

[154]　Ros C D, Cavinato C, Bolzonella D, et al. Renewable energy from thermophilic anaerobic digestion of wineryresidue: Preliminary evidence from batch and continuous lab-scaletrials [J]. Biomass and Bioenergy, 2016, 91: 150-159.

[155]　Sarker S,Møller H B,Bruhn A. Influence of variable feeding on mesophilic and thermophilic co-digestion of Laminaria digitata and cattle manure[J]. Energy Conversion and Management. 2014,87:513-520.

[156]　Alonso R M,Río R S D,García M P. Thermophilic and mesophilic temperature phase anaerobic co-digestion (TPAcD) compared with single-stage co-digestion of sewagesludge and sugar beet pulp lixiviation[J]. Biomass and Bioenergy,2016,93:107-115.

[157]　Astals S,Nolla-Ardèvol V,Mata-Alvarez J. Thermophilic co-digestion of pig manure and crude glycerol: Process performance and digestate stability[J]. Journal of Biotechnology,2013,166:97-104.

[158]　Tian Z, Zhang Y, Li Y, et al. Rapid establishment of thermophilic anaerobic microbial community during the one-step startup of thermophilic anaerobic digestion from amesophilic digester[J]. Water Research, 2015,69:9-19.

[159]　Bayr S, Ojanperä M, Kaparaju P, et al. Long-term thermophilic mono-digestion of rendering wastesand co-digestion with potato pulp[J]. Waste Management,2014,34:1853-1859.

[160]　Silvestre J G, Illa J, Fernández B, et al. Thermophilic anaerobic co-digestion of sewage sludge with greasewaste: Effect of long chain fatty acids in the methane yieldand its dewatering properties[J]. Applied Energy,2014,117(6):87-94.

# 2　高温共厌氧消化能量平衡和动力学研究

## 2.1　引　　言

　　酒精糟液是用玉米、小麦、薯干发酵生产酒精过程中产生的废物,每生产 1 L 酒精可产生 8~15 L 酒精糟液。我国是酒精生产大国,主要以粮食发酵工艺生产酒精,据统计,2006 年我国年产酒精达 $540 \times 10^4$ t,酒精被广泛用于食品、医药、香料等行业,近年来国际上又把大量酒精作为生物乙醇燃料使用。可以预计,随着酒精的广泛应用和大规模生产,大量的酒精糟液也会随之产生,酒精糟液的处理及造成的环境污染问题也受到人们的普遍关注[1]。

　　酒精糟液具有高温(70~80 ℃)、深褐色、呈酸性、含有高浓度的有机物和固形物及难降解的特性,也是极为复杂的混合物,既有焦化的产物又有难降解的工业废物。这些物质具有强抗氧化性和难降解性,并对微生物菌群具有毒性。除了蛋白黑素类物质外,还有花色素苷、丹宁酸、异生质和酚类等难降解物质[2],导致酒精糟液在厌氧消化处理时效率较低,厌氧消化后的后续处理如好氧等处理工艺费用较高。

　　高温(55 ℃)厌氧消化与中温(35 ℃)厌氧消化相比具有许多优势[3-4],具有高的有机物去除率和高的产气率。

　　处理酒精糟液首选的工艺是厌氧消化,并且在高温 55 ℃厌氧消化时甲烷活性最高,几种典型甲烷菌的最佳生长环境条件也证明了这一结果[2]。如热细菌 *Methanosarcina* 生长的最佳温度是 50~58 ℃;*Methanothrix* 生长的最佳温度是 60~65 ℃。同时,由不同底物在不同温度下获得的甲烷活性表明,中间产物乙酸转化的最佳温度为 60 ℃,丙酸降解的最佳温度为 55~60 ℃。利用高温厌氧消化工艺处理酒精糟液效率较高[3]。酒精糟液作物添加底物与其他废物高温共厌氧消化时,酒精糟液的降解为难降解物质的降解创造了条件,提高了厌氧消化效率。

研究剩余污泥高温厌氧消化[3,5],结果表明,高温厌氧消化技术具有较大的潜力,特别是在容易获得热源的场合,用高温厌氧消化工艺处理剩余污泥具有一定的经济效益。但是,该研究中缺乏厌氧系统的能量平衡核算。

南阳是我国四大生物燃料之一乙醇的生产基地,年产酒精 $60 \times 10^4$ t,酒精生产中产生的酒精糟液每年达 $(48 \sim 90) \times 10^5$ t。处理酒精糟液的方法是先降温再处理,因此大量宝贵的热能资源被浪费掉。

与剩余污泥相比,酒精糟液既是一种宝贵的热能资源,具有相对容易降解的性能,且 C/N 相对较高,重金属含量较低,适合作为剩余污泥高温共厌氧消化的添加底物。因此,研究剩余污泥与酒精糟液高温共厌氧消化,对于以废治废、提高厌氧消化效率、充分利用酒精糟液的热能资源,实现节能减排和低碳处理模式意义重大。

本章在剩余污泥高温厌氧消化确定最大有机负荷的基础上,构建剩余污泥与酒精糟液高温[(55±1) ℃]共厌氧消化体系,当厌氧消化体系运行稳定后,对剩余污泥和酒精糟液的混合比例、污泥有机负荷、SRT、产气率、污染物去除率、体系稳定性等方面进行评价;同时进行能量平衡核算和动力学模型方程分析,剖析共厌氧消化反应机理。

## 2.2 实验材料与方法

### 2.2.1 实验材料

剩余污泥取自南阳市城市污水处理厂回流剩余污泥,经自然沉淀 16~18 h 浓缩弃去上清液后保存于冰箱中备用;该厂日处理规模为 $10 \times 10^4$ m³,采用传统的活性污泥法;酒精糟液取自南阳××集团,生产酒精的原料主要是玉米、小麦和薯干;酒精糟液取回后经自然沉淀后弃去沉淀,上清液保存备用,以免堵塞实验管路。启动反应的种子污泥取自酒精糟液高温厌氧消化后的污泥。实验材料主要性质见表 2-1。

表 2-1　　　　　　　　　　　**实验材料主要性质**

| 项目 | 剩余污泥 | 酒精糟液 | 种子污泥 |
|---|---|---|---|
| pH 值 | 6.7 | 4.0 | 7.6 |
| COD/(g/L) | 28.6 | 40.7 | 30.67 |

续表

| 项目 | 剩余污泥 | 酒精糟液 | 种子污泥 |
|---|---|---|---|
| TS/(g/L) | 22.34 | 38.40 | 60.63 |
| VS/(g/L) | 14.75 | 30.64 | 30.37 |
| C/N | 5.62 | 16.7 | 8.6 |

### 2.2.2　厌氧消化实验装置

剩余污泥共厌氧消化采用 3 套结构和容积相同、总容积为 6L 的不锈钢厌氧消化反应器,有效反应容积为 5 L,分别称为 AD$_1$、AD$_2$、AD$_3$,由恒温水浴控制消化温度,设定为(55±1)℃。实验装置示意图见图 2-1 所示。

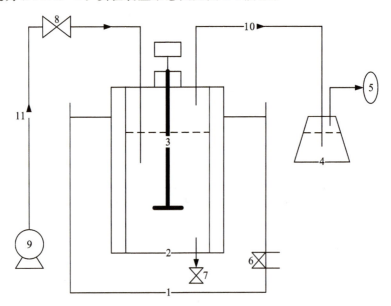

**图 2-1　剩余污泥与酒精糟液高温共厌氧消化实验装置示意图**

1—保温水槽;2—厌氧消化反应器;3—搅拌器;4—洗气瓶;5—气体流量计;6—加热装置;

7—排泥管;8—开关;9—蠕动泵;10—出气管;11—进料管

### 2.2.3　实验过程

(1)剩余污泥高温厌氧消化最佳有机负荷实验确定。

实验开始,在 3 个厌氧消化反应器 AD$_1$、AD$_2$、AD$_3$ 中分别加入 5 L 种子污泥,然后保持高温(55±1)℃的厌氧消化运行状态,搅拌速度设定为 80 r/min。

第二天开始由蠕动泵分别加入不同物料,进料前排出等体积的厌氧污泥。进料情况分别为：$AD_1$，200 mL 剩余污泥；$AD_2$，300 mL 剩余污泥；$AD_3$，400 mL 剩余污泥。进料频率，每天进料一次。3 个厌氧消化反应器 $AD_1$、$AD_2$ 和 $AD_3$ 的 SRT 分别为 25 d、16.7 d 和 12.5 d，每个反应器连续运行各自的 3 个 SRT，使反应进入稳定运行状态，测定厌氧消化体系的产气量和污泥挥发酸的浓度。由实验结果计算出每个反应器运行的有机负荷。

(2)剩余污泥与酒精糟液高温共厌氧消化实验。

共厌氧消化的主要目的是改善底物的 C/N，提高厌氧消化效率、增加处理的有机负荷并降低处理成本，因此，在上述实验中确定的剩余污泥高温厌氧消化最佳负荷的基础上(300 mL)，添加不同体积的酒精糟液共厌氧消化，以考察高温共厌氧消化的运行效果。

实验开始，在 3 个厌氧消化反应器 $AD_1$、$AD_2$、$AD_3$ 中分别加入 5 L 种子污泥，然后保持(55±1) ℃的厌氧消化运行状态，并设定搅拌速度为 80 r/min。第二天开始由蠕动泵加入不同物料，分别为：$AD_1$，300 mL 剩余污泥；$AD_2$，300 mL 剩余污泥＋100 mL 酒精糟液；$AD_3$，300 mL 剩余污泥＋200 mL 酒精糟液，进料前排出等体积的厌氧污泥。

厌氧消化实验经历四种进料频率阶段，依次为每天进料一次、每 2 天进料一次、每 3 天进料一次和每 4 天进料一次；每种进料频率下有各自对应的 SRT，在每种进料频率下均连续运行各自的 3 个 SRT，最后一个 SRT 运行结束前，对厌氧污泥性质进行测定，连续测定 6 次，取平均值；产气量在线测定；所有厌氧消化污泥均测定 pH 值。

## 2.2.4　分析测试方法

分析项目按照标准分析方法[6-7]进行，分析项目及使用仪器见表 2-2。

表 2-2　　　　　　　　　　　　分析项目及使用仪器

| 分析项目 | 分析方法 | 使用仪器 |
|---|---|---|
| 产气量 | 流量计计量 | ML-1 湿式气体流量计(长春) |
| pH 值 | 玻璃电极法 | pH-3C 酸度计(上海) |
| 挥发性固体 | 重量法 | 天平 |
| 总碱度 | 容量法 | 滴定管 |
| 挥发酸 | 气相色谱法 | 岛津 GC-14C 气相色谱仪(日本) |
| 沼气成分 | 气相色谱法 | GC-2010 气相色谱仪 |

# 2.3   结果与讨论

## 2.3.1   剩余污泥高温厌氧消化最佳有机负荷确定

剩余污泥高温厌氧消化有机负荷实验结果见表 2-3。

表 2-3 **剩余污泥高温厌氧消化有机负荷实验结果**

| 参数 | 厌氧消化体系 | | |
|---|---|---|---|
| | AD₁ | AD₂ | AD₃ |
| 剩余污泥进料体积/mL | 200 | 300 | 400 |
| 有机负荷率/[g VS/(L³·d)] | 0.78 | 1.17 | 1.56 |
| pH 值 | 7.2 | 7.1 | <6.5 |
| 挥发酸/(mg/L) | 57 | 24 | 1600 |
| 日产气量/L | 0.7 | 1.2 | 停止产气 |
| 运行结果评价 | 正常运行 | 正常运行 | 酸化导致反应失败 |

从表 2-3 可以看出,剩余污泥厌氧消化采用半连续反应方式进行厌氧消化,每天进样一次,进样前放出同样体积的污泥,三个厌氧消化反应器 AD₁、AD₂ 和 AD₃ 中,由于底物剩余污泥有机负荷率不同,导致厌氧消化过程有不同的运行结果。

在反应器 AD₁ 中,200 mL 剩余污泥厌氧消化,相应有机负荷率为 0.78 g VS/(L³·d),SRT 为 25 d,连续运行 3 个 SRT,即 75 d 后,没有出现酸化现象即 pH 值<6.5 的结果,反应运行稳定,测得日平均产气量为 0.7 L,产气率为 0.897 L/(g VS)。

在反应器 AD₂ 中,300 mL 剩余污泥厌氧消化,此时,有机负荷率为 1.17 g VS/(L³·d),SRT 为 16.7 d,连续运行 3 个 SRT,即 50.1 d 后,没有出现酸化现象,日产气量为 1.2 L,与 200 mL 剩余污泥厌氧消化相比,日产气量增加,反应运行正常,产气率为 0.598 L/(g VS)。

在反应器 AD₃ 中,增加剩余污泥的厌氧消化体积到 400 mL,高温厌氧消化,有机负荷率增加到 1.56 g VS/(L³·d),SRT 为 12.5 d,运行到第 2 个 SRT,即 25 d 时,反应开始出现酸化现象,挥发酸浓度增加至 1600 mg/L 以上,并且消化污泥的 pH 值低于 6.5,反应过程中停止产气,意味着厌氧消化反应失败。原因是有机负荷率过大,导致酸化,使剩余污泥高温厌氧消化反应运行失败。在厌氧消化运行过程中,对运行稳定性的检测和判断一般指标为污泥的 pH 值、总酸度、总碱度、产气量等[8]。

上述运行结果表明,当剩余污泥进料量为 200 mL 时,与剩余污泥进料量为 300 mL 正常运行相比,处理的有机负荷偏小,浪费了反应器容积,同时增加了处理成本,在实际生产应用中没有价值;当剩余污泥进料量为 400 mL 厌氧消化时,由于有机负荷过大会导致厌氧消化运行过程反应失败,在实际生产应用中应严格控制操作,避免有机负荷过大。因此,由实验结果综合分析可知,确定剩余污泥在高温条件下厌氧消化,最佳有机负荷率为 1.17 g VS/(L$^3$·d),相应进料体积为 300 mL。

### 2.3.2 剩余污泥高温共厌氧消化对挥发性固体去除

剩余污泥共厌氧消化的目的之一是改善营养平衡,提高厌氧消化效率。以剩余污泥进料体积 300 mL 为基础,添加共厌氧消化底物酒精糟液 100 mL 和 200 mL 分别进行不同 SRT 下高温共厌氧消化,考察共厌氧消化运行结果,并与剩余污泥高温厌氧消化运行结果进行对比。

剩余污泥高温厌氧消化和共厌氧消化运行参数见表 2-4。

表 2-4 **剩余污泥高温厌氧消化和共厌氧消化运行参数**

| 参数 | AD$_1$<br>剩余污泥<br>(300 mL) | AD$_2$<br>剩余污泥+酒精糟液<br>(300 mL + 100 mL) | AD$_3$<br>剩余污泥+酒精糟液<br>(300 mL + 200 mL) |
|---|---|---|---|
| C/N | 5.6 | 9.6 | 11.5 |
| 进料频率/SRT | 每天进料一次/16.7 d | 每天进料一次/12.5 d | 每天进料一次/10 d |
| 进料频率/SRT | 每 2 天进料一次/33.4 d | 每 2 天进料一次/25 d | 每 2 天进料一次/20 d |
| 进料频率/SRT | 每 3 天进料一次/50.1 d | 每 3 天进料一次/37.5 d | 每 3 天进料一次/30 d |
| 进料频率/SRT | 每 4 天进料一次/66.8 d | 每 4 天进料一次/50 d | 每 4 天进料一次/40 d |

在不同的 SRT 下,三个厌氧消化反应器 AD$_1$、AD$_2$ 和 AD$_3$ 运行稳定后,对污泥的挥发性固体去除率结果见图 2-2。

由图 2-2 可知,三个厌氧消化反应体系运行稳定后,均随着厌氧消化 SRT 的增加,对污泥的挥发性固体去除率呈增加趋势。这与本章注释[9]的研究结果相似。

在反应器 AD$_1$ 中,300 mL 剩余污泥在 SRT 为 16.7~66.8 d 的条件下进行高温厌氧消化,对污泥的挥发性固体(VS)去除率为 29.7%~68.2%;在反应器 AD$_2$ 中,300 mL 剩余污泥与 100 mL 酒精糟液在 SRT 为 12.5~50 d 的条件下进行高

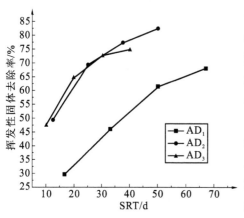

图2-2 不同污泥停留时间下对
挥发性固体去除率

温共厌氧消化,对污泥的挥发性固体(VS)去除率为49.4%～82.4%；在反应器$AD_3$中,300 mL剩余污泥与200 mL酒精糟液在SRT为10～40 d条件下高温共厌氧消化,对污泥的挥发性固体(VS)去除率为47.2%～75.1%。

在反应器$AD_1$中,剩余污泥高温厌氧消化对挥发性固体去除率曲线,位于$AD_2$和$AD_3$曲线下方,这说明在相同的SRT条件下,剩余污泥与酒精糟液高温共厌氧消化对污泥的挥发性固体去除率,大于剩余污泥单独厌氧消化对污泥的挥发性固体去除率。其原因是:第一,与剩余污泥相比,C/N相对较高,酒精糟液含有较多的易降解物质,剩余污泥与酒精糟液混合后C/N相应提高,改善了厌氧消化底物营养物平衡,微生物生长更好,使厌氧消化效率提高,对挥发性固体去除率相应提高；第二,共厌氧消化有机负荷率提高,对挥发性固体去除率相应得到提高[8]。Neves[10]研究了在剩余污泥中添加咖啡制造生产过程中产生的废物,并在37 ℃下共厌氧消化,结果表明,剩余污泥添加咖啡废物后C/N增加,改善了厌氧消化效率,提高了剩余污泥中挥发性固体去除率。

Anhuradha[11]研究了剩余污泥添加蔬菜市场废物,在室温25 ℃下共厌氧消化,对挥发性固体去除率相应提高,挥发性固体去除率范围为63%～65%；剩余污泥厌氧消化的产气率为0.68 L/g $VS_{des}$,而剩余污泥与蔬菜市场废物共厌氧消化的产气率为1.17 L/g $VS_{des}$。Zhang[12]研究了剩余污泥与城市垃圾固废中的有机物成分在37～38 ℃、SRT为35 d的条件下共厌氧消化,并与剩余污泥厌氧消化进行了对比,结果表明,剩余污泥的C/N为8.1,剩余污泥厌氧消化后对挥发性固体去除率为63.31%,添加城市垃圾固废后共厌氧消化体系的C/N为17～20,而剩余污泥共厌氧消化对挥发性固体去除率为65.97%～77.32%。

剩余污泥添加厨余垃圾混合中温共厌氧消化[13]表明,剩余污泥的C/N为5.7,厨余垃圾的C/N为17.5,在剩余污泥和厨余垃圾总固体之比的三种混合比例条件下,其C/N分别为7.1、9.1、12.2,共厌氧消化改善了混合物料中的营养平衡,对整个厌氧消化过程有促进作用,对挥发性固体去除率为51.1%～56.4%。

Kim[14]研究了食品加工生产废物与剩余污泥共厌氧消化,结果表明,剩余污泥的

C/N 为 7.2,废物的 C/N 为 20.8,共厌氧消化 C/N 提高,在 35 ℃和 55 ℃共厌氧消化,当二者混合的比率分别为 39.3%和 50.1%时,获得最大的挥发性固体去除率。

反应器 $AD_2$ 和 $AD_3$ 中,对污泥的挥发性固体去除率曲线较为接近,但需要说明的是,$AD_3$ 在 SRT 为 10 d 的条件下运行,如果不添加碱性溶液,厌氧消化体系会因挥发酸的累积使体系的 pH 值低于 6.5,最终导致反应运行失败,为了能使共厌氧消化反应运行正常,并能与其他厌氧消化体系运行结果进行对比,在实验过程中,对 $AD_3$ 厌氧消化过程,需要采取加碱液中和挥发酸的措施。出现这种现象的原因是 $AD_3$ 中的有机负荷率过大。酸化现象的发生,抑制和破坏了甲烷菌的生长环境,最终使有机物的去除率下降。其他研究中也发现了类似的现象。

Luostarinen 等[15]研究剩余污泥与含油脂泥的中温共厌氧消化发现,若在剩余污泥中添加 46%的油脂泥,当最大有机负荷率为 3.46 kg VS/(m³·d)、SRT 为 16 d 时会增加产气量。但是,当添加的含油脂泥为 55%和 71%(以 VS 计)时,将导致有机负荷过量,使厌氧消化运行中,出现长链脂肪酸对反应的抑制现象,减少甲烷的产生量。

因此,剩余污泥中添加酒精糟液后共厌氧消化,其厌氧消化效率得到提高,但要避免添加酒精糟液量过大,导致有机负荷过大而产生酸化现象,从而降低处理效率或导致反应失败。

### 2.3.3 共厌氧消化挥发酸变化

三个厌氧消化反应器 $AD_1$、$AD_2$ 和 $AD_3$,在不同 SRT 条件下,运行稳定后挥发酸结果见图 2-3~图 2-5。

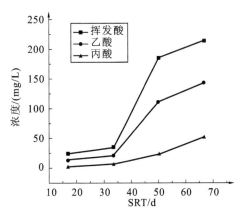

图 2-3 $AD_1$ 中不同 SRT 下剩余污泥高温
厌氧消化挥发酸变化

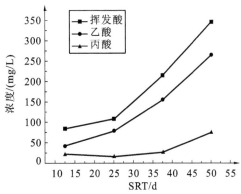

图 2-4 $AD_2$ 中不同 SRT 下共厌氧消化挥
发酸变化

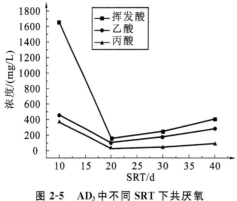

图 2-5　AD₃ 中不同 SRT 下共厌氧消化挥发酸变化

从图 2-3、图 2-4 和图 2-5 可以看出,在 AD₁ 中,随着 SRT 的增加,剩余污泥厌氧消化挥发酸含量呈增加趋势,当 SRT 由 16.7 d 增加到 66.8 d 时,挥发酸含量由 24 mg/L 增加到 214 mg/L,这种变化趋势在 AD₂ 中剩余污泥与酒精糟液高温共厌氧消化中没有变化。该结果与本章注释[16]的研究结果不同,对剩余污泥高温厌氧消化进行研究,当剩余污泥在 SRT 为 15～75 d 厌氧消化时,挥发酸浓度与 SRT 成反比,并且体系中挥发酸浓度在 5045～6655 mg/L 的范围内,明显高于本研究结果中的挥发酸浓度。二者研究结果存在差别可能是厌氧消化底物不同所致。

与 AD₁ 相比,在相近的 SRT 条件下,AD₂ 中的挥发酸含量较大,这与二者体系中不同的 C/N 有关,AD₂ 中剩余污泥共厌氧消化的 C/N 为 9.6,大于 AD₁ 中剩余污泥厌氧消化的 C/N(5.6)。刘晓玲[17]观察了剩余污泥厌氧产酸规律,酸化程度不但与污泥的浓度有关,而且与污泥的 C/N 有关;底物合适的 C/N 有利于提高厌氧产酸菌的代谢活性,从而改善底物的酸化效率;若底物的 C/N 较低,厌氧产酸菌的生长将受到抑制,从而影响底物酸化效率。这样就能解释剩余污泥厌氧消化与剩余污泥共厌氧消化挥发酸含量的差异。

AD₃ 中,随着酒精糟液添加量的增加,即厌氧体系有机负荷的增加,有机负荷率过大,在 SRT 为 10 d 的厌氧消化运行条件下,出现了挥发酸积累的酸化现象,挥发酸含量达到 1653 mg/L,影响了共厌氧消化体系的运行,表现为 pH 值减小、产气率急剧下降。

此外,从图 2-3、图 2-4 和图 2-5 可以看出,剩余污泥厌氧消化与剩余污泥共厌氧消化体系挥发酸成分中以乙酸为主。本章注释[18]研究发现,乙酸所占挥发酸的份额为 73% 以上;剩余污泥厌氧消化时,无论浓度如何变化,产生的挥发酸主要成分是乙酸[17]。

在厌氧消化过程中,挥发酸的浓度和成分对体系的运行起着重要作用。厌氧消化能成功运行的条件是挥发酸浓度应小于 500 mg/L[19];当挥发酸浓度低于 200 mg/L 时,反应器的运行状态最好,一旦挥发酸浓度超过 800 mg/L,反应即面临酸化危险[20]。对共厌氧消化运行过程的评价参数选择,气相参数如气体的产生量及成分明显比有机负荷的变化慢一些,当有机负荷率过大时,挥发酸浓度是较好的评价参数[21]。

本研究中,从厌氧消化健康运行的角度分析,仅在 AD₃ 中,在 SRT 为 10 d 条件下运行时,挥发酸产生积累现象,浓度达到 1600 mg/L 以上,严重影响了共厌氧消化的正常运行。

因此,从共厌氧消化体系健康运行的结果考虑,剩余污泥和酒精糟液进料体积分别以 300 mL 和 100 mL 为宜,这样可使剩余污泥高温共厌氧消化,在所有 SRT 条件下,始终保持良好稳定的运行状态。

## 2.3.4　剩余污泥高温共厌氧消化酸碱度变化

不同 SRT 下剩余污泥高温厌氧消化和共厌氧消化酸碱度见表 2-5。

表 2-5　　　　不同 SRT 下剩余污泥高温厌氧消化和共厌氧消化酸碱度

| 厌氧反应器 | SRT/d | 酸碱度指标 | | | |
|---|---|---|---|---|---|
| | | pH 值 | 挥发酸/(mg/L) | 总碱度/(mg CaCO₃/L) | 挥发酸/总碱度 |
| AD₁ | 16.7 | 6.9 | 24 | 560 | 0.04 |
| AD₁ | 33.4 | 7.0 | 34 | 784 | 0.04 |
| AD₁ | 50.1 | 7.2 | 185 | 951 | 0.19 |
| AD₁ | 66.8 | 7.3 | 214 | 1654 | 0.13 |
| AD₂ | 12.5 | 7.2 | 84 | 1768 | 0.05 |
| AD₂ | 25 | 7.3 | 108 | 2300 | 0.05 |
| AD₂ | 37.5 | 7.5 | 215 | 2645 | 0.08 |
| AD₂ | 50 | 7.6 | 346 | 2864 | 0.12 |
| AD₃ | 10 | 6.5 | 1653 | 1785 | 0.94 |
| AD₃ | 20 | 7.3 | 154 | 2361 | 0.07 |
| AD₃ | 30 | 7.5 | 238 | 2457 | 0.10 |
| AD₃ | 40 | 7.6 | 398 | 2763 | 0.14 |

由表 2-5 可知,除 AD₃ 中,在 SRT 为 10 d 运行条件下 pH 值为 6.5 之外,所有厌氧消化后体系的 pH 值均在 6.9~7.6 范围内,表明厌氧消化反应是在稳定状态下运行。所有体系中总碱度随着 SRT 的增加呈增加趋势,表明 SRT 的增加有利于厌氧体系缓冲能力的提高,对厌氧消化反应有利。这也是在厌氧消化实践中,通过采取延长 SRT 的措施,去克服体系出现酸化现象、提高体系缓冲能力,恢复厌氧消化反应稳定运行的理论依据。

其次,与剩余污泥高温厌氧消化相比,剩余污泥与酒精糟液高温共厌氧消化体系的总碱度明显要高于剩余污泥厌氧消化的总碱度,说明剩余污泥与酒精糟液共厌氧消化体系具有较大的缓冲能力。因为剩余污泥加入适量的酒精糟液后,提高了厌氧消化体系的 C/N,提高了厌氧消化速度,也增加了有机物的降解程度,含碳有机物大量降解的同时会使含氮有机物降解,最终使体系的氨氮浓度增加,从而使厌氧消化体系的总碱度增加。

挥发酸与总碱度之比是判断厌氧消化反应是否稳定运行的标准之一。在 AD$_3$ 中,剩余污泥与酒精糟液高温共厌氧消化,SRT 为 10 d 条件下运行时,共厌氧消化体系挥发酸与总碱度之比大于 0.8,厌氧消化反应运行不稳定。而在其余的 SRT 条件下,体系的挥发酸与总碱度之比均在 0.2 以下,属于稳定运行。当挥发酸与总碱度之比小于 0.4 时,厌氧消化运行是稳定的;当挥发酸与总碱度之比小于 0.4~0.8 时,厌氧消化运行存在不稳定的因素;当挥发酸与总碱度之比大于 0.8 时,厌氧消化运行明显不稳定。

### 2.3.5 不同 SRT 条件下厌氧消化产气率

3 个厌氧消化反应器在不同 SRT 运行时产气结果见表 2-6。

表 2-6 不同 SRT 条件下厌氧消化产气结果

| 反应器 | 有机负荷率/[g VS/(L$^3$·d)] | SRT/d | 产气结果 | |
|---|---|---|---|---|
| | | | 累积产气量/L | 日产气率/[L/(g VS d)] |
| AD$_1$ | 1.17 | 16.7 | 1.2 | 0.21 |
| AD$_1$ | 0.58 | 33.4 | 1.9 | 0.16 |
| AD$_1$ | 0.39 | 50.1 | 2.1 | 0.12 |
| AD$_1$ | 0.29 | 66.8 | 2.2 | 0.09 |
| AD$_2$ | 1.73 | 12.5 | 4.7 | 0.54 |
| AD$_2$ | 0.86 | 25 | 7.5 | 0.43 |
| AD$_2$ | 0.58 | 37.5 | 8.0 | 0.31 |
| AD$_2$ | 0.43 | 50 | 8.2 | 0.24 |
| AD$_3$ | 2.30 | 10 | 5.6 | 0.49 |
| AD$_3$ | 1.15 | 20 | 9.5 | 0.41 |
| AD$_3$ | 0.77 | 30 | 10.3 | 0.30 |
| AD$_3$ | 0.58 | 40 | 10.6 | 0.23 |

从表 2-6 可以看出,在厌氧消化体系中,随着 SRT 的增加,有机负荷率呈减小的趋势,累积产气量越来越大,但产气率却越来越小。

在同样的进料频率下,AD₂ 和 AD₃ 中的有机负荷率要明显大于 AD₁ 中的有机负荷率。这说明剩余污泥添加酒精糟液共厌氧消化明显高于剩余污泥厌氧消化的有机负荷率,产气率也相应提高。例如,在进料频率为两天一次的条件下,在 AD₁ 中,有机负荷率和日产气率分别为 0.58 g VS/(L³ · d)和 0.16 L/(g VS d);在 AD₂ 中,有机负荷率和产气率分别为 0.86 g VS/(L³ · d)和 0.43 L/(g VS d);在 AD₃ 中,有机负荷率和产气率分别为 1.15 g VS/(L³ · d)和 0.41 L/(g VS d)。

## 2.3.6 剩余污泥高温共厌氧消化能量平衡核算

剩余污泥厌氧消化处理工程,尤其是高温厌氧消化,不能正常运行的一个主要原因是能量平衡为负值,即沼气燃烧产生的能量小于其运行消耗的能量。因此,只有突破了能量平衡为负值的瓶颈,剩余污泥高温厌氧消化处理才能步入良性循环的轨道[22]。

剩余污泥厌氧消化运行过程中,能量消耗部分包括污泥加热消耗的能量、污泥输送泵消耗的能量、反应器搅拌的能耗以及通过管路和反应器壁的热损失;而污泥厌氧消化的产能则是产生的甲烷气体燃烧释放的能量。研究[23]表明,剩余污泥高温厌氧消化工业化处理过程,污泥的加热是能耗的主要部分,而热能损失仅占污泥加热部分的 8%;泵的输送耗能和污泥搅拌能耗为 $31.8 \times 10^3$ kJ/m³[24]。

在能量平衡核算过程中,剩余污泥和酒精糟液的比热,可近似认为是 4.18 kJ/(kg · ℃),剩余污泥和酒精糟液的密度可为 1.0 g/mL,甲烷的燃烧热为 35.8 kJ/L[25]。如果考虑甲烷燃烧产生的热量分配,应用热电联产技术,则甲烷燃烧释放的化学能 35% 被转化为电能,55% 被转化为热能,剩余的 10% 为热损失[23]。

此外,在计算过程中,剩余污泥的最初温度以研究所在地区气象条件为基础,即河南省南阳市多年平均气温 16 ℃计算,酒精糟液初始温度按 75 ℃考虑,高温厌氧消化反应温度按 55 ℃计算。

本研究中,能量平衡计算过程包括混合污泥温度计算、厌氧消化过程能耗计算和产能计算。

剩余污泥和酒精糟液混合污泥的初始温度(进厌氧消化反应器前的温度)的计算方程是:

$$T_{混合} = \frac{T_1 V_1 + T_2 V_2}{V_1 + V_2} \tag{2-1}$$

式中 $T_{混合}$——剩余污泥与酒精糟液混合后进厌氧反应器前的温度,℃;

$T_1$——剩余污泥混合前的温度,℃;

$V_1$——剩余污泥混合前的体积,mL;

$T_2$——酒精糟液混合前的温度,℃;

$V_2$——酒精糟液混合前的体积,mL。

通过计算,在三个厌氧反应器中,混合污泥(AD$_1$ 中为剩余污泥)进反应器前的温度分别是:AD$_1$,16 ℃;AD$_2$,30.8 ℃;AD$_3$,39.6 ℃。

厌氧消化过程中能量的消耗和产气中甲烷燃烧后产生能量按本章注释[10]和[23]方法进行计算。

$$E_{input,heat} = \rho Q \gamma (t_2 - t_1)(1 + k) \qquad (2\text{-}2)$$

$$E_{input,electricity} = Q \times \theta + V_d \cdot \omega \qquad (2\text{-}3)$$

式中  $E_{input,heat}$——污泥预热所需的热能,kJ/d;

$E_{input,electricity}$——污泥预热所需的电能,kJ/d;

$\rho$——污泥的比重,L g/mL;

$Q$——进厌氧反应器的污泥量,m$^3$/d;

$\gamma$——污泥的比热,4.18 kJ/(kg · ℃);

$t_1$——污泥进厌氧反应器前的温度,℃;

$t_2$——厌氧消化的温度,55 ℃;

$k$——管道和反应器壁的热损失,8%;

$\theta$——输送污泥泵的电能消耗,$1.8 \times 10^3$ kJ/m;

$V_d$——厌氧消化体积,5 L;

$\omega$——搅拌消耗的电能,$3.0 \times 10^2$ kJ/(m$^3$ · d)。

产生的甲烷气体燃烧释放的能量,是污泥厌氧消化产生的能源。采用热电联产技术,则有:

$$E_{output,heat} = 35\% \cdot H \cdot V \cdot C \qquad (2\text{-}4)$$

$$E_{output,electricity} = 55\% \cdot H \cdot V \cdot C \qquad (2\text{-}5)$$

式中  $E_{output,heat}$——甲烷燃烧化学能转化的电能,kJ;

$E_{output,electricity}$——甲烷燃烧化学能转化的热能,kJ;

$H$——甲烷燃烧的最低热值,35.8 kJ/L;

$V$——厌氧消化产生的沼气量,L;

$C$——甲烷的含量,%。

根据厌氧消化产能与耗能的数据,算出能量平衡值,即体系的净能量(产能减去耗能)结果。

剩余污泥高温厌氧消化和共厌氧消化能量平衡核算结果见表2-7。

表 2-7         剩余污泥高温厌氧消化和共厌氧消化能量平衡核算结果

| 厌氧反应器 | SRT/d | 累积产气量/L | 甲烷含量/% | 热耗/(kJ/d) | 电耗/(kJ/d) | 产热/(kJ/d) | 产电/(kJ/d) | 净能量/(kJ/d) |
|---|---|---|---|---|---|---|---|---|
| AD₁ | 16.7 | 1.2 | 55.4 | 52.82 | 2.04 | 13.09 | 8.33 | −33.44 |
| | 33.4 | 1.9 | 56.2 | 57.04 | 3.54 | 10.5 | 6.69 | −43.39 |
| | 50.1 | 2.1 | 56.1 | 61.27 | 5.04 | 7.73 | 4.92 | −53.66 |
| | 66.8 | 2.1 | 54.3 | 65.50 | 6.54 | 5.88 | 3.74 | −62.42 |
| AD₂ | 12.5 | 4.7 | 56.8 | 44.06 | 2.22 | 52.56 | 33.45 | +39.73 |
| | 25 | 7.5 | 55.3 | 47.58 | 3.72 | 40.83 | 25.98 | +15.51 |
| | 37.5 | 8.0 | 55.1 | 51.11 | 5.22 | 28.93 | 18.41 | −8.99 |
| | 50 | 8.2 | 56.7 | 54.63 | 6.72 | 22.89 | 14.56 | −23.9 |
| AD₃ | 10 | 5.6 | 56.6 | 34.76 | 2.40 | 62.41 | 39.71 | +64.96 |
| | 20 | 9.5 | 54.2 | 37.54 | 3.90 | 50.69 | 32.26 | +41.51 |
| | 30 | 10.3 | 54.3 | 40.32 | 5.40 | 36.71 | 23.36 | +14.35 |
| | 40 | 10.6 | 55.1 | 43.03 | 6.90 | 28.75 | 18.30 | −2.88 |

从表 2-7 可以看出,在三个厌氧消化体系 AD₁、AD₂ 和 AD₃ 中,随着各自 SRT 的延长,厌氧消化体系稳定运行时累积气体产量增加,但能耗随之增加较快,因此表现为体系中的净能量逐渐下降。

在 AD₁ 中,300 mL 剩余污泥高温厌氧消化的能量平衡,在所有 SRT 条件下均为负值,表明从能量平衡的角度在实际生产中是负平衡,即在生产实践中没有可行性,这也许是剩余污泥高温厌氧消化不能正常运行的原因所在。

在 AD₂ 中,剩余污泥和酒精糟液以 3∶1 的体积比、总体积为 400 mL 高温共厌氧消化,与 AD₁ 相比,其产气量增加;此外,混合污泥从酒精糟液获得一部分热能资源。在 SRT 为 12.5 d 和 25 d 的条件下运行时,体系能量出现正平衡,能量平衡最大值为 +39.73 kJ/d,这说明剩余污泥与酒精糟液高温共厌氧消化,突破了能量平衡为负值的瓶颈,在实践中具有可行性。而从 SRT 为 25 d 开始,再继续延长 SRT,尽管产气总量增加,但产气率减小,此时能耗大于产能,能量平衡出现负值。

在 AD₃ 中,当剩余污泥与酒精糟液以 3∶2 的体积比、总体积为 500 mL 混合污泥高温厌氧消化时,只有在 SRT 为 40 d 时出现负的能量平衡,这说明添加酒精糟液的比例越大,能量平衡出现负值对应的 SRT 越长。但是,值得注意的是,共厌氧消化体系在 SRT 为 10 d 的条件下运行时,会导致酸化现象的出现。采取中和措施后获得了一定的产气量,但由于有机负荷率过大,在实验中,为了使厌氧消化反应得以正常运行,必须添加碱性物质中和过高的酸度,在实际生产应用中这种中和措施,既增加了处理成本又增加了反应失败的风险。此外,增加酒精糟液添加量也必然增加共厌氧消化的运输成本。

AD₂ 和 AD₃ 中都出现了能量平衡为正值的结果,但考虑实际生产过程中的可操作性和安全性及减少酒精糟液运输处理成本等因素,可以认为选择 AD₂ 共厌氧消化系统,即 300 mL 剩余污泥和 100 mL 酒精糟液混合共厌氧消化,并确定 SRT 为 12.5 d 较为合适,此时能量平衡是正值,且添加酒精糟液比例较小,容易操作,运输成本也较低,具有较好的可操作性。这一研究结论与 Cavinato 等[26]研究结果相似,即废物高温厌氧消化较为合适的 SRT 是 11~22 d。

本研究中,没有考虑酒精糟液的运输成本,这是今后共厌氧消化研究中应考虑的因素。

剩余污泥与酒精糟液高温共厌氧消化能量平衡变为正值的原因主要有两个:一是共厌氧混合过程中剩余污泥充分利用了酒精糟液高温热能资源;二是共厌氧消化效率增加,产气量相应提高。

### 2.3.7 剩余污泥与酒精糟液高温共厌氧消化动力学分析

用动力学模型对厌氧消化过程进行分析,不但可以研究厌氧消化过程的规律,而且对厌氧消化反应器的设计、运行和控制均可发挥重要的作用。

Ken 和 Hashimoto 模型适合对有机物厌氧消化动力学进行评价;Jiménez 等[27]用 Chen 和 Hashimoto 模型成功地研究了用 *Penicillium decumbens* 处理酒精糟液的半连续式厌氧消化动力学,结果表明,评价误差很小。因此,本研究用 Chen 和 Hashimoto 一级动力模型对剩余污泥与酒精糟液高温共厌氧消化结果进行评价,并与剩余污泥高温厌氧消化结果进行对比。

Chen 和 Hashimoto 应用于厌氧消化过程动力模型方程为:

$$\Theta = \frac{1}{\mu_{max}} + \frac{K}{\mu_{max}} \times \frac{B}{B_0 - B} \qquad (2\text{-}6)$$

式中   $\Theta$——污泥停留时间(SRT),d;

     $K$——与反应速度和反应稳定性有关的动力学常数;

     $B$——产气率,L/g VS;

     $B_0$——极限污泥停留时间下的产气率,L/g VS;

     $\mu_{max}$——最大微生物生长速率,1/d。

在计算之前,对表 2-6 中数据进行变换,把 SRT 变为倒数,将产气率的列数据分别乘以各自相对应的进样频率次数,即每天进料一次乘以 1,每两天进料一次乘以 2,以此类推。相应的列数据变为另一种产气率形式,以去除每克挥发性固体产生的沼气体积表示,单位为 L/g VS,即 $B$ 值。

首先用 Origin 软件,对变换的表 2-6 中数据,通过 $B$ 对 $1/SRT$ 分别进行线性拟合回归求出 $B_0$,$B_0$ 为回归直线相应的截距。

为了获得参数 $B_0$,由式(2-6)可得:

$$B = B_0 \left| 1 - \frac{K}{\mu_{\max}\Theta - 1 + K} \right| \tag{2-7}$$

当 $\mu_{\max}\Theta > |1-K|$ 时,以 $B$ 对 $1/\Theta$ 作图得直线,其直线的截距即为 $B_0$。

拟合直线方程作图分别见图 2-6、图 2-7 和图 2-8。

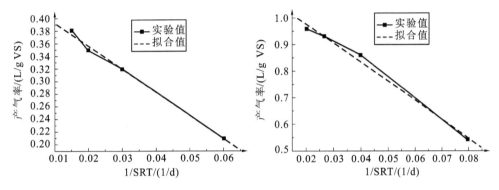

图 2-6 　$AD_1$ 中的 $B$ 对 $1/\Theta$ 直线拟合结果　　图 2-7 　$AD_2$ 中的 $B$ 对 $1/\Theta$ 直线拟合结果

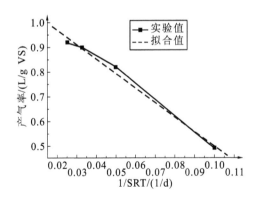

图 2-8 　$AD_3$ 中的 $B$ 对 $1/\Theta$ 直线拟合结果

产气率 $B$ 对 $1/\Theta$ 的拟合直线方程参数结果见表 2-8。

表 2-8 　产气率 $B$ 对 $1/\Theta$ 的拟合直线方程参数结果

| 厌氧反应体系 | 回归系数 $R$ | 截距(最大产气率)/(L/g VS) | 斜率 |
|---|---|---|---|
| $AD_1$ | $-0.9979$ | 0.4297 | $-3.6718$ |
| $AD_2$ | $-0.9953$ | 1.1215 | $-7.1624$ |
| $AD_3$ | $-0.9948$ | 1.0895 | $-5.9035$ |

由表 2-8 可知,拟合直线的截距即为最大产气率 $B_0$,在 $AD_1$、$AD_2$ 和 $AD_3$ 中,最大产气率分别为 0.4297 L/g VS 、1.1215 L/g VS 和 1.0895 L/g VS。

由 SRT 对 $B/(B_0-B)$ 直线回归拟合,得出动力方程的 $\mu_{max}$ 和 $K$。

三个厌氧消化体系 $AD_1$、$AD_2$ 和 $AD_3$ 中的 SRT,对 $B/(B_0-B)$ 拟合的直线见图 2-9、图 1-10 和图 2-11。

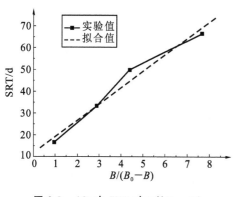

**图 2-9    $AD_1$ 中 SRT 对 $B/(B_0-B)$
直线拟合结果**

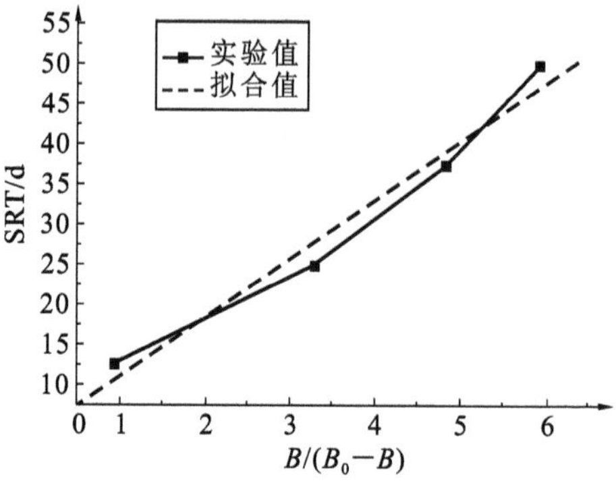

**图 2-10    $AD_2$ 中 SRT 对 $B/(B_0-B)$
直线拟合结果**

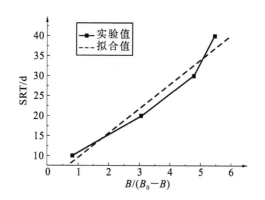

**图 2-11    $AD_3$ 中 SRT 对 $B/(B_0-B)$ 直线拟合结果**

SRT 对 $B/(B_0-B)$ 拟合直线参数结果见表 2-9。

表 2-9                            **SRT 对 $B/(B_0-B)$ 拟合直线参数结果**

| 厌氧反应体系 | 回归系数 $R$ | 截距 | 斜率 |
| --- | --- | --- | --- |
| $AD_1$ | 0.9857 | 11.7737 | 7.5349 |
| $AD_2$ | 0.9855 | 3.8172 | 7.3066 |
| $AD_3$ | 0.9755 | 3.5267 | 6.1206 |

由方程 2-6 可知，$\mu_{max}=1/$截距，并且 $k=$斜率/截距。因此，由表 2-9 得到三个厌氧反应体系的动力学方程参数，见表 2-10。

表 2-10　　　　　　　不同厌氧反应体系的动力学方程参数

| 厌氧反应体系 | $\mu_{max}/(1/d)$ | $K$ |
|---|---|---|
| AD$_1$ | 0.0849 | 0.6400 |
| AD$_2$ | 0.2619 | 1.9141 |
| AD$_3$ | 0.2836 | 1.7355 |

从表 2-10 中可以看出，三个厌氧反应体系呈现不同的反应最大比生长率 $\mu_{max}$ 和动力学常数 $K$。

在 AD$_1$ 中，剩余污泥高温厌氧消化体系动力学参数 $K$ 为 0.6400，而在 AD$_2$ 和 AD$_3$ 中，即剩余污泥与酒精糟液高温共厌氧消化体系的动力学参数 $K$ 值远大于 AD$_1$ 中剩余污泥厌氧消化体系的 $K$ 值，最大 $K$ 值是 AD$_2$ 体系，其值为 1.9141，这说明在 AD$_2$ 中，消化体系的反应速度和稳定性最好。因为动力学常数 $K$ 既是反映反应速度的常数又是反映系统稳定性的常数[18]。

与 AD$_2$ 相比，AD$_3$ 体系中 $\mu_{max}$ 值较大，因为 AD$_3$ 体系的有机负荷率最大，微生物的生长速度较快。

Anhuradha 等[11]研究了剩余污泥和蔬菜市场废物混合共厌氧消化，动力学常数 $K$ 为 1.686，小于本研究中 AD$_2$ 中共厌氧消化体系的动力学常数 $K=1.9141$。这说明剩余污泥与酒精糟液共厌氧消化明显比剩余污泥与蔬菜废物共厌氧消化有优势。

因此，用反应动力学方程获得的各参数可以很好地解释剩余污泥高温厌氧消化反应和剩余污泥与酒精糟液高温共厌氧消化反应速度的差别，并且当剩余污泥与酒精糟液混合体积比为 3：1、总体积为 400 mL 时反应速度常数 $K$ 值最大，明显优于剩余污泥厌氧消化体系的动力学常数 $K$。

# 2.4　结　　论

通过剩余污泥高温厌氧消化最佳有机负荷实验、剩余污泥与酒精糟液不同混合比例在不同 SRT 条件下运行结果、能量平衡核算和动力学评价，得出如下主要结论：

（1）剩余污泥高温厌氧消化的最佳进料量为 300 mL 剩余污泥，SRT 为 16.7 d，有机负荷率为 1.17 g VS/(L$^3$ · d)。

(2)剩余污泥与酒精糟液高温共厌氧消化最佳进料体积为 400 mL,二者体积比为 3∶1,SRT 为 12.5 d,有机负荷率为 1.73 g VS/(L³·d)。与 300 mL 剩余污泥高温厌氧消化相比,有机负荷率增加 47.9%。在上述最佳运行条件下,剩余污泥与酒精糟液高温共厌氧消化能量平衡为 +39.73 kJ/d,突破了剩余污泥厌氧消化能量平衡为负值的瓶颈。共厌氧消化能量平衡为正值的原因,一是提高了产气率,二是充分利用了酒精糟液的高温能量资源。

(3)剩余污泥与酒精糟液高温共厌氧消化,过大的有机负荷率会导致出现酸化现象,影响厌氧消化反应运行。

(4)Chen 和 Hashimoto 一级动力学方程评价了厌氧消化过程,剩余污泥高温厌氧消化动力学参数 $K$ 为 0.6400,而与酒精糟液混合高温共厌氧消化获得的动力学参数 $K$ 为 1.9141,从理论上揭示了剩余污泥与酒精糟液高温共厌氧消化优于剩余污泥高温厌氧消化的本质。

## ☯ 注释

[1] Pant D, Adholeya A. Biological approaches treatment of distillery wastewater: A review[J]. Bioresource Technology, 2007, 98(12): 2321-2334.

[2] Mohana S, Achrya B K, Madamwar D. Distillery spent wash: Treatment technologies and potential applications[J]. Journal of Hazardous Materials, 2009, 163(1): 12-25.

[3] Anhuradha S, Vijayagopal V, Radha P, et al. Kinetic studies and anaerobic co-digestion of vegetable market waste and sewage sludge[J]. Clean, 2007, 35(2): 197-199.

[4] Lu J, Hariklia, Gavala N, et al. Improving anaerobic sewage sludge digestion by implementation of a hyper-thermophilic prehydrolysis step[J]. Journal of Environmental Management, 2008, 88(4): 881-889.

[5] Perez M., Rodriguez-Cano R., Romero L I, et al. Anaerobic thermophilic of cutting oil wastewater: Effect of co-substrate[J]. Biochemical Engineering Journal, 2006, 29(3): 250-257.

[6] 国家环境保护总局《水和废水监测分析方法》编委会. 水和废水监测分析方法[M]. 4 版. 北京:中国环境科学出版社,2009.

[7] APHA. Standard methods for the examination of water and wastewater, 20th ed[S]. Washington D C.: American Public Health Association, American Water Works Association and Water Environment Federation, 1998.

[8]　Neves L,Oliveira R,Alves M M. Anaerobic co-digestion of coffee waste and sewage sludge[J]. Waste Management,2006,26(2):176-181.

[9]　De la Rubia M A,Perez M,Romero L I,et al. Effect of solids retention time(SRT)on pilot scale anaerobic thermophilic sludge digestion[J]. Process Biochemistry,2006,41(1):79-86.

[10]　Neves L,Oliveira R,Alves M M. Anaerobic co-digestion of coffee waste and sewage sludge[J]. Waste Management,2006,26(2):176-181.

[11]　Anhuradha S,Vijayagopal V,Radha P,et al. Kinetic studies and anaerobic co-digestion of vegetable market waste and sewage sludge[J]. Clean,2007,35(2):197-199.

[12]　Zhang P Y,Zeng G M,Zhang G M,et al. Anaerobic co-digestion of biosolids and organic fraction of municipal solid waste by sequencing batch process[J]. Fuel Processing Technology,2008,89(4):485-489.

[13]　付胜涛,于水利,严晓英,等.剩余活性污泥和厨余垃圾的混合中温厌氧消化[J].环境科学,2006,27(7):1459-1463.

[14]　Kim H W,Han S K,Shin H S. The optimization of food wastes addition as a cosubstrate in anaerobic digestion of sewage sludge[J]. Waste Manage Res,2003,21(6):515-526.

[15]　Luostarinen S,Luste S,Sillanpää M. Increased biogas production at wastewater treatment plants through co-digestion of sewage sludge with grease trap sludge from a meat processing plant[J]. Bioresource Technology,2009,100(1):79-85.

[16]　张洪林,范丽华,曹春艳,等.高温预处理对污泥厌氧消化影响的研究[J].辽宁师范大学学报:自然科学版,2007,30(3):336-338.

[17]　刘晓玲.城市污泥厌氧发酵产酸条件优化及机理研究[D].无锡:江南大学,2008.

[18]　Lee M Y,Hidadk T,Tsuno H. Effect of temperature on performance and microbial divisity in hyperthermophilic digester system fed with kitchen garbage[J]. Bioresource Technology,2008,99(15):6852-6860.

[19]　Pahl O,Firth A,MacLeod I,et al. Anaerobic co-digestion of mechanically biologically treated municipal waste with primary sewage sludge-Afeasibility study[J]. Bioresource Technology,2008,99(9):3354-3364.

[20]　谢娟,贺延龄,黄甫浩.混合炸药废水的厌氧处理研究[J].西安石油大学学报:自然科学版,2005,20(4):70-73.

［21］ Björnsson L，Murto M，Mattiasson B. Evaluation of parameters for monitoring an anaerobic co-digestion process［J］. Applied Microbiology and Biotechnology，2000，54(6)：844-849.

［22］ Zupančič G D，Roš M. Heat and energy requirements in the thermophilic anaerobic sludge digestion［J］. Renewable energy，2003，28(14)：2255-2267.

［23］ Appel L，Baeyens J，Degrève J，et al. Principales and potential of the anaerobic digestion of waste activated sludge［J］. Progress in Energy and Combustion Science，2008，34(6)：755-781.

［24］ 韩育宏. 污泥超声破解对高温厌氧消化的促进作用研究［M］. 天津：天津大学，2007.

［25］ Zupančič G D，Uranjek-Ževert N，Roš M. Full-scale anaerobic co-digestion of organic waste and municipal sludge［J］. Biomass and Bioenergy，2008，32(2)：162-167.

［26］ Cavinato C，Fatone F，Bolzonella，et al. Thermophilic anaerobic co-digestion of cattle manure with agro-wastes and energy crop：Comparison of pilot and full scale experiences［J］. Bioresource Technology，2010，101(2)：545-550.

［27］ Jiménez A M，Borja R，Martín A，et al. Kinetic analysis of the anaerobic digestion of untreated vinasses and vinasses previously treated with Penicillium decumbens［J］. Journal of Environmental Management，2006，80(4)：303-310.

# 3 高温共厌氧消化影响污泥
# 性能及机理

## 3.1 引　　言

剩余污泥厌氧消化处理的目标是减量化和稳定化,厌氧消化污泥必须进一步处理才能最终处置利用。污泥的脱水性能直接影响后续处理的过程、效率和成本,也是任何处理处置方式都必须经历的步骤,又是耗能过程,因此,寻求经济适用的处理方法,成为人们的研究重点。

剩余污泥脱水的主要方法有添加化学絮凝剂脱水、机械脱水、加热脱水、冷冻融化脱水和电渗透脱水[1]等。

近年来,厌氧消化影响污泥脱水性能研究开始活跃。厌氧消化影响污泥的胞外聚合物性质,以及污泥的脱水性能[2]。

厌氧消化过程使胞外聚合物中蛋白质和多糖降解,导致其脱水性能变差。消化过程改变了活性污泥的生物相,污泥中微生物量减少、丝状纤维的解体和原生动物的缺乏是其主要变化,也是污泥颗粒变小、脱水性能恶化的原因所在[3]。该研究明显把污泥厌氧消化脱水性能的变化与生物相的变化联系起来,为未来污泥脱水性能的机理研究拓宽了方向。

不同底物厌氧消化后污泥脱水性能不同。用葡萄糖和丙酸与剩余污泥分别共厌氧消化,结果表明,剩余污泥与葡萄糖共厌氧消化后,消化污泥中胞外聚合物含量增加并使污泥颗粒变小,脱水性能变差;而剩余污泥与丙酸共厌氧消化后脱水性能与剩余污泥厌氧消化后污泥的脱水性能差别不大[4]。

与剩余污泥厌氧消化污泥脱水性能相比,剩余污泥与蔬菜废物共厌氧消化污泥脱水性能明显改善[5]。

因此,本章考察剩余污泥与酒精糟液共厌氧消化污泥脱水性能。从污泥自然沉淀性能、污泥比阻、污泥胞外聚合物含量、胞外聚合物成分、污泥颗粒大小等指标对污泥的脱水性能进行评价,并从生物学角度对影响污泥脱水性能的机理进行探讨。此外,还考察共厌氧消化降低污泥中重金属的效果,以期为污泥安全农用提供科学依据。

# 3.2 实验材料与方法

## 3.2.1 实验材料

实验材料的厌氧消化污泥,即三个厌氧消化体系,在不同 SRT 条件下运行稳定后的消化污泥。

### 3.2.1.1 离心分离实验

在 10 mL 离心管中倒入适当的污泥,在离心机(80-2 电动离心机)转速分别为 1000 r/min,2000 r/min,3000 r/min,4000 r/min 时离心沉淀 3 min 后,记录离心后上清液的体积,并与离心污泥总体积相比较,得出污泥离心分离率。

### 3.2.1.2 污泥比阻(SRF)测定

污泥比阻[6]的定义为单位过滤面积上单位滤饼干固体重量所受到的阻力。污泥比阻值越大,其脱水性能也越差,越难过滤。

根据过滤基本方程,在定压条件下过滤时,$t/V$ 与 $V$ 呈直线关系,可建立回归方程:

$$y = ax + b \tag{3-1}$$

其中:

$$a = \frac{\mu \omega r}{2PA^2} \tag{3-2}$$

$$b = \frac{\mu R_f}{PA} \tag{3-3}$$

比阻关系式:

$$r = \frac{2aPA^2}{\mu \omega} \tag{3-4}$$

式中　$r$——比阻,m/kg;

$A$——过滤面积,cm$^2$;

$P$——过滤压力差,g/cm$^2$;

$\mu$——过滤液的动力黏度,g/(cm·s);

$w$——单位体积滤液所对应的滤饼干固体重量,$g/cm^3$;

$R_f$——过滤介质单位面积的阻抗,$g/cm^2$。

测量步骤如下:

(1)在布氏漏斗中放置已烘干并已称重的滤纸,用水喷湿,启动真空泵,使滤纸紧贴漏斗,完毕后关闭真空泵,记录量筒中的滤液量。

(2)将 100 mL 泥样倒入漏斗中,再开动真空泵,调整真空度为 0.05 MPa 再开始计时,记录适当时间间隔的过滤时间 $t$ 和相应时刻的滤液量 $V$,直至滤饼破坏龟裂,真空度破坏再持续一段时间,记录下滤液总体积。整个实验过程中保持压力不变。

(3)将泥饼从漏斗上剥离,在 103 ℃ 下烘干称重且测量量筒中滤液黏度(NDJ-1 型黏度计)。

(4)通过测定一系列的 $t \sim V$ 数据,在直角坐标系下作 $t/V$-$V$ 关系图,求得斜率 $b$。通过烘干截留的滤饼,称重再除以滤液总体积 $V$,则 $P$、$A$ 均可获得,由此可计算出污泥比阻 $r$。

## 3.2.2 污泥胞外聚合物(EPS)测定

从结构上看,污泥胞外聚合物(EPS)由松散胞外聚合物(LB-EPS)和紧密胞外聚合物(TB-EPS)组成。

松散胞外聚合物和紧密胞外聚合物测定[7-8]:取 25 mL 厌氧消化污泥混合液置于 30 mL 的离心管内,在 6 kg 条件下离心 5 min 后,倾出上清液。然后将污泥颗粒重新悬浮于 15 mL 生理盐水中,并放入若干玻璃珠,超声波处理 2 min,置于摇床中在 150 r/min 水平振摇 10 min,而后在 8 kg 离心 10 min,取上清液测定松散胞外聚合物质量。

松散胞外聚合物分离后的污泥重新悬浮于 25 mL 生理盐水中,再超声波处理 2 min,在 80 ℃ 下水浴加热 30 min,并在 12 kg 条件下离心 20 min,取上清液测定紧密胞外聚合物质量。

胞外聚合物总质量为松散胞外聚合物质量与紧密胞外聚合物质量之和。

## 3.2.3 污泥颗粒尺寸测定

污泥颗粒尺寸用 Coulter LS 130 激光散射粒径测定仪测定。

## 3.2.4 污泥中甲烷菌含量测定

污泥中甲烷菌含量测定,使用仪器为自动荧光显微镜(CFM-200E)。

### 3.2.5　污泥中重金属含量测定

三个厌氧消化体系 $AD_1$、$AD_2$ 和 $AD_3$,仅对进样频率为每天一次的厌氧消化污泥,测定重金属 Cu、Pb、Zn、Cd 和 Ni 的含量。测定方法为原子吸收法(AA400 PE)。

# 3.3　结果与讨论

### 3.3.1　污泥离心分离

$AD_1$、$AD_2$ 和 $AD_3$ 中污泥的离心分离结果分别见图 3-1、图 3-2 和图 3-3。

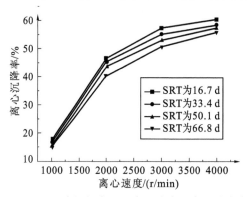

图 3-1　$AD_1$ 中污泥在不同离心速度下离心分离率

由图 3-1、图 3-2 和图 3-3 可知,在 $AD_1$ 中,剩余污泥在不同 SRT 下厌氧消化后,污泥在 4000 r/min、3 min 条件下的离心沉降率为 16.4%～60.4%;而在 $AD_2$ 和 $AD_3$ 中,剩余污泥与酒精槽液在不同 SRT 下高温共厌氧消化,污泥的离心分离率得到改善,在 4000 r/min、3 min 条件下污泥离心分离率分别增加到 31.4%～67.3% 和 36.8%～62.0%。

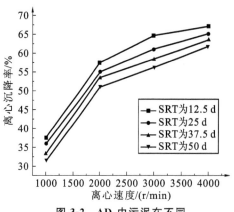

图 3-2　$AD_2$ 中污泥在不同
离心速度下离心分离率

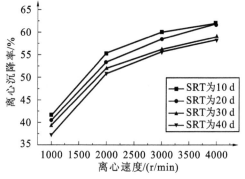

图 3-3　$AD_3$ 中污泥在不同
离心速度下离心分离率

### 3.3.2 污泥比阻

污泥比阻及其他相关参数分析结果见表 3-1。

表 3-1 厌氧消化污泥比阻及其他相关参数分析结果

| 厌氧反应体系 | SRT/d | 污泥比阻/(m/kg) | 紧密附着物/(mg/g SS) | 松散附着物/(mg/g SS) | 松散附着物/紧密附着物 | 颗粒平均尺寸/μm | 甲烷菌数/(个/mL) |
|---|---|---|---|---|---|---|---|
| AD₁ | 16.7 | $2.2 \times 10^{13}$ | 106 | 26 | 0.24 | 6.7 | $5.27 \times 10^9$ |
| AD₁ | 33.4 | $3.5 \times 10^{13}$ | 105 | 27 | 0.26 | 5.9 | $3.05 \times 10^9$ |
| AD₁ | 50.1 | $1.8 \times 10^{14}$ | 102 | 29 | 0.28 | 5.6 | $2.06 \times 10^9$ |
| AD₁ | 66.8 | $2.3 \times 10^{14}$ | 97 | 29 | 0.30 | 5.3 | $1.02 \times 10^9$ |
| AD₂ | 12.5 | $7.8 \times 10^{11}$ | 121 | 20 | 0.17 | 34.7 | $3.28 \times 10^{10}$ |
| AD₂ | 25 | $6.3 \times 10^{12}$ | 117 | 25 | 0.21 | 33.8 | $2.15 \times 10^{10}$ |
| AD₂ | 37.5 | $7.5 \times 10^{12}$ | 108 | 23 | 0.21 | 31.1 | $2.08 \times 10^{10}$ |
| AD₂ | 50 | $8.3 \times 10^{12}$ | 106 | 25 | 0.24 | 30.6 | $8.76 \times 10^9$ |
| AD₃ | 10 | $8.1 \times 10^{14}$ | 93 | 31 | 0.33 | 15.3 | $1.06 \times 10^9$ |
| AD₃ | 20 | $1.5 \times 10^{12}$ | 121 | 29 | 0.24 | 38.7 | $2.75 \times 10^{10}$ |
| AD₃ | 30 | $4.2 \times 10^{12}$ | 120 | 30 | 0.25 | 32.7 | $2.23 \times 10^{10}$ |
| AD₃ | 40 | $6.3 \times 10^{12}$ | 116 | 32 | 0.28 | 31.5 | $1.65 \times 10^{10}$ |

由表 3-1 可知,在 AD₁ 中,剩余污泥高温厌氧消化后,污泥比阻为 $2.2 \times 10^{13} \sim 2.2 \times 10^{14}$ m/kg,在 AD₂ 中,当剩余污泥与酒精糟液以体积比 3:1 混合、总体积为 400 mL 时,共厌氧消化污泥的比阻为 $7.8 \times 10^{11} \sim 8.3 \times 10^{12}$ m/kg。剩余污泥与酒精糟液高温共厌氧消化污泥比阻小于剩余污泥厌氧消化污泥比阻,表明剩余污泥高温共厌氧消化污泥脱水性能优于剩余污泥高温厌氧消化后污泥的脱水性能。这个结果与 Habiba 等[5] 的研究结果相似,剩余污泥及剩余污泥与水果和蔬菜物共厌氧中温消化时发现,剩余污泥厌氧消化后污泥比阻为 $1.6 \times 10^{16}$ m/kg,而剩余污泥与不同比例水果和蔬菜物共厌氧消化,污泥比阻为 $5.18 \times 10^{14} \sim 5.52 \times 10^{14}$ m/kg,减小了污泥比阻,改善了污泥的脱水性能。

厌氧消化污泥比阻及其他相关参数分析结果见表 3-1。

在 AD₃ 中,剩余污泥与酒精糟液以体积比 3:2 混合、总体积为 500 mL,在 SRT 为 10 d 的条件下共厌氧消化,污泥比阻为 $8.1 \times 10^{14}$ m/kg,明显大于其他 SRT 下厌氧消化污泥比阻,其值为 $1.5 \times 10^{12} \sim 6.3 \times 10^{12}$ m/kg,说明污泥脱水性能变差。其原因是在 SRT 为 10 d 的条件下厌氧消化属于酸化运行,导致污泥脱水性能变差。Shao 等[9]研究了不同 pH 值条件对污泥中蛋白质、多聚糖的影响和对污泥脱水性能的影响，认为不同酸度会影响污泥的蛋白质、多聚糖的溶解程度，酸度越大，影响程度越大，污泥的脱水性能越差。

表 3-1 还说明，在同一厌氧消化体系中，污泥比阻随着厌氧消化时 SRT 的增加而增加，表明厌氧消化时间的增加使污泥的脱水性能变差。Mahmoud 等[10-11]研究了 SRT 对剩余污泥生物大分子的厌氧稳定性和转化性能的影响，结果表明，SRT 延长会增加污泥絮体中生物大分子蛋白质和多聚糖的溶解程度；污泥絮体中生物大分子蛋白质和多聚糖的溶解程度越大，污泥的脱水性能越差[12]。

### 3.3.3　污泥胞外聚合物

由表 3-1 可以看出，在三个厌氧消化反应器 $AD_1$、$AD_2$ 和 $AD_3$ 中，随着 SRT 的增加，污泥胞外聚合物中紧密胞外聚合物的质量逐渐增加，而松散胞外聚合物的质量逐渐减小，松散胞外聚合物与紧密胞外聚合物的质量比也逐渐增加。这一规律与污泥比阻变化趋势相同，说明污泥脱水性能与污泥胞外聚合物含量和性质关系密切，松散胞外聚合物及松散胞外聚合物与紧密胞外聚合物的质量比越大，污泥的脱水性能越差。这是因为污泥胞外聚合物是具有流变性的双层结构，内层即胞外聚合物紧密附着物与细胞表面结合较紧，可以相对稳定地依附于细胞壁外，具有一定外形；外层即胞外聚合物中松散胞外聚合物比内层的紧密胞外聚合物松散、含水多、密度小，具有流变特性；污泥的脱水性能与其胞外聚合物结构有一定关系[13]。

与 $AD_1$ 相比，$AD_2$ 中松散胞外聚合物与紧密胞外聚合物质量之比明显较低。

在 $AD_3$ 中，污泥的松散胞外聚合物与紧密胞外聚合物质量之比接近于 $AD_1$ 中松散胞外聚合物与紧密胞外聚合物质量之比，当 SRT 为 10 d 时，污泥松散胞外聚合物与紧密胞外聚合物质量之比为 0.33，明显高于其他实验数据，这是由于有机负荷率太高，酸化运行造成松散胞外聚合物质量相对较大，而紧密聚合物质量相对较小所致。

### 3.3.4　污泥颗粒大小

表 3-1 显示，在 $AD_1$ 中，剩余污泥厌氧消化后，污泥的颗粒平均尺寸在 5.3～6.7 $\mu m$ 范围内；在 $AD_2$ 中，剩余污泥与酒精糟液共厌氧消化后污泥颗粒尺寸变大，颗粒平均尺寸范围为 30.6～38.7 $\mu m$。Habiba 等[5]认为，污泥颗粒尺寸减小是污泥脱水性能变差的主要指标。值得注意的是，在 $AD_3$ 中，SRT 为 10 d 的条件是高负荷酸化运行，污泥颗粒尺寸变小，其值为 15.3 $\mu m$，结合脱水性能评价结果，表明污泥脱水性能变差。这与其他研究结论[12]相似，污泥厌氧消化过程中，当污泥负荷较大时，可导致酸化现象出现，使污泥颗粒变小，污泥脱水性能下降。

### 3.3.5　污泥中甲烷菌含量

由表 3-1 可以看出,AD$_2$ 和 AD$_3$ 中的甲烷菌含量明显高于 AD$_1$ 中的甲烷菌含量,这表明,与剩余污泥厌氧消化相比,剩余污泥与酒精糟液高温共厌氧消化更有利于甲烷菌的生长。AD$_1$ 中的甲烷菌含量范围为 $1.02×10^9 \sim 5.27×10^9$ 个/mL,AD$_2$ 中的甲烷菌含量范围为 $8.76×10^9 \sim 3.28×10^{10}$ 个/mL,AD$_3$ 中的 SRT 为 10 d 时,甲烷菌含量为 $1.06×10^9$ 个/mL,明显接近于 AD$_1$ 中的甲烷菌含量,说明酸化抑制了甲烷菌的生长。

在同一个厌氧反应体系中,随着 SRT 的增加,甲烷菌含量呈减少趋势。这是因为 SRT 增加意味着有机负荷率减小,使微生物生长所需营养物缺乏,导致甲烷菌数量减少。Solera 等[12]认为,在厌氧消化过程中,SRT 是影响优势菌群生长的重要因素;剩余污泥高温厌氧消化时,甲烷菌群随着有机负荷的增加而增加,即随着 SRT 的增加而减少[13]。

### 3.3.6　污泥中重金属含量

剩余污泥厌氧消化以及其和酒精糟液共厌氧消化后,污泥中重金属 Cu、Pb、Zn、Cd、Ni 含量分析结果见表 3-2。

表 3-2　　　　　　　　　　　**污泥中重金属含量分析结果**

| 项目 | 重金属含量/(mg/kg) | | | | |
| --- | --- | --- | --- | --- | --- |
| | Cu | Pb | Zn | Cd | Ni |
| 剩余污泥 | 50.5 | 8.2 | 1377 | 5.0 | 14.5 |
| 酒精糟液 | 未 | 2.2 | 669 | 0.1 | 7.6 |
| AD$_1$ 中厌氧污泥 | 49.5 | 8.3 | 1358 | 5.1 | 14.3 |
| AD$_2$ 中厌氧污泥 | 33.4 | 6.37 | 1114 | 3.5 | 11.4 |
| AD$_3$ 中厌氧污泥 | 23.2 | 4.85 | 987 | 2.2 | 10.7 |
| 《农用污泥中污染物控制标准》(GB 4284—1984)酸性土壤 pH 值小于 6.5 | 250 | 300 | 500 | 5 | 100 |
| 《农用污泥中污染物控制标准》(GB 4284—1984)碱性土壤 pH 值不小于 6.5 | 500 | 1000 | 1000 | 20 | 200 |

注:"未"指低于分析方法检出限。

由表 3-2 可以看出,在 AD$_1$ 中,剩余污泥厌氧消化污泥中重金属 Cu、Pb、Zn、Cd、Ni 含量接近于剩余污泥中相应的重金属含量,这说明剩余污泥厌氧消化后对其中重金属的含量影响不明显,唯一的变化是重金属的存在形态。

在 AD$_2$ 和 AD$_3$ 中,污泥中所测重金属 Cu、Pb、Zn、Cd、Ni 含量,小于剩余污泥中的重金属含量,而大于酒精糟液中相应重金属的含量。这是因为剩余污泥中 Cu、Pb、Zn、Cd、Ni 含量明显高于酒精糟液中对应元素的含量,剩余污泥与酒精糟液混合共厌氧消化后明显降低了剩余污泥中的重金属含量。

Tyagi 等[13]研究化学方法去除污泥中重金属,结果表明,耗酸费用为每吨干污泥 27.56 美元;而中和淋滤液中的酸又要耗费大量的石灰,费用为每吨干污泥 22.05~44.10 美元,并且操作复杂,劳动强度大。

共厌氧消化一个重要作用是稀释潜在的有毒物质[13-14],添加酒精糟液共厌氧消化,对降低剩余污泥中重金属有重要意义。共厌氧消化与其他降低剩余污泥中重金属的方法相比具有明显的优势,没有增加额外的操作费用,因而具有明显的可行性。

AD$_2$ 和 AD$_3$ 的污泥中重金属 Cu、Pb、Zn、Cd、Ni 含量,除 Zn 超过标准外(可能与城市用水管道系统镀锌材料使用较多有关)[15],其他四种金属含量均符合《农用污泥中污染物控制标准》(GB 4284—1984)。

酒精糟液与剩余污泥共厌氧消化,明显降低剩余污泥的重金属含量,具有处理成本低、可行性高等优势,为剩余污泥安全农用奠定了基础。

# 3.4 结　　论

(1)剩余污泥与酒精糟液高温共厌氧消化污泥脱水性能优于剩余污泥高温厌氧消化污泥脱水性能,剩余污泥在实验的 SRT 条件下,污泥比阻为 $2.2 \times 10^{13} \sim 2.2 \times 10^{14}$ m/kg,当剩余污泥与酒精糟液以体积比 3∶1 混合、总体积为 400 mL 时,不同的 SRT 条件下共厌氧消化运行,污泥的比阻为 $7.8 \times 10^{11} \sim 8.3 \times 10^{12}$ m/kg。然而,高负荷酸化运行使污泥的脱水性能恶化。同一个厌氧体系消化污泥,增加 SRT 会使厌氧消化污泥脱水性能变差。

(2)污泥脱水性能与污泥颗粒结构、颗粒尺寸大小和污泥胞外聚合物中松散胞外聚合物与紧密胞外聚合物的质量比值有关。

(3)剩余污泥与酒精糟液高温共厌氧消化,明显降低了剩余污泥中的重金属含量,与酒精糟液共厌氧消化是降低和解决剩余污泥中重金属含量的一种新思路,为剩余污泥的安全农用奠定了基础。

## 注释

[1] Gingerich I, Neufeld E, Ronald D, et al. Electroosmotically enhanced sludge pressure filtration[J]. Water Environment Research, 1999, 71(3):267-276.

[2] Ayol A. Enzymatic treatment effects on dewaterability of anaerobically digested biosolids-Ⅰ:performance evaluations[J]. Process Biochemistry, 2005, 40(7):2427-2434.

[3] 裴海燕,胡文容,李晶,等.活性污泥与消化污泥的脱水特性及粒径分布[J].环境科学,2007,28(10):2236-2241.

[4] Jenifer I, Houghton S, Stephenson T. Effect of influent organic content on digested sludge extracellular polymer content and dewaterability[J]. Water Res, 2002, 36(14):3620-3628.

[5] Habiba L, Hassib B, Moktar H. Improvement of activated sludge stabilization and filterability during anaerobic digestion by fruit and vegetable waste addition[J]. Bioresource Technology, 2009, 100(4):1555-1560.

[6] Yuan D, Wang Y, Qian X. Variations of internal structure and moisture distribution in activated sludge with stratified extracellular polymeric substances extraction[J]. International Biodeterioration and Biodegradation, 2017, 116:1-9.

[7] Li X, Yang S. Influence of loosely bound extracellular polymeric substances(EPS)on the flocculation, sedimentation and dewaterability of activated sludge[J]. Water Research, 2007, 41(5):1022-1030.

[8] 王红武,李晓岩,赵庆祥.活性污泥的表面特性与其沉降脱水性能的关系[J].清华大学学报:自然科学版,2004,44(6):766-769.

[9] Shao L M, He P P, Yu G H, et al. Effect of proteins, polysaccharides, and particles sizes on sludge dewaterability[J]. Journal of Environmental Science, 2009, 21(1):83-88.

[10] Mahmoud N, Zeeman G, Gijzen H, et al. Anaerobic stabilisation and conversion of biopolymers in primary sludge—effect of temperature and sludge retention time[J]. Water Research, 2004, 38(4):983-991.

[11] Mahmoud N, Zeeman G, Gijzen H, et al. Interaction between digestion conditions and sludge physical characteristics and behaviour for anaerobically digested primary sludge [J]. Biochemical Engineering Journal, 2006, 28(2):196-200.

[12]　Solera R,Romero L I,Sales D. Analysis of methane production in thermophilic anaerobic reactors: use of autofluorescence microscopy [ J ]. Biotechnology Letters,2001,23(22):1889-1892.

[13]　Tyagi R D,Couillard D,Tran ZF T. Heavy metals removal from anaerobically digested sludge by chemical and microbiological methods [J]. Environmental Pollution,1998,50:295-316.

[14]　Novak J T,Sadler M E,Murthy S N. Mechanisms of floc destruction during anaerobic and digestion and the effect on conditioning and dewatering of biosolids[J]. Water Research,2003,37(13):3136-3144.

[15]　De la Rubia M A,Perez M,Romero L I,et al. Effect of solids retention time(SRT)on pilot scale anaerobic thermophilic sludge digestion[J]. Process Biochemistry,2006,41(1):79-86.

# 4  超声波强化污泥共厌氧消化研究

## 4.1  引　　言

水解是剩余污泥厌氧消化的限速步骤[1-3],因此,对剩余污泥进行预处理破坏污泥絮体结构和细胞壁的屏蔽作用,使胞内有机物释放到胞外以利于胞外水解酶对有机物分子的作用,从而改善剩余污泥的厌氧消化性能。在诸多剩余污泥预处理方法中,超声波预处理是一种强有力的绿色处理方法,不但能有效破解污泥细胞壁,增加有机物和其他营养物质的溶解性,提高污泥活性[4],而且不会对后续处理造成影响,因而受到研究者的重视。

多环芳烃(PAHs)是由两个或两个以上苯环稠合在一起的化合物,广泛存在于大气、土壤和水体环境中,主要来源于石油、煤炭、木材和城市垃圾的不完全燃烧[5]。此外,机动车辆排放尾气等均产生多环芳烃化合物。

多环芳烃化合物具有生物难降解的特性,并且对生物具有潜在的致癌性和致突变性,它也是迄今为止已知毒性最大的一类化学致癌物,严重影响生态环境和人类健康,被美国等许多国家列为优先控制的环境污染物[6]。近几十年来,由于多环芳烃结构复杂且有很强的热力学稳定性,在环境中可长期存在,环境中多环芳烃的含量不断增加[7]。

与此同时,剩余污泥中多环芳烃种类和含量也在不断增加[8-9],随着剩余污泥农用数量的增加,对剩余污泥中的多环芳烃化合物的处理研究也成为重点关注的课题。本章研究了超声波预处理对剩余污泥破解作用、对剩余污泥与酒精糟液高温共厌氧消化强化效果以及对多环芳烃化合物蒽和芘的降解规律。

# 4.2　实验材料与方法

## 4.2.1　实验材料与仪器

剩余污泥来自南阳市污水处理厂,剩余污泥取回后靠自然重力沉淀浓缩后保存 4 ℃使用,总固体为 28.2 g/L,挥发性固体为 20.3 g/L,C/N 为 5.6;酒精糟液性质为:总固体为 38.0 g/L,挥发性固体为 28.6 g/L,COD 为 48 g/L,种子污泥取自南阳××集团高温厌氧消化污泥。

剩余污泥超声波处理使用超声波清洗器,型号为 DJ-180J,功率为 240 W,具有低频 35 kHz 和高频 60 kHz 功能。超声波处理污泥使用容积为 400 mL 的玻璃烧杯。

超声波处理计算公式为

$$E_s = \frac{P \cdot t}{V \cdot TS} \tag{4-1}$$

式中　$E_s$——超声能量,kJ/kg TS；

　　　$P$——超声功率,W；

　　　$t$——超声时间,s；

　　　$V$——样品体积,L；

　　　TS——污泥总固体浓度,kg/L。

## 4.2.2　超声波处理溶解性 COD 测定

剩余污泥在 35 kHz 和 60 kHz 两种频率、240 W、不同时间条件下进行超声波处理,对处理的剩余污泥在转速 4000 r/min、3 min 的条件下离心分离后,测定上清液的 COD,并与超声波处理前污泥的上清液 COD 进行对比。测定步骤按《水和废水监测分析方法》[10-11] 规定的方法确定,并定义 $DD_{COD}$ 为污泥超声破解后增加的 COD:

$$DD_{COD} = \frac{COD_{ultrasound} - COD_0}{COD_{NaOH} - COD_0} \times 100\% \tag{4-2}$$

式中　$COD_{ultrasound}$——超声波处理后上清液的 COD,mg/L；

　　　$COD_0$——超声波处理前上清液的 COD,mg/L；

　　　$COD_{NaOH}$——剩余污泥在 20 ℃加入 0.5 mol/L NaOH 溶液作用 22 h 后样品上清液中的 COD,mg/L。

### 4.2.3 超声波处理总溶解性氮和总溶解性磷测定

剩余污泥样品在频率 35 kHz、240 W 条件下超声波处理前、后,在 4000 r/min 转速下离心 3 min,测定上清液的总溶解性氮和总溶解性磷。测定步骤按《水和废水监测分析方法》[10]规定的方法确定。

### 4.2.4 超声波处理污泥黏度测定

剩余污泥样品在频率 35 kHz、240 W 的条件下超声波处理前、后,测定剩余污泥样品的黏度(NDJ-1 旋转式黏度计),黏度计转速为 12 r/min。

### 4.2.5 超声波处理浊度测定

剩余污泥样品在频率 35 kHz、240 W 的条件下超声波处理,在 4000 r/min 条件下离心 3 min,测定处理前后上清液的浊度(浊度仪)。

### 4.2.6 超声波处理总固体和挥发性固体测定

用 6 个 400 mL 玻璃烧杯盛装等量的剩余污泥样品,在频率为 35 kHz、功率为 240 W 的条件下超声波处理 30 min,测定处理前后污泥中的总固体和挥发性固体,测定步骤按《水和废水监测分析方法》[11]规定的方法确定。并对数据统计处理,统计处理方法采用 Student 的 $t$ 检验方法。

统计方程式如下:

$$t = \frac{\sqrt{n_1 + n_2 - 2}(\overline{X_1} - \overline{X_2})}{\sqrt{(n_1-1)S_1^2 + (n_2-1)S_2^2} + \sqrt{1/n_1 + 1/n_2}} \tag{4-3}$$

式中 $n_1$——剩余污泥超声波处理前测定样品次数(样品测定数为 6);

$n_2$——剩余污泥超声波处理后测定样品次数(样品测定数为 6);

$\overline{X_1}$——处理前样品测定结果的平均值;

$S_1^2$——处理前样品测定结果的标准偏差。

$\overline{X_2}$——处理后样品测定结果的平均值;

$S_2^2$——处理后样品测定结果的标准偏差。

### 4.2.7 超声波处理污泥絮体扫描电镜(SEM)观察

用 400 mL 玻璃烧杯盛适量剩余污泥,在超声密度为 0.1 W/mL 条件下处理,超声波处理时间分别为 0、10 min、20 min、30 min、40 min、50 min、60 min、70 min,用 Quanta 200 型扫描电镜(SEM)对污泥进行观察。

### 4.2.8　超声波处理污泥脱氢酶活性(DHA)测定

剩余污泥在 35 kHz、240 W、不同时间条件下进行超声波处理后做脱氢酶活性测定[12]，采用 2,3,5-氯化三苯基四氮唑(2,3,5-triphenyltetrazolium chloride，TTC)分光光度法。其测定原理是:无色的 TTC 作为受氢体可变成红色的三苯基甲臜(triphenyl formazone，TF)，根据产生红色的色度判断脱氢酶活性大小。

污泥悬浮液的制备:100 mL 污泥经自然沉降 30 min 后，弃去上清液，用生理盐水洗涤 3 次，然后重新悬浮于等量生理盐水中。

测定方法:在 50 mL 的具塞离心管内依次加入 0.36% 的 $Na_2SO_3$ 溶液0.5 mL，0.0577% 的 $CoCl_2$ 溶液 0.5 mL，tris-HCl 缓冲液 1.0 mL，污泥悬浮液 1 mL，0.4% 的 TTC 溶液 0.5 mL，最后加入 1 mL 人工配制的生活污水。样品摇匀后置于黑布袋内，立即放入 37 ℃ 恒温水浴锅内，不时轻轻摇动，培养 30 min。培养结束后，加1 滴浓硫酸终止酶反应。在各样品管中加入试剂正丁醇 5 mL，充分摇匀，于 90 ℃ 下萃取 6 min。将萃取完毕的离心管以 4000 r/min 的速度离心 10 min，取其上清液，用光程 1 cm 的比色皿于波长 485 nm 处进行比色，根据所测得的吸光值，从事先做出的标准曲线中计算出显色液中的 TF 含量，进而算出样品中 DHA 含量。测定结果以每毫克污泥每小时还原 TTC 所生成的 TF 数($\mu$g)表示。

### 4.2.9　超声波处理剩余污泥强化共厌氧消化实验

四个厌氧反应器，分别为 $AD_1$、$AD_2$、$AD_3$、$AD_4$，每个总容积为 6 L、工作容积为 5 L。先在反应器中加入 5 L 高温厌氧消化污泥，密封反应器并保持厌氧状态，从第二天开始进料，进料之前先排出等量污泥，并始终保持反应器内为 5 L 污泥，进料频率为每天一次。四个反应器进料分别为:$AD_1$，剩余污泥;$AD_2$，剩余污泥＋酒精糟液;$AD_3$，超声波处理后剩余污泥;$AD_4$，超声波处理后剩余污泥＋酒精糟液。

超声波处理剩余污泥，超声频率 35 kHz，时间 30 min。蒽和芘的添加在污泥超声波处理之前完成。

每个反应器连续运行各自的 3 个 SRT。在第 3 个 SRT 结束前对厌氧污泥进行分析，连续取样分析 6 d，分析数据取 6 次的平均值进行评价。

### 4.2.10　共厌氧消化对蒽和芘的降解效果测定

#### 4.2.10.1　蒽和芘标准的配制

实验所用的有机试剂均为色谱纯。准确称取一定量的蒽和芘固体，溶于 50～70 mL 二氯甲烷中，将二氯甲烷稀释至 100 mL，配制成质量浓度为 100 mg/L 的蒽和芘的储备液。配制成蒽和芘的含量分别为 100 $\mu$g/kg TS 和 50 $\mu$g/kg TS 的污泥样品。

### 4.2.10.2 污泥中蒽和芘的提取

测定步骤按照本章注释[13]进行。称取过 20 目的冷冻干燥污泥样品各1.0 g，置入 35 mL 玻璃离心管中，加入 20 mL 的丙酮：二氯甲烷(1∶1 体积比)混合液，于超声水浴中超声萃取 2 h，控制温度在 35 ℃ 以下。提取后的样品以4000 r/min 离心10 min，取 10 mL 上清液，用 1 g 氧化铝过滤、2 g 无水硫酸钠和 2 g 硅胶的层析柱净化，依次用正己烷和二氯甲烷洗脱，收集洗脱液，洗脱液收集至旋转蒸发瓶，于 35 ℃恒温下浓缩至干，乙腈定容到 2 mL，用 0.45 $\mu$m 孔径滤膜过滤后，进行高效液相色谱分析。同时做空白实验和加标回收实验。在空白实验中没有检出目标化合物，加标蒽和芘的回收率为 45.7%～89.5% 和 78.3%～102.7%。

### 4.2.10.3 污泥中蒽和芘的分析

采用 Agilent HPLC-1100 测定，紫外检测器 254 nm 检测分析，分析柱为 PAH C$_{18}$ 4.6 mm × 15 cm，5 $\mu$m，流动相为乙腈：水 = 4∶6(体积比)，柱流速 1.2 mL/min，柱温 29 ℃，进样量 20 $\mu$L。

# 4.3 结果与讨论

## 4.3.1 超声波处理剩余污泥对溶解性化学需氧量的影响

图 4-1 所示为剩余污泥在超声密度为 0.1 W/L、频率为 35 kHz 和 60 kHz、不同超声波处理时间后剩余污泥的上清液中溶解性化学需氧量(DD$_{COD}$)的变化结果。

由图 4-1 可以看出，剩余污泥在同样超声密度条件下预处理，超声波低频 35 kHz 处理比高频 60 kHz 处理，对污泥中的 DD$_{COD}$ 增加程度更高一些。这与其他研究结果[13] 相似，其原因是低频条件下超声波产生的空化作用要高于相对高频超声产生的空化作用，污泥的破解作用主要靠超声波产生的空化作用。Show 等[14] 认为超声空化气泡最大半径($R_{\max}$)与超声频率($f$)的经验关系为：

$$R_{\max} = 3.28(1/f) \qquad (4-4)$$

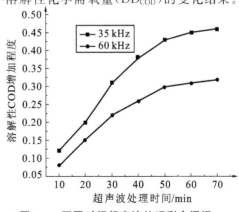

图 4-1 不同时间超声波处理剩余污泥
DD$_{COD}$ 增加程度

由式(4-4)可知,低频 35 kHz 超声比高频 60 kHz 超声获得的最大空化气泡半径要大,因此,同样条件下,低频 35 kHz 超声比高频 60 kHz 超声破解污泥效率高。Tiehm 等[15]发现,剩余污泥超声波预处理,当频率为 20~40 kHz 时,对污泥破解效果较好。本研究中 35 kHz 超声波预处理在这个范围内,与 60 kHz 相比有更好的破解效果。

随着超声时间的增加,即输入超声能量的增加,污泥破解后 DD$_{COD}$ 相应增加。但在超声波处理时间 40 min 后,超声破解 DD$_{COD}$ 增加程度明显变缓,因此,确定最佳超声波处理时间为 30 min。

### 4.3.2 超声波处理剩余污泥对总溶解性氮和总溶解性磷的影响

图 4-2 所示为剩余污泥在不同超声比能条件下处理后,上清液中总溶解性氮和总溶解性磷的变化结果。

最初剩余污泥超声波处理破解的程度是依据 DD$_{COD}$ 的变化结果进行判断,并提出以剩余污泥溶出的蛋白质含量作为污泥超声破解程度的评价值,得出了蛋白质含量与产气量的增加具有明显的相关性。Wang 等[16]进一步解释了用蛋白质含量可以作为评价污泥超声破解程度的合理性,认为蛋白质是构成细胞壁骨架的重要成分,污泥破解程度越大,蛋白质溶出的量会越大;Khanal 等[17]研究了污泥超声破解程度与溶出的氨氮含量作为评价指标的可行性,结果表明,氨氮浓度随着超声比能的增加而增加。

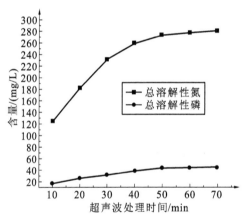

图 4-2 超声波处理剩余污泥总溶解性氮和总溶解性磷变化

从图 4-2 可以看出两个规律,第一,剩余污泥超声波处理后总溶解性氮和总溶解性磷随着超声比能的增加而增加;第二,总溶解性氮较总溶解性磷含量高,这是因为剩余污泥中的蛋白质含量较高,导致总溶解性氮含量相对较高。

### 4.3.3 超声波处理剩余污泥对黏度的影响

图 4-3 表示了超声波处理剩余污泥黏度的变化结果。

由图 4-3 可知,在超声密度为 0.1 W/cm 的条件下处理剩余污泥,处理前剩余污泥黏度值为 186 mPa·s,超声波处理时间为 0~40 min,剩余污泥的黏度随着超声波比能的增加逐渐降低,至 40 min 时,黏度出现最低值,为 53 mPa·s,再继续对污泥进行超声波处理,反而开始出现缓慢上升现象。这是因为随着超声比能的增加,超声波的机械效应逐渐增强,污泥固体颗粒被粉碎,黏度增大。这与马守贵等[18]的研究结果相似,他们确定最佳超声波作用声强时发现,当超声波频率为 28.7 kHz、输出电压为 70 V 时,超声强为最佳值;当声强大于 70 V、作用时间为 2 min 时,污泥的黏度反而增加。

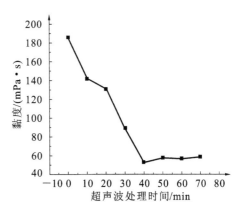

图 4-3　不同超声时间处理剩余污泥黏度变化结果

这一结论对剩余污泥的超声脱水处理有指导作用,超声波处理使污泥的黏度减小,表明污泥脱水性能得到改善,但并不能无限制地改善。因此,若以不增加污泥黏度为基准,超声波处理提高剩余污泥的脱水性能应以 30 min 为宜,因为超声比能过大会导致能源的浪费。

### 4.3.4　超声波处理剩余污泥对浊度的影响

超声波处理剩余污泥,经过离心后测定上清液的浊度变化,见图 4-4。

由图 4-4 可以看出,剩余污泥经超声波处理,随着处理时间的增加,离心后上清液的浊度呈逐渐增加趋势。这个结果与图 4-3 所示的超声波处理剩余污泥黏度减小趋势基本吻合,说明剩余污泥超声波处理后污泥黏度下降,污泥絮体破裂,大量小的污泥絮体形成,因此上清液浊度增加。

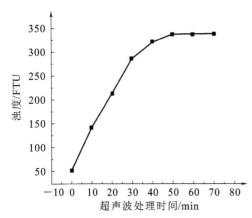

图 4-4　不同超声时间处理剩余污泥后污泥浊度变化

剩余污泥处理前,上清液浊度为 52 FTU,超声波处理 30 min 之前,上清液的浊度随处理时间的增加而增加很快,但超声波处理时间超过 40 min 后,上清液浊度增加速度开始变缓。这说明剩余污泥超声波处理到一定程度后,对剩余污泥的破解效应会减缓。

## 4.3.5　超声波处理剩余污泥对矿化程度的影响

超声波处理剩余污泥的矿化程度结果见表 4-1。

表 4-1　　　　　　　**超声波处理剩余污泥的矿化程度结果**

| 参数 | | 总固体/(g/L) | 挥发性固体/(g/L) | 挥发性固体/总固体 |
|---|---|---|---|---|
| 超声波处理前 | 第一次测定 | 24.25 | 18.34 | 0.765 |
| | 第二次测定 | 24.68 | 16.62 | 0.673 |
| | 第三次测定 | 24.34 | 16.96 | 0.697 |
| | 第四次测定 | 24.60 | 17.35 | 0.705 |
| | 第五次测定 | 24.55 | 17.98 | 0.732 |
| | 第六次测定 | 24.32 | 16.85 | 0.693 |
| | 六次测定平均值 | 24.46 | 17.35 | 0.711 |
| | 自由度($n_1$) | 6 | 6 | 6 |
| | 标准差($s_1$) | 0.1815 | 0.6207 | 0.0272 |
| 超声波处理后 | 第一次测定 | 24.23 | 18.78 | 0.755 |
| | 第二次测定 | 24.25 | 15.31 | 0.631 |
| | 第三次测定 | 24.36 | 18.20 | 0.747 |
| | 第四次测定 | 24.44 | 17.34 | 0.709 |
| | 第五次测定 | 24.64 | 17.31 | 0.703 |
| | 第六次测定 | 24.53 | 16.85 | 0.687 |
| | 六次测定平均值 | 24.41 | 17.30 | 0.705 |
| | 自由度($n_2$) | 6 | 6 | 6 |
| | 标准差($s_2$) | 0.1604 | 1.198 | 0.0449 |
| 总自由度($n_1+n_2-2$) | | 10 | 10 | 10 |
| 置信程度/% | | 95 | 95 | 95 |
| 实验值 | | 0.51 | 0.09 | 0.28 |

| 参数 | 总固体/<br>(g/L) | 挥发性固体/<br>(g/L) | 挥发性固体/<br>总固体 |
|------|------|------|------|
| 查表临界值 | 2.23 | 2.23 | 2.23 |
| 评价结果 | 可以接受 | 可以接受 | 可以接受 |

由表 4-1 可知,剩余污泥超声波处理前、后,其总固体、挥发性固体和挥发性固体/总固体,在给定的置信程度 95% 水平下经统计检验无显著性差异,即达到可以接受的程度。这说明剩余污泥经 30 min 超声波处理对污泥中有机物的矿化和蒸发作用不显著,可能是剩余污泥絮体结构的存在使超声波作用仅仅发生在细胞壁的破解上,来不及对有机物进行降解。El-Hadj 等[19]研究了剩余污泥超声波处理实验,剩余污泥的总固体和挥发性固体分别为 32.90 g/L 和 23.49 g/L,在超声比能为15000 kJ/kg TS 条件下处理 30 min,污泥的总固体和挥发性固体几乎保持常数;类似的结果也出现在其他研究中,例如,Feng 等[20]也研究了剩余污泥用超声波处理后的性质变化,总固体和挥发性固体基本保持不变,并认为剩余污泥的总固体和挥发性固体是独立于超声比能变化的参数。

### 4.3.6 超声波处理剩余污泥扫描电镜观察

剩余污泥经不同时间的超声波处理污泥絮体破解变化见图 4-5。

由图 4-5 可以看出,剩余污泥经过超声波处理后,污泥絮体逐渐被打破,开始分散变小。随着超声波处理时间的增加,超声比能增加,剩余污泥由大絮体逐渐变为小絮体。这样就解释了剩余污泥经超声波处理后,溶解性有机物增加可能是由污泥絮体的破坏而引起的。但是,对剩余污泥经超声波处理后,溶解性有机物增加的原因仍存在不同的观点。一些研究[21]认为剩余污泥经超声波处理溶解性有机物增加是破坏了污泥细胞壁,导致细胞内的有机物释放出来的结果;而 Salsabil 等[22]通过流动血细胞计数方法,研究了剩余污泥超声波处理后细胞的完整性,结果表明,剩余污泥超声波处理前后完整细胞浓度仍然基本保持常数,间接地说明了剩余污泥经超声波处理后,溶解性有机物的增加不是污泥细胞壁的破解,有可能是对污泥絮体的破坏,特别是胞外聚合物的破坏,促进了胞外有机物蛋白质和多聚糖从内层迁移到外层的运动结果。因此,对超声波处理剩余污泥破解观察、机理解释还需要借助其他方法进行观察、对比加以证明。

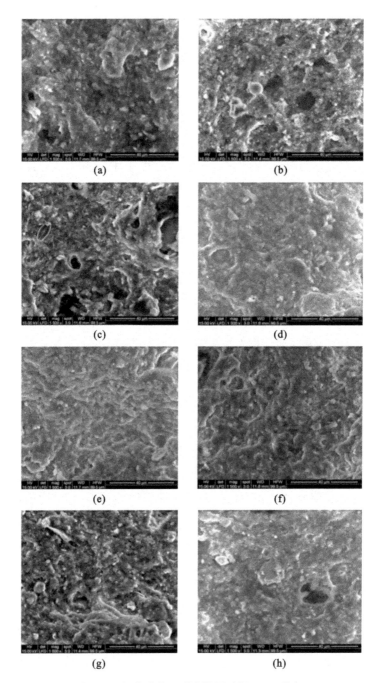

图 4-5　超声波处理剩余污泥破解 SEM 观察

[注：(a)、(b)、(c)、(d)、(e)、(f)、(g)和(h)分别为剩余污泥在超声强度为 0.1 W/cm² 条件下不处理，
处理 10 min、20 min、30 min、40 min、50 min、60 min 和 70 min 后得到的结果。]

### 4.3.7    超声波处理对污泥脱氢酶活性的影响

超声波处理对污泥脱氢酶活性的影响结果见图 4-6。

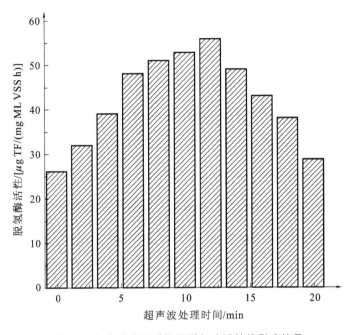

**图 4-6    超声波处理对污泥脱氢酶活性的影响结果**

废水生物处理的本质是酶促反应过程,有机物在生物体内的氧化往往是通过脱氢来实现的,无论在好氧处理还是在厌氧消化中,基质脱氢(包括脱电子)都是生化反应的重要步骤。因为剩余污泥主要是由好氧菌和兼性菌组成,所以脱氢酶活性是评价剩余污泥生物活性的良好指标之一[23-24]。

从图 4-6 可以看出,超声波处理剩余污泥前,污泥的脱氢酶活性为 26 $\mu$g TF/(mg ML VSS h),在超声频率为 35 kHz、240 W 条件下处理剩余污泥后,污泥的脱氢酶活性随处理时间的增加而增大,至处理时间 12 min 时剩余污泥脱氢酶活性达到最大值,其值为 56 $\mu$g TF/(mg ML VSS h),而后随着超声波处理时间的增加逐渐下降。这可能是由于在 12 min 前,超声波仅将污泥絮体破坏,污泥尺寸变小,同时使污泥的比表面积增大,而此时污泥细菌并没有死亡,由于微生物的应激作用使污泥活性增加,而污泥絮体破坏的程度与输入超声能量有关;从处理时间 12 min 后再继续对剩余污泥超声波破解会导致污泥部分细菌的死亡,细菌死亡的程度与超声能量输入有关。因此,本实验获得污泥脱氢酶活性最大值的超声波处理时间为 12 min。

曾晓岚等[25]在超声波功率密度为 50 W/L 条件下,对剩余污泥进行不同时间的处理,结果表明,适当的低能量超声波处理可显著提高污泥活性,当超声波处理时间为 10 min 时,污泥的脱氢酶活性提高了 24.6%,超声波处理时间过长会导致污泥活性下降。

同时,Xie 等[4]研究了低频超声波处理剩余污泥对提高厌氧污泥活性的影响,结果表明,当用 35 kHz 的超声波、超声波密度为 0.2 W/cm² 处理 10 min 后,污泥脱氢酶活性达到最高值,再延长超声波处理时间,污泥脱氢酶活性开始下降,最佳处理时间为 10 min。

闫怡新等[12]研究了在频率 35 kHz、超声密度为 0.3 W/cm² 的条件下超声波处理剩余污泥 10 min 后,放置 0~48 h 污泥活性的变化。结果表明,超声辐照处理放置 8 h 后污泥脱氢酶活性达到最大值,放置 24 h 后超声波处理污泥活性增加的效果基本消失。

超声波处理剩余污泥时污泥活性的提高与污泥破解程度有关。Li 等[24]研究了剩余污泥超声波处理破解程度与污泥生物活性的关系,结果表明,当污泥破解程度低于 20% 时,污泥絮体被破解为小的絮体,污泥的微生物活性增加 20%;当污泥破解程度大于 40% 时,污泥絮体中大多数细菌被破坏,污泥的微生物活性显著减小。

### 4.3.8 超声波处理剩余污泥强化共厌氧消化效果

超声波处理剩余污泥强化共厌氧消化效果见表 4-2。

表 4-2 **超声波处理剩余污泥强化共厌氧消化效果**

| 厌氧消化体系 | AD₁ | AD₂ | AD₃ | AD₄ |
|---|---|---|---|---|
| 进料类型 | 剩余污泥 | 超声剩余污泥 | 剩余污泥＋酒精糟液 | 超声剩余污泥＋酒精糟液 |
| 进料体积/mL | 300 | 300 | 400 | 400 |
| SRT/d | 16.7 | 16.7 | 12.5 | 12.5 |
| 厌氧消化前 | | | | |
| pH 值 | 6.7 | 6.7 | 4.5 | 4.5 |
| 总固体/(g/L) | 28.2 | 28.2 | 30.65 | 30.65 |
| 挥发性固体/(g/L) | 20.3 | 20.3 | 22.38 | 22.38 |
| 蒽含量/(μg/kg TS) | 98.2 | 98.2 | 101.4 | 101.4 |
| 芘含量/(μg/kg TS) | 54.3 | 54.3 | 56.8 | 56.8 |

续表

| 厌氧消化体系 | AD₁ | AD₂ | AD₃ | AD₄ |
|---|---|---|---|---|
| 厌氧消化后 | | | | |
| pH 值 | 7.0 | 7.1 | 7.2 | 7.2 |
| 总固体/(g/L) | 22.8 | 22.0 | 19.8 | 18.3 |
| 挥发性固体/(g/L) | 14.3 | 13.4 | 11.6 | 9.9 |
| 蒽含量/(μg/kg TS) | 62.7 | 60.2 | 47.2 | 22.6 |
| 芘含量/(μg/kg TS) | 42.3 | 38.8 | 34.9 | 29.6 |
| 总固体去除率/% | 19.1 | 22.0 | 35.4 | 40.3 |
| 挥发性固体去除率/% | 29.6 | 34.0 | 48.2 | 55.8 |
| 蒽去除率/% | 36.2 | 38.7 | 53.4 | 77.7 |
| 芘去除率/% | 22.9 | 28.5 | 38.6 | 47.9 |
| 产气量/L | 1.41 | 1.63 | 5.0 | 5.2 |

由表 4-2 可以看出,在 $AD_1$ 中,当 SRT 为 16.7 d 时,剩余污泥高温厌氧消化,污泥中总固体、挥发性固体、有机物蒽和芘的去除率分别是 19.1%、29.6%、36.2%和 22.9%。

在 $AD_2$ 中,超声波处理后剩余污泥高温厌氧消化,同样在 SRT 为 16.7 d 的条件下,对污泥中总固体、挥发性固体、有机物蒽和芘的去除率分别是 22.0%、34.0%、38.7%和 28.5%。与 $AD_1$ 中剩余污泥厌氧消化效果相比,对污泥中总固体、挥发性固体、COD、有机物蒽和芘的去除率分别增加 2.9%、4.4%、2.5%和 5.6%。厌氧消化效率提高的原因包括:一是超声波预处理剩余污泥使溶解性有机物浓度增加;二是超声波处理提高了剩余污泥的活性[18,21]。

在 $AD_3$ 中,剩余污泥与酒精糟液高温共厌氧消化,对污泥中总固体、挥发性固体、有机物蒽和芘的去除率分别为 35.4%、48.2%、53.4%和 38.6%。与 $AD_1$ 相比,对污泥中总固体、挥发性固体、蒽和芘的去除率分别增加 16.3%、18.6%、17.2%和15.7%。与 $AD_2$ 相比,对污泥中总固体、挥发性固体、蒽和芘的去除率分别增加13.4%、14.2%、14.7%和 10.1%。这说明剩余污泥与酒精糟液共厌氧消化去除污染物,明显比超声波处理剩余污泥厌氧消化去除污染物更具优势。

在 $AD_4$ 中,当超声波处理剩余污泥后与酒精糟液共厌氧消化时,对污泥中总固体、挥发性固体、有机物蒽和芘的去除率分别是 40.3%、55.8%、77.7%和47.9%。与 $AD_3$ 相比,对污泥中总固体、挥发性固体、有机物蒽和芘的去除率分别增加了4.9%、7.6%、24.3%和9.3%。这是因为超声波处理剩余污泥,使溶解性有机物含量增加,与酒精糟液共厌氧消化,提高了体系的C/N,改善了营养物质的平衡,使厌氧菌群生长更有利,二者的共同作用使体系厌氧消化效率提高。换言之,超声波处理剩余污泥为厌氧消化反应提高效率创造条件,共厌氧消化是超声波处理污泥效果的实现步骤,二者紧密结合强化了剩余污泥共厌氧消化效果。

对比有机物多环芳烃蒽和芘的降解规律,表现为在同一条件下,蒽的降解程度高于芘的降解程度,这是由蒽和芘在结构上和性质上的差别所致。

在实际环境中很少遇到单一的多环芳烃,因此多数文献都涉及多环芳烃混合物的降解实验研究[12]。利用优势黄杆菌对三种多环芳烃蒽、菲、芘混合物的降解,蒽的降解速度比芘的降解速度快,并且三者之间的降解发生了相互抑制现象[18]。从本实验中蒽和芘的降解结果看,无法推测蒽的存在对芘的降解有抑制作用。

从化学结构上看,蒽是由三个苯环稠合而成的有机分子,芘则是由四个苯环稠合形成的有机分子,与蒽相比,芘的分子量较大,相对难以降解。刁春娜等[22]认为多环芳烃是由多个共轭大π键形成的体系,电子具有很强的流动性,整个分子体系较为稳定。结构上的差别使二者在物理化学性质上存在差别,蒽和芘是低水溶性化合物,沸点分别是218 ℃和393 ℃;辛醇/水分配系数($K_{ow}$)值很大,分别是2300和$2×10^5$。Salsabil等[22]认为蒽的高水平传输与其低分子量和低辛醇/水分配系数($K_{ow}$)值有关;钱易[27]也认为有机物的辛醇/水分配系数($K_{ow}$)值越大,其降解能力越差。

El-Hadj等[19]研究了超声波预处理剩余污泥,然后在中温和高温条件下对多环芳烃蒽和芘进行降解。结果表明,高温厌氧消化对蒽和芘的降解十分有利;超声波预处理对萘的厌氧消化降解有促进作用,而对芘没有太大作用。本研究结果表明,对剩余污泥进行超声波预处理,然后厌氧消化,对蒽和芘的去除作用不大,但超声波预处理剩余污泥,然后与酒精糟液高温共厌氧消化对蒽和芘的去除率有明显作用,这可能是因为剩余污泥与酒精糟液高温共厌氧消化体系有利于多环芳烃有机物的去除。这是剩余污泥与酒精糟液高温共厌氧消化降解有机物多环芳烃蒽和芘的优势。

# 4.4　结　　论

(1)剩余污泥经超声波处理后溶解性COD、总氮和总磷增加,污泥破解程度与超声输入能量有关,超声比能越大,其污泥破解程度越大;但到一定程度后再增加超声能量,剩余污泥的破解程度明显开始变缓。剩余污泥在超声密度为0.1 W/L

时,最佳超声时间为 30 min。而获得脱氢酶活性最大值的最佳超声波处理时间为 12 min。

(2)SEM 观察表明,剩余污泥经超声波处理后污泥絮体变小。

(3)超声波处理剩余污泥使污泥的黏度下降,同时使上清液的浊度上升,过度超声波处理反而会使剩余污泥的黏度出现上升现象。

(4)当超声密度为 0.1 W/L 时、频率为 35 kHz 的超声波处理剩余污泥 30 min 后,其总固体和挥发性固体保持不变,也即超声波预处理剩余污泥对污泥中有机物的矿化和蒸发作用不显著。

(5)超声波预处理剩余污泥,然后与酒精糟液高温共厌氧消化后,其污泥的总固体、挥发性固体、多环芳烃有机物蒽和芘的去除率分别为 40.3%、55.8%、77.7%和 47.9%。共厌氧消化更能充分利用超声波处理剩余污泥带来的破解效应,提高其厌氧消化效率,因此,超声波处理剩余污泥强化了剩余污泥的共厌氧消化效果。

## 注释

[1]  Khanal S, Grewell D, Sung S, et al. Ultrasonic applications in wastewater sludge pretreatment: A review. Environmental Science and Technology,2007,37(4):277-313.

[2]  Neves L, Oliveira R, Alves M M. Co-digestion of cow manure, food waste and intermittent imput of fat[J]. Bioresource Technology, 2009, 100: 1957-1962.

[3]  Vavilin V A, Fernandez B, Palatsi, et al. Hydrolysis kinetics in anaerobic degradation of particulateorganic material: An overview[J]. Waste Management,2008,28(6):939-951.

[4]  Xie B Z,Liu H,Yan Y X. Improvement of the anaerobic sludge by low-intensity ultrasound[J]. Journal of Environmental Management,2009,90(1): 260-264.

[5]  Halek F, Keyanpour-rad M, Kavousi A. Dependency of polycyclic aromatic hydrocarbon concentrations on particle size distribution in Tehran atmosphere Jacob[J]. Toxicological and Environmental Chemistry,2010,92(5): 841-853.

[6]  殷波,顾继东.环境中污染物萘、蒽、菲、芘的好氧微生物降解[J].热带海洋学报,2005,24(4):14-20.

[7]　Liu M,Baugh P J,Hutchinson S M,et al. Historical record and sources of polycyclic aromatic hydrocarbons in core sediments from the Yangtze estuary,China[J]. Environmental Pollution,2000,110(2):357-365.

[8]　雷萍,聂麦茜,温晓枚,等.优势黄杆菌对蒽、菲、芘混合物的降解特征研究[J].西安交通大学学报,2004,38(6):657-660.

[9]　许宜平,陈少华,陈明,等.厌氧-膜生物反应器处理垃圾渗滤液中多环芳烃的研究[J].环境化学,2004,23(6):691-694.

[10]　国家环境保护总局《水和废水监测分析方法》编委会.水和废水监测分析方法[M].4版.北京:中国环境科学出版社,2009.

[11]　APHA. Standard methods for the examination of water and wastewater,20th ed[S]. Washington D. C. : American Public Health Association,American Water Works Association and Water Environment Federation,1998.

[12]　闫怡新,刘红.低强度超声波强化污水生物处理中超声辐射污泥比例的优化选择[J].环境科学,2006,27(5):903-908.

[13]　张雪英,周立祥,崔春红,等.江苏省城市污泥中多环芳烃的含量及其主要影响因素分析[J].环境科学,2008,29(8):2271-2276.

[14]　Show K Y,Mao T H,Lee D J. Optomisation of sludge disruption by sonication[J]. Water Research,2007,41(20):4741-4747.

[15]　Tiehm A, Nickel K, Nies U. Ultrasonic waste activated sludge disintegration for improving anaerobic stabilization[J]. Water Research,2001,35(8):2003-2009.

[16]　Wang F,Shan L,Ji M. Components of released liquid from ultrasonic waste activated sludge disintegration[J]. Ultrasonic sonochemistry,2006,13(4):334-338.

[17]　Khanal S K,Isik H,Sung S,et al. Effects of ultrasound pretreatment on aerobicdigestibility of thickened waste activated sludge[C]//Proceedings of 7th specialized conference on small water and waste water systems,2006.

[18]　马守贵,许红林,吕效平,等.超声波促进处理剩余活性污泥中试研究[J].化学工程,2008,36(2):46-49.

[19]　El-Hadj T B,Dosta J,Márquez-Serrano R,et al. Effect of ultrasound pretreatment in mesophic and thermophilic anaerobic digestion with emphasis on naphthalene and pyrene removal[J]. Water Research,2007,41(1):87-94.

[20]　Feng X,Lei H Y,Deng J C,et al. Physical and chemical characteristics of waste activated sludge [J]. Chemical Engineering and Processing: Process

Intensification,2009,48(1):187-194.

[21] 蒋建国,张妍,张群芳,等.超声波对污泥破解及其改善厌氧消化效果的研究[J].环境科学,2008,29(10):2815-2819.

[22] Salsabil M R,Prorot A,Casellas M,et al. Pre-treatment of activated sludge:Effect of sonication on aerobic and anaerobic digestibility[J]. Chemical Engineering Journal,2009,148(2-3):327-335.

[23] Xie B Z,Liu H,Yan Y X. Improvement of the anaerobic sludge by low-intensity ultrasound[J]. Journal of Environmental Management,2009,90(1):260-264.

[24] Li H,Jin Y Y,Mahar R B,et al. Effects of ultrasonic disintegration on sludge microbial activity and dewaterability[J]. Journal of Hazardous Materials,2009,161(2-3):1421-1426.

[25] 曾晓岚,龙腾锐,丁文川,等.低能量超声波辐射提高好氧污泥活性研究[J].中国给水排水,2006,22(5):88-91.

[26] 刁春娜,高利军,李刚,等.乌鲁木齐市新市区大气气溶胶中多环芳烃的GC-MS分析[J].中国环境监测,2005,21(5):45-49.

[27] 钱易.重点有机污染物生物降解性能评价[J].环境科学,1986,7(2):83-93.

# 5 微量元素强化污泥共厌氧消化研究

## 5.1 引 言

美国著名的厌氧生物学家 Speece[1] 提出,对厌氧消化过程中甲烷菌营养需求的认识不足,已经阻碍了厌氧生物技术的应用和发展,因此,为了完善和开发厌氧消化技术,有必要深入研究微量元素对厌氧消化反应的重要作用。微量元素促进厌氧消化的研究,大多数是以合成废水为研究对象,添加的微量元素多数是以化学试剂形式进行的[2-5],对将实际工业生产过程中的含微量元素的废水应用于厌氧消化过程以提高厌氧消化效率的研究几乎没有,也未见有对剩余污泥与酒精糟液共厌氧消化,添加人造金刚石工业废水的强化研究。

人造金刚石生产工艺是利用石墨与触媒金属,经高温高压作用合成并经后续酸洗净化提纯得到的产品。常用的触媒金属是铁基催化剂合金,即 Fe、Co、Ni 和 Mn 等金属的化合物,这些金属化合物在酸洗净化提纯过程中被部分转移到水相中,最后以废水形式出现[6-7]。这些废水中含有大量的高浓度 Ni、Co 和 Fe 等微量元素,是宝贵的资源[7]。对于人造金刚石生产企业,必须对该废水处理达标后方可排放,处理过程不但费用高,而且金属 Ni 属于危险废物[8],处置处理不当会对生态环境和人体健康产生严重危害。因此,对该废水进行综合利用的意义重大。在厌氧消化过程中加入人造金刚石废水,既可以减少该废水的处理成本,又能利用所含微量元素的酶促作用强化剩余污泥共厌氧消化,达到以废治废的效果,实现节能减排和低碳处理的目的。

本章利用某人造金刚石生产过程中,富含 Ni、Co 等微量元素的废水作为添加物,研究对剩余污泥和酒精糟液高温共厌氧消化过程强化效果和机理,为人造金刚石废水的资源化及剩余污泥高温共厌氧消化工艺进一步工业化应用提供科学依据。

# 5.2  实验材料与方法

## 5.2.1  实验材料

剩余污泥取自南阳城市污水处理厂,酒精糟液取自南阳××集团,人造金刚石废水取自某人造金刚石废水处理池。实验材料主要性质见表5-1。

表 5-1                                  **实验材料主要性质**

| 项目 | pH 值 | 总固体/<br>(g/L) | 挥发性固体/<br>(g/L) | Ni 含量/<br>(mg/L) | Co 含量/<br>(mg/L) | Fe 含量/<br>(mg/L) |
|------|-------|--------|----------|--------|--------|--------|
| 剩余污泥 | 6.6 | 28.6 | 19.5 | 0.42 | 0.03 | — |
| 酒精糟液 | 4.0 | 38.4 | 28.2 | 0.30 | 0.02 | — |
| 人造金刚石废水 | 4~5 | — | — | 4750 | 980 | 8663 |

注:"—"表示无意义。

## 5.2.2  实验步骤

实验采用 4 个平行的、容积为 6 L、有效体积为 5 L 的反应器,分别为 $AD_1$、$AD_2$、$AD_3$ 和 $AD_4$,实验装置示意图同图 2-1。厌氧消化温度恒温由水浴锅控制,设定为 $(55\pm1)$ ℃;搅拌速度为 80 r/min。

实验开始,每个反应器加入 5 L 高温厌氧消化污泥作为种子污泥,然后保持厌氧状态运行,第二天开始进料。通过计算使添加在 $AD_2$ 和 $AD_4$ 反应器厌氧消化污泥中 Ni 的含量为 10 mg/L 左右;反应器 $AD_1$ 和 $AD_3$ 中不添加人造金刚石废水,作为对照实验。

厌氧反应进料为半连续实验方式,每天进料一次,进料前先排出同样体积的厌氧消化污泥。厌氧运行过程中每天测定产气量和厌氧污泥的 pH 值。每个厌氧消化反应体系连续运行各自对应的 3 个 SRT 后开始对厌氧消化污泥性质进行测定,并连续 6 天取样测定,取其平均值进行评价。

表 5-2 为人造金刚石生产废水强化剩余污泥高温共厌氧消化运行条件。

表 5-2        **人造金刚石废水强化剩余污泥高温共厌氧消化运行条件**

| 反应器 | $AD_1$ | $AD_2$ | $AD_3$ | $AD_4$ |
|------|------|------|------|------|
| 每天进料总体积/mL | 300 | 300 | 400 | 400 |
| 剩余污泥:酒精糟液(体积比) | 3:0 | 3:0 | 3:1 | 3:1 |

续表

| 反应器 | AD₁ | AD₂ | AD₃ | AD₄ |
|---|---|---|---|---|
| 加入人造金刚石废水 | 否 | 是 | 否 | 是 |
| Ni 含量/(mg/L) | 0.4 | 10.0 | 0.039 | 10.0 |
| Co 含量/(mg/L) | 0.03 | 1.99 | 0.025 | 1.54 |
| C/N | 5.6 | 5.6 | 8.4 | 8.4 |
| SRT/d | 16.7 | 16.7 | 12.5 | 12.5 |

### 5.2.3 测定项目

产气量和气体中甲烷含量测定;消化污泥测定项目为挥发酸、总碱度、挥发性悬浮固体(VSS);污泥的辅酶 $F_{420}$ 和辅酶 $F_{430}$ 含量、甲烷菌群 SEM 观察和污泥体积指数;污泥中 Ni、Co 含量。

### 5.2.4 分析方法

厌氧污泥中辅酶 $F_{420}$ 浓度的测定按照本章注释[9]方法。测定步骤:取 20 mL 厌氧消化污泥,加入 40 mL 生理盐水,在 6000 r/min 下离心 15 min,弃去上清液。沉淀部分加入 40 mL 生理盐水,在 6000 r/min 下离心 15 min,弃去上清液。沉淀部分加入 30 mL 生理盐水,在水浴中加热到 95 ℃保持 20 min,并不断搅拌。然后冷却,记录污泥体积,加入乙醇,使其乙醇:污泥=2.5:1,搅拌和混合后在 6000 r/min下离心 10 min,弃去上清液。用 4 mol/L 的 NaOH 溶液调节 pH 值到 13.5,然后在 1000 r/min 下离心 10 min,弃去沉淀,保留上清液。将上清液分为两份,一份加入 6 mol/L 的 HCl,调节污泥的 pH 值到小于 3,作为参比样;另一份加入等量蒸馏水作为试样。用紫外可见分光光度计(UV751GD 紫外可见分光光度计)在波长 420 nm 下测定。

计算公式如下:

$$C = (A_1 - A_0)f/\varepsilon l \tag{5-1}$$

式中  $C$——污泥中的辅酶 $F_{420}$ 浓度,mmol/L;

$A_1$——试样在 420 nm 处的吸光度值;

$A_0$——参比样在 420 nm 处的吸光度值;

$f$——稀释倍数;

$l$——比色皿厚度,cm;

$\varepsilon$——辅酶 $F_{420}$ 的消光系数,L/(cm·mmol),当 pH 值为 13.5 时,$\varepsilon=54.3$ L/(cm·mmol)。

求出污泥混合液的辅酶 $F_{420}$ 浓度 $C$ 后,根据污泥液的 VSS 浓度求出污泥内的辅酶 $F_{420}$ 的浓度,计算公式为

$$C_X = C/X \qquad\qquad (5-2)$$

式中　$C_X$——单位质量污泥中辅酶 $F_{420}$ 的含量,mmol/g;

　　　$X$——单位体积污泥中的污泥质量,g/L。

污泥中挥发性悬浮固体(VSS)值的测定方法:取定量污泥在转速 4000 r/min 下离心 10 min,将离心后固体部分转移到坩埚内,放入干燥箱中于 105 ℃下烘干至恒重,再放入马弗炉内于 600 ℃下烘干至恒重,记录质量变化,计算其 VSS 值。

污泥中 VSS 的辅酶 $F_{430}$ 提取和测定按本章注释[2]方法,最终浓度表达方式为 $\mu$mol Ni/g。

甲烷含量、挥发酸采用气相色谱法(使用仪器同前)测定,总碱度采用滴定法测定,污泥体积指数采用量筒测定,重金属 Ni、Co 含量采用原子吸收法测定。

# 5.3　结果与讨论

## 5.3.1　对污泥 pH 值的影响

人造金刚石废水强化共厌氧消化实验结果见表 5-3。由于人造金刚石废水中 Fe 的含量较高,故没有对人造金刚石废水中 Fe 含量进行分析。

表 5-3　　　　　　**人造金刚石废水强化共厌氧消化实验结果**

| 项目 | 共厌氧消化体系 | | | |
| --- | --- | --- | --- | --- |
| | $AD_1$ | $AD_2$ | $AD_3$ | $AD_4$ |
| pH 值 | 7.1±0.1 | 7.2±0.2 | 7.2±0.2 | 7.4±0.3 |
| 日产气量/L | 1.4±0.3 | 1.6±0.4 | 5.0±0.4 | 6.9±0.4 |
| 甲烷含量/% | 56.8±1.2 | 57.2±1.4 | 56.5±1.4 | 57.8±1.3 |
| 挥发酸/(mg/L) | 98.4±6.1 | 116.1±6.7 | 254.5±9.5 | 185.8±9.9 |
| 总碱度/(mg/L) | 456.2±3.6 | 587.6±5.4 | 1521.2±7.6 | 1675.5±8.7 |
| 辅酶 $F_{420}$ 浓度/($\mu$mol/g) | 0.31±0.04 | 0.33±0.04 | 0.38±0.09 | 0.41±0.10 |
| 辅酶 $F_{430}$ 浓度/($\mu$mol Ni/g) | 0.40±0.04 | 0.44±0.05 | 0.57±0.09 | 0.69±0.13 |
| 挥发性固体去除率/% | 29.1±1.4 | 31.4±1.6 | 42.2±2.1 | 51.5±2.4 |
| 污泥体积指数/(mL/g) | 102±5.4 | 104±5.7 | 76±3.7 | 63±4.9 |

由表 5-3 可以看出,在 55 ℃条件下,4 个厌氧消化系统厌氧消化后的 pH 值均在 7.0~7.4 之间,表明 4 个厌氧反应系统运行正常。

在 AD₁ 中,剩余污泥厌氧消化后 pH 值为 7.0;在 AD₂ 中,剩余污泥添加金刚石废水后,其厌氧消化污泥的 pH 值为 7.2 左右,说明添加人造金刚石废水,污泥的 pH 值均有增大现象;同样的现象也出现共厌氧消化体系 AD₃ 与 AD₄ 的对比结果中。这说明人造金刚石废水中的微量元素 Ni 和 Co 成分,已经对污泥厌氧消化挥发酸的产生和转化起了作用。人造金刚石废水中的微量元素 Ni 和 Co 添加在厌氧消化体系中后,提高体系的 pH 值的意义是改善了体系的 pH 值缓冲能力[10],从而提高体系的稳定性。

## 5.3.2　对产气量和甲烷含量的影响

由表 5-3 可知,在 AD₁ 中,剩余污泥厌氧消化稳定运行后日产气量为 1.4 L;在 AD₂ 中,剩余污泥添加人造金刚石废水后日产气量增加到 1.6 L,增加比例为 14.3%;在 AD₃ 中,剩余污泥与酒精糟液共厌氧消化时日产气量为 5.0 L;在 AD₄ 中,添加人造金刚石废水后日产气量增加到 6.9 L,与 AD₃ 相比,增加 38%,说明在剩余污泥与酒精糟液高温共厌氧消化体系中添加人造金刚石废水更有利于提高沼气产量。这与其他作者研究的结果(表 5-4)相似,但在其产气量增加的比例上有明显的差别,其中一个原因可能是实验的方法和基质不同,另一个原因是表 5-4 所列研究结果主要是批式实验方式,而本研究是半连续实验方式。

表 5-4　　　　　　相关文献中微量元素促进厌氧产气研究结果

| 研究者 | 研究方法 | 消化底物 | 添加元素 | 增加产气量/% | 甲烷含量增加/% |
|--------|----------|----------|----------|------------|--------------|
| 本章注释[4] | 批式实验 | 农贸市场固废 | Fe、Co、Ni | 11.2~25.4 | 5.5 |
| 本章注释[10] | 厌氧移动床 | 葡萄酒糟废水 | Fe、Ni、Co | 10~14 | 不明显 |
| 本章注释[11] | UASB | 高浓度废水 | 微量元素 | 否 | 未说明 |
| 本章注释[12] | 批式实验 | 牛粪 | Fe、Co、Ni | 30~42 | 未说明 |
| 本章注释[13] | 批式实验 | 醋酸钙、乙醇 | Fe、Co、Ni | 24~25 | 未说明 |
| 本章注释[3] | 批式实验 | 乙酸钠 | Ni | 34.8~49 | 未说明 |

AD₂ 与 AD₁ 相比,剩余污泥添加人造金刚石废水后甲烷含量基本上没有变化,AD₄ 与 AD₃ 相比,即剩余污泥与酒精糟液共厌氧消化添加人造金刚石废水后产气中甲烷成分明显增高,这可能与厌氧消化底物成分不同有关,其中一个原因可能是 C/N 的不同,剩余污泥的 C/N 为 5.6,剩余污泥与酒精糟液以体积比 3∶1 混合后,C/N 由 5.6 增加到 8.4,二者 C/N 不同使各自优势厌氧微生物菌群生长不同,结果使微生物菌群降解有机物反应能力不同。研究[10]认为厌氧体系的 C/N 不同,

会影响微生物种群的代谢能力和代谢途径;Ni 对降解 2-氯酚厌氧系统古细菌种群结构的影响研究[14]发现,Ni 对古细菌结构有显著影响,导致微生物种群多样性显著增加。

### 5.3.3 对挥发酸和总碱度的影响

表 5-3 表明,当厌氧体系运行稳定后,从 $AD_1$ 到 $AD_2$,体系挥发酸的浓度由 98.4 mg/L 增加到 116.1 mg/L,这是因为添加人造金刚石废水,体系中的微量元素 Fe、Co、Ni 增加,使污泥颗粒的水解和酸化程度增大,溶解的有机物浓度相应增大。其他相关研究也有相似的结论,如农丽薇等[8]进行了添加微量元素 Ni 和 Co 对以稻草为底物厌氧消化的影响实验,结果表明,与对照实验相比,添加微量元素后稻草厌氧消化时有更多的有机物溶出,挥发酸的浓度增加。

但是,与 $AD_3$ 与 $AD_4$ 产生的挥发酸结果相比,共厌氧消化体系中添加人造金刚石废水后挥发酸含量明显降低,这可能是由于基质不同,添加微量元素后,优势甲烷菌群发生了变化,对乙酸的利用率增加所致。Murry 等[14]研究了食品加工中的煮蚕豆废水添加微量元素的厌氧消化。结果发现,补充 Ni 和 Co 使其含量分别为 100 nM 和 50 nM 时,能刺激乙酸转化,使厌氧滤床工艺增加甲烷产量 42% 并缩短运行时间;微量元素在很大程度上影响厌氧系统的运行,在乳品加工废水厌氧消化中仅仅加入氮、磷时,厌氧出水挥发酸浓度仍偏高,但同时加入 Fe、Co、Ni 或其组合时,厌氧消化后废水中挥发酸迅速降低。Takashima 等[15]从微生物种群变化的角度解释了产生这种结果的原因,他们发现,在厌氧消化过程中,与对照实验相比,加入 Ni 和 Co 等微量元素后反应器内甲烷菌的优势菌种发生变化,由索氏甲烷丝菌(*Methano sata*, *Methano thrix*)占优势变为巴氏甲烷八叠球菌(*Methano saicina*)占优势,而后者对乙酸利用率是前者的 4~6 倍;同时,甲烷八叠球菌属的乙酸盐利用率高,世代周期间隔短,当该类甲烷菌群在厌氧发酵过程中占优势时,能抑制厌氧消化过程中挥发酸的累积,提高沼气产量,同时提高厌氧反应的稳定性和反应速率,缩短反应周期;夏青等[16]研究了在不同挥发酸底物中加入稀土元素 $La^{3+}$ 和 $Ce^{3+}$ 对产甲烷的影响,结果表明,对不同的挥发酸底物有不同的生物效应,即有不同的转化率。

因此,不同的厌氧消化底质加入微量元素 Co、Ni 后,对厌氧消化体系挥发酸的影响有两个方面,即促进挥发酸的产生和促进挥发酸的转化。对剩余污泥厌氧消化表现为挥发酸浓度的增加,对剩余污泥与酒精糟液共厌氧体系表现为挥发酸浓度的减小。

此外,表 5-3 显示,与对照实验相比,即 $AD_2$ 与 $AD_1$ 相比,$AD_4$ 与 $AD_3$ 相比,添加人造金刚石废水后体系总碱度明显提高。表明添加微量元素 Fe、Co、Ni 后,厌氧反应体系的酸中和能力增大,从而有利于提高体系的缓冲能力,最终有利于体系的稳定运行。

### 5.3.4 对污泥辅酶 $F_{420}$ 的影响

辅酶 $F_{420}$ 是一种低电位的电子载体,大部分产甲烷细菌缺少铁氧还蛋白,因此 $F_{420}$ 替代了铁氧还蛋白的作用,正如裂解乙酸的甲烷八叠球菌细胞内能形成铁氧还蛋白,它们所含 $F_{420}$ 相当少[1],在厌氧消化产生甲烷的过程中,微量元素 Co 不仅有利于产甲烷过程和微生物细胞的合成,还可促进酶合成或激活在生化反应中起催化作用的酶。作为甲基载体和电子载体的辅酶,辅酶 $F_{420}$ 在产甲烷的过程中起着不可忽视的作用,不仅不能被其他载体代替,还可以用来反映同种厌氧污泥产甲烷菌的数量或污泥的产甲烷活性[1]。

剩余污泥和剩余污泥共厌氧体系中加入人造金刚石废水后,辅酶 $F_{420}$ 的含量增加,但增加不明显,这可能与 Co 的添加含量低有关,Ni 的添加含量达到 10 mg/L,而 Co 的添加含量在 2 mg/L 左右。在 $AD_1$ 中,剩余污泥厌氧消化运行稳定后辅酶 $F_{420}$ 浓度为 0.31 $\mu mol/g$;在 $AD_2$ 中,剩余污泥加入人造金刚石废水运行稳定后,辅酶 $F_{420}$ 的含量增加为 0.33 $\mu mol/g$,增加 6.45%;$AD_3$ 中,剩余污泥与酒精糟液共厌氧消化运行稳定后,辅酶 $F_{420}$ 的含量为 0.38 $\mu mol/g$,$AD_4$ 中剩余污泥与酒精糟液共厌氧消化加入人造金刚石废水稳定运行后,辅酶 $F_{420}$ 的含量增加到 0.41 $\mu mol/g$,增加 7.89%。这说明在添加人造金刚石废水使厌氧消化体系中 Co 的添加含量相等的情况下,剩余污泥与酒精糟液共厌氧消化体系在促进甲烷活性方面,明显比剩余污泥厌氧消化的比例高。

赵阳等[9]以合成废水作为反应底质,研究了 Co 及其配合物对产甲烷辅酶 $F_{420}$ 和辅酶 M 的影响。结果表明,无论是添加配合钴化合物还是添加离子态 $Co^{2+}$ 均能刺激甲烷菌的生长,提高辅酶的含量。在各自的最佳添加量下,配合态 Co 为 2 $\mu mol/L$,离子态 Co 浓度为 4 $\mu mol/L$ 时,辅酶 $F_{420}$ 和辅酶 M 的浓度分别比对照样增加了 116.82%、67.47% 和 17.92%、29.87%,并且配合态 Co 对产甲烷菌的促进作用大于离子态 Co 对甲烷菌的促进作用。本研究中,厌氧消化体系添加人造金刚石废水后厌氧消化污泥中辅酶 $F_{420}$ 比对照实验增加的比例明显要小于与该结果中辅酶 $F_{420}$ 增加的比例,原因可能是二者研究的底物不同。

### 5.3.5 对污泥辅酶 $F_{430}$ 的影响

从布氏甲烷杆菌的纯培养物中分离出了 $F_{430}$ 因子,并确定其中含有金属 Ni[17]。对嗜热自养甲烷杆菌和产碱芽孢杆菌的研究也表明,Ni 是它们生长的基本元素,并且发现,Ni 是巴氏梭状芽孢杆菌一氧化碳脱氢酶的基本成分,因为嗜热自养甲烷杆菌生长有赖于 Ni 的存在,主要存在于黄色的化合物中,该化合物称为辅酶 $F_{430}$,进一步确定为 Ni 的四吡咯结构。因此,在研究厌氧甲烷发酵菌群的生理活动时,把 Ni 作为一种微量元素予以考虑[10] 比较合理。Kida 等[2]研究了合成废水厌氧消化过程中添加 Co、Ni 对甲烷活性和辅酶 $F_{430}$ 的影响。结果表明,与对照实验相比,添加 Co、Ni 明显使辅酶 $F_{430}$ 的含量增加,同时增加了甲烷活性。

AD$_2$ 与 AD$_1$ 相比,即剩余污泥添加人造金刚石废水后辅酶 $F_{430}$ 含量由 0.40 $\mu$mol Ni/g 增加到 0.44 $\mu$mol Ni/g,增加 10%;AD$_4$ 与 AD$_3$ 相比,即剩余污泥与酒精糟液共厌氧消化时添加人造金刚石废水后辅酶 $F_{430}$ 含量由 0.57 $\mu$mol Ni/g 增加到 0.69 $\mu$mol Ni/g,增加 21.1%;其原因可能是在共厌氧体系中,甲烷菌活性比较高,较高的甲烷菌活性说明甲烷菌密度大,从而在生长过程中更需要微量元素 Ni 的存在。

此外,表 5-3 显示,在同一个反应器内,污泥中 VSS 的辅酶 $F_{430}$ 含量大于辅酶 $F_{420}$ 的含量,这是由于辅酶 $F_{430}$ 在产甲烷菌中含量丰富,大部分紧密结合于产甲烷菌的蛋白部分[14]。

### 5.3.6　污泥菌群的 SEM 观察

对四个反应器内厌氧消化稳定后的污泥进行 SEM 观察的结果见图 5-1。

从图 5-1 中可以看出,在四个反应器内污泥的厌氧微生物菌群有明显的差别。图 5-1(b)与图 5-1(a)相比,即剩余污泥添加含 Fe、Co 和 Ni 的人造金刚石废水后球状菌数量有一定增加;而图 5-1(d)与图 5-1(c)相比,即剩余污泥共厌氧消化体系添加 Fe、Co 和 Ni 的人造金刚石废水后与对照实验相比,厌氧污泥杆状细菌数量明显增加。这说明添加人造金刚石废水不但使剩余污泥共厌氧体系中的微生物活性增加,而且使厌氧优势微生物菌群发生了变化。

添加含铁污泥与剩余污泥共厌氧消化后沼气产量和甲烷含量明显高于剩余污泥厌氧消化,这说明污泥中铁的存在促进了甲烷菌的生长。

Fermoso 等[18]用探针的方法研究了厌氧消化过程中 Ni 对甲烷菌群变化的影响。结果表明,Ni 对甲烷菌群变化有明显影响;胡纪萃等[19]认为,瘤胃甲烷杆菌由于自身不能合成辅酶 M,需要外源的辅酶 M 才能良好生长,并且随着外源辅酶 M 的增加,生长量和产甲烷量随之增加。因此,图 5-1(d)与图 5-1(c)相比,尽管不能确定杆状菌的名称,但根据图 5-1 结合表 5-3 可以推测,图 5-1(d)中杆状菌的增加是由于外源辅酶 M 的增加,而辅酶 M 的增加是含微量元素的人造金刚石废水添加所致。因此,富含 Fe、Co 和 Ni 的人造金刚石废水对厌氧过程中微生物菌群的演变起重要作用。

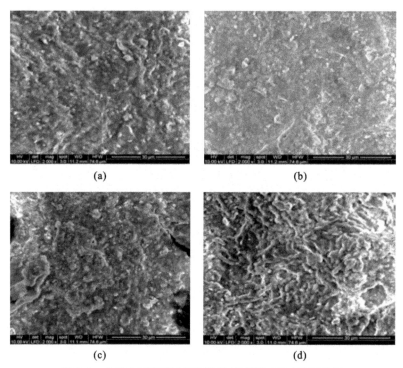

(a)　　　　　　　　　　　　(b)

(c)　　　　　　　　　　　　(d)

**图 5-1　人造金刚石废水对厌氧污泥影响 SEM 观察结果**

［注：(a)、(b)、(c)和(d)分别为反应器 $AD_1$、$AD_2$、$AD_3$ 和 $AD_4$ 中厌氧消化后污泥。］

### 5.3.7　对污泥体积指数的影响

从表 5-3 可以看出,剩余污泥添加人造金刚石废水厌氧消化后污泥的体积指数与对照样品相比变化并不明显,在 $AD_1$ 中,剩余污泥厌氧消化污泥的体积指数为 102 mL/g;在 $AD_2$ 中,剩余污泥添加人造金刚石废水后,厌氧消化污泥的体积指数为 104 mL/g,这说明剩余污泥厌氧消化体系添加微量元素 Fe、Co 和 Ni 后对厌氧消化污泥的沉淀性能改变不大。

剩余污泥与酒精糟液共厌氧消化体系添加人造金刚石废水厌氧消化后污泥体积指数变化明显,在 $AD_3$ 中,剩余污泥与酒精糟液共厌氧消化后污泥的体积指数为 76 mL/g;而在 $AD_4$ 中,剩余污泥与酒精糟液添加人造金刚石废水后共厌氧消化后污泥的体积指数为 63 mL/g。这与前人研究结果[20]相似,他们在研究酒精糟液中温厌氧消化时添加 Ni 和 Co 元素后,与对照实验相比,厌氧消化污泥的体积指数明显减小,也即污泥的沉淀效果得到改善。

# 5.4 结 论

（1）富含微量元素 Ni、Co 的人造金刚石工业废水，可以强化剩余污泥与酒精糟液高温共厌氧消化效果。与对照实验相比，添加适量该废水后，剩余污泥高温厌氧消化，其厌氧消化污泥辅酶 $F_{420}$ 含量、$F_{430}$ 含量和产气量分别增加 6.45%、10.0% 和 14.3%，而剩余污泥与酒精糟液高温共厌氧消化时，添加适量该废水后，其厌氧消化污泥辅酶 $F_{420}$ 含量、$F_{430}$ 含量和产气量分别增加 7.89%、21.1% 和 38.0%。

（2）剩余污泥厌氧消化添加人造金刚石废水后球状菌数量增加，而剩余污泥共厌氧消化添加人造金刚石废水后厌氧消化污泥杆状菌数量增加。这说明微量元素和厌氧消化底物性质对甲烷菌群演化起重要作用。同时也说明，微量元素对厌氧消化的促进作用是通过对甲烷菌群演化实现的。

（3）与剩余污泥厌氧消化添加人造金刚石废水处理效果相比，剩余污泥共厌氧消化更能利用人造金刚石废水中的微量元素 Ni、Co 的酶促效应。

（4）利用人造金刚石废水强化剩余污泥与酒精糟液共厌氧消化，不但能减少金刚石废水的处理费用，增加产气量，而且能控制危险废物 Ni 的环境污染，实现废物利用，因此这是促进人造金刚石清洁生产，实现剩余污泥低碳处理模式的新途径。

## ☯ 注释

[1] Speece R E. Anaerobic biotechnology for industrial wastewater[M]. Nashville, TN USA: Archae Press, 1996, 222-226

[2] Kida K J, Shigematsu T, Kijima J, et al. Influence of $Ni^{2+}$ and $Co^{2+}$ on methanogenic activity and the amounts of coenzymes involved in methanogenesis[J]. Journal of Bioscience and Bioengineering, 2001, 91(6): 590-595.

[3] Hu Q H, Li X F, Liu H, et al. Enhancement of methane fermentation in the presence of $Ni^{2+}$ chelators[J]. Biochemical Engineering Journal, 2008, 38(1): 98-104.

[4] 谢金连, 徐龙君, 吴江, 等. 痕量金属对农贸市场厌氧消化的影响[J]. 重庆大学学报: 自然科学版, 2007, 30(5): 23-26.

[5] 柴社立, 蔡晶, 芮尊元. 微量金属对废水厌氧处理效果的影响[J]. 环境污染与防治, 2006, 28(8): 580-584.

[6] 李小东. 气相氧化法提纯人造金刚石的新工艺设计与评价[J]. 安徽化工, 2006, 5: 17-19.

[7] 曲秀华,台明青,邓李玲,等.电解后处理法与传统后处理法生产人造金刚石对比分析[J].环境工程学报,2008,2(8):1148-1152.

[8] 农丽薇,徐龙君,谢金连,等.微量 Co 和 Ni 对稻草厌氧消化的影响[J].环境科学研究,2008,21(2):163-166.

[9] 赵阳,李秀芬,堵国成,等.钴及其配合物对甲烷关键酶的影响[J].水资源保护[J].2008,24(2):82-85.

[10] Gikas P. Kinetic responses of activated sludge to individual and joint nickel[Ni(Ⅱ)]and cobalt[Co(Ⅱ)]: An isobolographic approach[J]. Journal of Hazardous Materials,2007,143(1-2):246-256.

[11] Li L,Fu J,Song Q,et al. Cause and controlling measure of the density-rising of VFA in UASB reactor at low temperature[J]. Shenyang Jianzhu Daxue Xuebao(Ziran Kexue Ban)/Journal of Shenyang Jiaanzhu University(Natural Science),2007,23(5):836-40.

[12] 张涵,李文哲.微量元素添加频率对牛粪厌氧发酵细菌种类的影响[J].农机化研究,2006,6:173-175.

[13] 李亚新,董春娟.激活甲烷菌的微量元素及其补充量的确定[J].环境污染与防治,2001,23(3):116-118.

[14] Murry W D,Van denBerg L. Effects of nickel,cobalt and molybdenum on performance of methanogenic fixed-film reactor[J]. Applied Environmental Microbiology. 1981,42(3):502-505.

[15] Takashima M,Speece R E. Mineral nutrient requirements for high-rate methane fermentation of acetate at low SRT[J]. Res JWPCF,1989,61(11-12):1645-1650.

[16] 夏青,洪宇宁,梁睿,等.La³⁺,Ce³⁺对厌氧颗粒污泥在不同 VFA 底物中的产甲烷促进效应[J].中国沼气,2007,25(3):3-6.

[17] Gunsalus R P,Wolf R S. Chromophoric factors F342 and F430 of Methanobacterium thermoautotrophicum[J]. Fems Microbiology Letters,1978,3(4):191-193.

[18] Fermoso F G,Collins G,Bartacek J,et al. Role of nickel in high rate methanol degradation in anaerobic granular sludge bioreactors [J]. Biodegradation,2008,19(5):725-737.

[19] 胡纪萃,周孟津,左剑恶,等.废水厌氧生物处理理论与技术[M].北京:中国建筑工业出版社,2002.

[20] Krupp M,Schubert J,Widmann R. Feasibility study for co-digestion of sewage sludge with OFMSW on two wastewater treatment plants in Germany[J]. Waste Manage,2005,25(4):393-402.

# 6 聚丙烯酰胺影响污泥厌氧消化

## 6.1 引　　言

前面研究结果表明,剩余污泥与酒精糟液高温共厌氧消化突破了剩余污泥厌氧消化能量平衡为负值的瓶颈问题,提高了污泥厌氧消化的效率,改善了污泥的脱水性能,并且有效地降低了剩余污泥中重金属的含量,为剩余污泥的处理处置及安全农用奠定了基础。然而,真正把共厌氧消化技术应用于工业实践中的实例并不多,许多没有解决的问题阻碍了该技术的实际应用[1-3]。

剩余污泥在沉淀过程中添加适量的化学絮凝剂,可以提高污泥沉淀速度,减少沉淀所需时间。聚丙烯酰胺是污泥沉淀过程中使用最广泛的絮凝剂,它在机械脱水泥饼中的含量较高,范围值为 $5\sim10$ g/kg 干泥[4-5]。因此,研究聚丙烯酰胺对剩余污泥共厌氧消化的影响十分必要。

聚丙烯酰胺对剩余污泥厌氧消化的影响有不同的研究结果。El-Mamouni 等[6]认为聚丙烯酰胺是大分子,微生物很难进入大分子之内,好氧和厌氧条件下都是非常难以降解的。韩昌福等[7]也认为聚丙烯酰胺是高分子聚合物,在厌氧条件下很难降解,即使降解为丙烯酰胺单体或丙烯酸,对微生物活性仍有很大的毒性;含不同类聚丙烯酰胺的剩余污泥中温厌氧消化时,阴离子和非离子型聚丙烯酰胺,在剩余污泥中含量 15 g/kg TS 以下,对厌氧发酵甲烷产气量没有影响;而阳离子型聚丙烯酰胺在剩余污泥中含量为 $15\sim40$ g/kg TS 时,由于颗粒物的聚集使水解速度变缓,对厌氧消化甲烷产气量有明显的负效应[4]。

然而,另外一些研究结果却表明,厌氧消化体系中聚丙烯酰胺的存在,能加速厌氧污泥颗粒化的过程,并能提高微生物的活性。Campos 等[8]采用聚丙烯酰胺作为絮凝剂对养猪粪便分离后废水进行中温厌氧消化研究,结果表明,当聚丙烯酰胺的剂量为 415 g/kg TS 时,对厌氧消化反应没有毒性;Haveroen 等[9]的研究结果表明,在碳源充足的厌氧环境中添加聚丙烯酰胺可以激发产甲烷微生物的活性,提高甲烷产量,同时聚丙烯酰胺可作为氮源被利用;Bhunia 等[10-11]研究了在 UASB 反应器中处理含阳离子聚丙烯酰胺的低浓度废水,结果表明厌氧污泥颗粒容易形成,并且颗粒污泥形成的程度取决于厌氧体系有机负荷的大小。

同时,Bhunia 等[10]认为,厌氧消化时,聚丙烯酰胺会在细菌周围形成一个障碍层,阻碍细菌和底物的接触,而通过采取合适的搅拌强度措施会减小这种障碍层的厚度,增加细菌和底物的接触机会。

本章研究聚丙烯酰胺对剩余污泥与酒精糟液高温共厌氧消化影响水平和机理,并探讨了搅拌措施降低这种影响的可行性,为剩余污泥与酒精糟液高温共厌氧消化的工业化应用提供基础数据。

# 6.2　实验材料与方法

## 6.2.1　实验材料

本实验所采用的剩余污泥取自于南阳城市污水处理厂,用作实验的剩余污泥经重力自然沉淀 12~16 h 后在 4 ℃下保存以供使用。

实验所用酒精糟液取自南阳××集团。酒精糟液取回后放置 24 h,弃去沉淀部分保留上清液备用,以免堵塞反应器管路影响正常实验。

所用种子污泥是该集团的高温厌氧消化液。

实验用絮凝剂聚丙烯酰胺属于阳离子型,分子量为 800 万~1200 万,离子度为 50~60。剩余污泥、酒精糟液和种子污泥性质见表 6-1。

表 6-1　　　　　　　　　　　　实验材料性质

| 项目 | 剩余污泥 | 酒精糟液 | 种子污泥 |
|---|---|---|---|
| pH 值 | 6.62 | 4.04 | 7.70 |
| 总固体/(g/L) | 22.34 | 38.4 | 60.6 |
| 挥发性固体/(g/L) | 14.75 | 30.64 | 30.37 |
| 挥发酸/(mg/L) | 168 | 520 | 182 |

## 6.2.2　分析方法及仪器

项目分析均按照标准方法[12-13]进行。其中,pH 值采用玻璃电极法(pH 值-3C 酸度计)测定;挥发酸采用气相色谱法(GC-14C 气相色谱仪)测定;电导率(EC)采用仪器法(EC 215)测定;氧化还原电位(ORP)采用仪器法(HI 98120)测定;黏度采用仪器法(NDJ-1 型旋转式黏度仪)测定;产气量采用湿式气体流量计(ML-1 气体流量计)测定。

### 6.2.3　实验装置

剩余污泥与酒精糟液高温共厌氧消化用 6 套平行的厌氧消化反应系统,分别称为 $AD_1$、$AD_2$、$AD_3$、$AD_4$、$AD_5$ 和 $AD_6$,厌氧反应器同图 2-1 所示实验装置,总容积为6 L,有效容积为 5 L。厌氧消化温度设定为($55\pm1$) ℃。$AD_1$、$AD_3$ 和 $AD_5$ 设定为低速 20 r/min 搅拌和混合速度,$AD_2$、$AD_4$ 和 $AD_6$ 设定为相对高速 80 r/min 搅拌和混合速度。

### 6.2.4　实验内容

实验开始,在 6 个平行的反应器 $AD_1$、$AD_2$、$AD_3$、$AD_4$、$AD_5$ 和 $AD_6$ 中,分别加入 5L 种子污泥,然后保持厌氧消化运行状态,按上述设定的搅拌速度运行;厌氧消化温度为($55\pm1$) ℃,由恒温水浴锅控制;第二天开始,四个反应器逐步进料为 400 mL 混合污泥样,其中,含 300 mL 剩余污泥和 100 mL 酒精糟液。并添加不同量聚丙烯酰胺,其中,$AD_1$、$AD_2$ 不添加聚丙烯酰胺;$AD_3$、$AD_4$ 中分别添加聚丙烯酰胺,使含量为 10 g/kg TS;$AD_5$、$AD_6$ 中分别添加聚丙烯酰胺,使含量为 20 g/kg TS。每 2 天取样一次,SRT 为 25 d,连续运行 3 个 SRT($3\times25$ d),在线计量气体产生量。过程结束前对厌氧污泥连续运行 6 次(每 2 天 1 次),取样进行分析。

### 6.2.5　分析项目

分析项目包括 COD、挥发酸、黏度;所有厌氧污泥都要进行 pH 值、电导率、氧化还原电位、黏度分析。

此外,对 $AD_5$、$AD_6$ 共厌氧消化后污泥进行污泥体积指数测定和 SEM 观察。

# 6.3　结果与讨论

### 6.3.1　对污泥 pH 值的影响

不同搅拌速度下聚丙烯酰胺对污泥 pH 值的影响结果见图 6-1。

由图 6-1 可以看出,不同搅拌速度下,聚丙烯酰胺对剩余污泥与酒精糟液

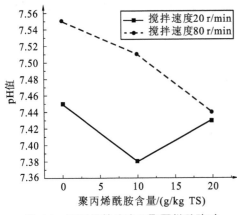

**图 6-1  不同搅拌速度下聚丙烯酰胺对污泥 pH 值的影响结果**

高温共厌氧消化 pH 值影响结果不同。在搅拌速度 80 r/min 下运行时,污泥的 pH 值随着聚丙烯酰胺含量的增加呈下降趋势。在低搅拌速度 20 r/min 下运行时,污泥的 pH 值随着聚丙烯酰胺含量的增加先下降再上升。与高搅拌速度 80 r/min 运行相比,低搅拌速度 20 r/min 下污泥的 pH 值较小。但当剩余污泥中聚丙烯酰胺含量为 20 g/kg TS 时,两种搅拌速度下污泥的 pH 值较为接近。

## 6.3.2  对污泥电导率的影响

不同搅拌速度下聚丙烯酰胺对污泥电导率的影响结果见图 6-2。

从图 6-2 可以看出,在同一搅拌速度下,随着聚丙烯酰胺量的增加,厌氧消化污泥的电导率呈逐渐下降趋势,这是因为厌氧体系中随着添加聚丙烯酰胺量的增加,聚丙烯酰胺的大分子结构又具有高黏度特性,当添加在剩余污泥中时,会黏附在污泥颗粒的表面,阻碍污泥颗粒的正常运动,也即阻碍质子传输[4],使电导率下降。对同样的底物和同样含量聚丙烯酰胺的共厌氧消化体系,搅拌速度 80 r/min 下污泥的电导率明显高于搅拌速度 20 r/min 下

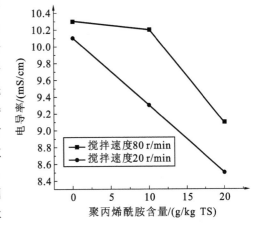

**图 6-2  不同搅拌速度下聚丙烯酰胺对污泥电导率的影响结果**

污泥的电导率。这是因为随着搅拌速度的增加,聚丙烯酰胺对颗粒污泥的束缚作用减小,离子的运动传导能力增加。

在搅拌速度为 80 r/min 条件下,聚丙烯酰胺含量为 0 和 10 g/kg TS 厌氧消化后,污泥的电导率由 10.3 mS/cm 下降为 10.2 mS/cm,下降程度不大,这说明搅拌速度为 80 r/min 的混合条件已经基本满足克服聚丙烯酰胺对颗粒污泥的束缚作用的要求,表现为污泥的电导率值接近。

Vanotti 等[14]在对聚丙烯酰胺作为絮凝剂的固液分离研究中,观察到电导率随聚丙烯酰胺量的变化而有明显的变化,并认为电导率可作为聚丙烯酰胺含量变化的重要指示参数。本章注释[15]研究了聚丙烯酰胺作为絮凝剂对猪粪废水先固液分离后厌氧消化,结果表明,厌氧消化污泥的电导率在 3.51~19.1 mS/cm 范围内。本研究中厌氧消化后污泥的电导率在 8.5~10.3 mS/cm 范围内。由此可以看出,二者变化范围不同,获得的电导率数据变化范围较宽,本研究数据变化范围较窄。主要原因是以上两项研究中聚丙烯酰胺的含量不同及厌氧消化条件不同。

### 6.3.3 对污泥黏度的影响

不同搅拌速度下聚丙烯酰胺对污泥黏度的影响结果见图 6-3。

相对高的黏度是高分子聚丙烯酰胺所具有的特性,黏度主要是由溶液中独立的分子及其相互作用引起,浓度升高,黏度也升高。根据含有聚丙烯酰胺的厌氧体系黏度的变化可以了解聚丙烯酰胺分子的降解程度[16-17]。

从图 6-3 可以看出,在同一搅拌速度下,随着聚丙烯酰胺含量的增加,厌氧消化后污泥的黏度增加。当聚丙烯酰胺含量分别为 0、10 g/kg TS 和 20 g/kg TS,搅拌速度为 20 r/min 时,厌氧消化后体系的黏度分为是

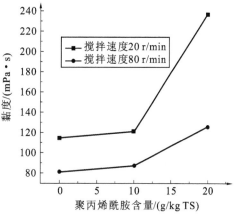

图 6-3　不同搅拌速度下聚丙烯酰胺对
污泥黏度的影响结果

115 mPa·s、121 mPa·s 和 237 mPa·s,这是因为厌氧消化[18]中,聚丙烯酰胺在厌氧消化条件下降解程度很低。同时说明随着聚丙烯酰胺含量的增加,高温共厌氧消化后聚丙烯酰胺残留量也在增加,导致污泥的黏度增大。

在聚丙烯酰胺含量相同的条件下,搅拌速度越大,其黏度越小。当聚丙烯酰胺含量为 20 g/kg TS 时,分别在搅拌速度为 20 r/min 和 80 r/min 的条件下运行后,污泥的黏度差别最大,黏度值分别为 237 mPa·s 和 126 mPa·s;当聚丙烯酰胺含量小于 20 g/kg TS 时,二者黏度差别较小。这是因为搅拌速度大意味着剪切力大,而大的剪切力会使污泥的黏度降低。由实验结果可以推测,与 20 r/min 相比,80 r/min 大的搅拌速度,对克服聚丙烯酰胺对颗粒污泥的束缚作用更有利,它会增加微生物与污泥接触的机会,对聚丙烯酰胺的降解程度也相应增大。这与 Bhunia 等[10]研究结果相似。

### 6.3.4 对污泥氧化还原电位的影响

不同搅拌速度下聚丙烯酰胺对污泥氧化还原电位的影响结果见图 6-4。

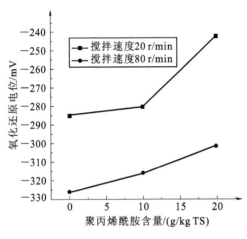

图 6-4 不同搅拌速度下聚丙烯酰胺对污泥氧化还原电位的影响结果

氧化还原电位的变化与厌氧微生物的生长有密切关系。好氧微生物良好生长适宜的氧化还原电位是 300~400 mV，在 100 mV 以上即能生长；厌氧微生物只能在 100 mV 以下甚至负值时才能生长，产甲烷菌生长和产甲烷的适宜氧化还原电位是在 -330 mV 以下[18]。厌氧微生物在低的氧化还原电位下才能生长，主要原因是厌氧微生物细胞中无高电位的细胞色素和细胞色素氧化酶等，因而不能推动发生和完成那些只有在高电位下才能发生的生物化学反应。

从图 6-4 可以看出，在同一搅拌速度条件下，随着剩余污泥与酒精糟液共厌氧体系中聚丙烯酰胺含量的增加，共厌氧消化后污泥的氧化还原电位值逐渐变大，表明共厌氧消化污泥的厌氧微生物活性在下降。

在搅拌速度为 20 r/min 的条件下，当添加聚丙烯酰胺含量分别为 0、10 g/kg TS 和 20 g/kg TS 时，污泥的氧化还原电位分别为 -285 mV、-280 mV 和 -242 mV。当添加聚丙烯酰胺含量为 20 g/kg TS 时，两种搅拌速度下污泥的氧化还原电位差值较大。这说明剩余污泥中聚丙烯酰胺含量越高，越需要相对较高的搅拌速度才可以使氧化还原电位较负，以满足厌氧消化体系中微生物的生长要求。

当聚丙烯酰胺含量相同时，搅拌速度不同，其共厌氧消化后污泥的氧化还原电位也不同，搅拌速度越高，厌氧消化后污泥的氧化还原电位越负。当聚丙烯酰胺含量为 20 g/kg TS，搅拌速度为 20 r/min 和 80 r/min 时，共厌氧消化后污泥的氧化还原电位分别为 -242 mV 和 -301 mV。这说明相对较高的搅拌速度 80 r/min 对共厌氧消化运行厌氧微生物生长有利，体系的氧化还原电位更负。这与 Bhunia 等[10]研究的结果相似，他们认为含有聚丙烯酰胺的废水厌氧消化时，采用提高搅拌速度的措施可以减轻聚丙烯酰胺在污泥颗粒上形成的障碍层，使反应得以正常进行。因此可以得出结论，含有相对高含量聚丙烯酰胺的剩余污泥厌氧消化时，要想获得正常的厌氧消化条件，必须施以相对较高的搅拌和混合速度。

Chu 等[4]研究了添加聚丙烯酰胺的剩余污泥在中温条件下的批式厌氧消化实验,结果表明,厌氧消化后污泥的氧化还原电位稳定在−280 mV 左右,本研究结果中的氧化还原电位,明显低于他们研究结果中的氧化还原电位值。产生差别的第一个原因可能是本研究中底物中含有充足的营养物,使厌氧微生物有更好的底物生长条件;第二个原因是二者研究的温度不同,他们研究的厌氧消化温度是中温35 ℃,而本研究的厌氧消化温度是高温 55 ℃。

## 6.3.5　对污泥挥发酸的影响

不同搅拌速度下聚丙烯酰胺含量对挥发酸的影响结果见图 6-5。

由图 6-5 可以看出,与低搅拌速度 20 r/min 相比,相对较高的搅拌速度80 r/min 条件下,共厌氧消化体系挥发酸浓度较高,这是因为搅拌速度增加,厌氧消化体系中污泥水解速度增加,使挥发酸含量较高。Hoffmann 等[19]研究认为,剪切力大小影响体系中的优势微生物菌群的生长,而不同的优势微生物菌群的生长对挥发酸的产生和消耗的速度不同,从而影响挥发酸的含量。

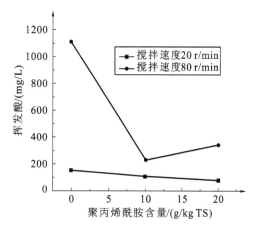

图 6-5　不同搅拌速度下聚丙烯酰胺含量对挥发酸的影响

不同搅拌速度下聚丙烯酰胺含量对挥发酸的影响结果表明,搅拌速度影响乙酸和丙酸的产生和转化,相对较高的搅拌速度能导致高浓度乙酸和丙酸的存在。

当剩余污泥与酒精糟液高温共厌氧消化没有添加聚丙烯酰胺时,两种搅拌速度条件下厌氧消化后污泥的挥发酸含量差别较大,但高搅拌速度下体系中挥发酸含量大于低搅拌速度下体系中挥发酸含量,这可能是由于高分子聚丙烯酰胺的添加,影响了质子传递速度,使水解酸化程度下降,而不同的搅拌速度减轻这种影响的程度也不同,减轻的程度取决于这两方面的综合结果,最终影响厌氧消化体系中挥发酸的含量。

## 6.3.6　对污泥 ζ 电位的影响

不同搅拌速度下聚丙烯酰胺对污泥 ζ 电位的影响结果见图 6-6。

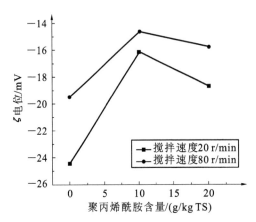

**图 6-6** 不同搅拌速度下聚丙烯酰胺对污泥 ζ 电位的影响结果

从图 6-6 可以看出,在两种搅拌速度下,随着剩余污泥与酒精糟液高温共厌氧消化体系添加聚丙烯酰胺含量的增加,污泥的 ζ 电位先升高再下降。当剩余污泥中聚丙烯酰胺含量分别为 0、10 g/kg TS、20 g/kg TS,搅拌速度为 80 r/min 的条件下,体系的 ζ 电位分别是 $-19.5$ mV、$-14.7$ mV 和 $-15.8$ mV;而搅拌速度为 20 r/min 的条件下,体系的 ζ 电位分别是 $-24.4$ mV、$-16.2$ mV 和 $-18.7$ mV。这是由于聚丙烯酰胺的存在可以使污泥的电荷得到中和,使ζ 电位向较小负值的方向变化,但添加聚丙烯酰胺过量时反而使 ζ 电位再下降。这与 Chu 等[4] 的研究结果相似,他们认为中和剩余污泥表面电荷,添加聚丙烯酰胺最佳量为 5～15 g/kg TS,并且对含有聚丙烯酰胺的剩余污泥中温厌氧消化稳定后,ζ 电位稳定在 $-24$～$-16$ mV 的范围内。

此外,图 6-6 还表明,在聚丙烯酰胺含量相同的情况下,搅拌速度为 80 r/min 的条件下,体系的 ζ 电位始终高于搅拌速度为 20 r/min 条件下体系的 ζ 电位。这可能是因为相对大的搅拌速度更有利于发挥聚丙烯酰胺的中和作用。

### 6.3.7 对体系产气量的影响

不同搅拌速度下聚丙烯酰胺对产气量的影响结果见表 6-2。

表 6-2　　　　　不同搅拌速度下聚丙烯酰胺对产气量的影响结果

| 项目 | 聚丙烯酰胺含量/(g/kg TS) | | |
|---|---|---|---|
| | 0 | 10 | 20 |
| 搅拌速度 20 r/min | 4.46±0.32 | 3.31±0.21 | 1.76±0.15 |
| 搅拌速度 80 r/min | 6.44±0.39 | 4.93±0.30 | 3.89±0.20 |

由表 6-2 可以看出,当共厌氧消化体系中聚丙烯酰胺含量为 0 时,搅拌速度为 20 r/min 和 80 r/min 的条件下体系稳定运行后,48 h 累积产气量分别为 6.44 L 和 4.46 L。随着聚丙烯酰胺含量的增加,48 h 累积产气量都呈逐渐减小趋势。

当聚丙烯酰胺含量为 10 g/kg TS 时,与聚丙烯酰胺含量为 0 时的运行结果相比,搅拌速度为 20 r/min 和 80 r/min 的条件下体系运行稳定后 48 h 累积产气量分别减小 25.8% 和 23.4%。这说明聚丙烯酰胺含量为 10 g/kg TS 时,搅拌速度的差别对产气量减小的百分数差别不明显,同时说明,相对低的搅拌速度可以满足厌氧消化反应要求,获得与相对较高搅拌速度情况下厌氧消化运行同样的产气量。

当聚丙烯酰胺含量为 20 g/kg TS 时,与聚丙烯酰胺含量为 0 时的运行结果相比,搅拌速度为 20 r/min 和 80 r/min 的条件下体系运行稳定后 48 h 累积产气量分别减小 60.5% 和 39.5%。这说明在厌氧消化体系中,当聚丙烯酰胺含量相对较高时,较低的搅拌速度不能满足反应要求,与此相对应的较高的搅拌速度对厌氧消化体系的运行十分必要。

Chu 等[4]利用血清瓶作为厌氧反应器研究了剩余污泥在 35 ℃厌氧消化过程添加聚丙烯酰胺对产气量的影响,结果表明,添加聚丙烯酰胺的浓度分别为 0、15 g/kg TS 和 40 g/kg TS 时厌氧消化 40 d 总产气量分别为 136 g $CH_4$/kg TS、105 g $CH_4$/kg TS 和 85 g $CH_4$/kg TS,与没有添加聚丙烯酰胺时运行相比,添加聚丙烯酰胺的浓度分别为 15 g/kg TS 和 40 g/kg TS 时厌氧消化 40 d 总产气量分别减少为 22.8% 和 37.5%;并认为产气量的减少是由于添加聚丙烯酰胺后使污泥颗粒变大,质子传输阻力增大,减小了底物与微生物菌群的接触机会。这个推论在利用微传感器对聚丙烯酰胺絮凝后的剩余污泥,进行氧气传导速度的测定研究[20]中得到了证明,即剩余污泥添加聚丙烯酰胺使质子传输阻力明显增大。

本研究结果与本章注释[8]研究结果不同。本章注释[8]中对猪粪废水利用聚丙烯酰胺分离后的废水进行厌氧消化研究的结果表明,当添加的聚丙烯酰胺含量在 20 g/kg TS 以下时对产气量几乎没有影响,并且在聚丙烯酰胺含量为 415 g/kg TS 时对反应无毒性。而本研究表明,当聚丙烯酰胺含量为 10~20 g/kg TS 时,表现为对共厌氧消化反应有毒性,产气量下降。产生这种差别的原因可能是固液分离后大部分聚丙烯酰胺吸附在固体颗粒上,废水中的聚丙烯酰胺含量较少。

### 6.3.8 对污泥体积指数的影响

不同搅拌速度下聚丙烯酰胺对污泥体积指数的影响结果见图 6-7。

由图 6-7 可以看出,剩余污泥与酒精糟液高温共厌氧消化在两种搅拌速度为 20 r/min 和 80 r/min 的条件下运行稳定后,体系的污泥体积指数分别为 45 g/mL 和 48 g/mL,二者差值为 3 g/mL;并且随着聚丙烯酰胺含量的增加,共厌氧消化体系污泥体积指数都逐渐减小。

当聚丙烯酰胺含量为 10 g/kg TS 时,搅拌速度为 20 r/min 和 80 r/min 的条件下共厌氧消化体系运行稳定后,体系的污泥体积指数分别为 29 g/mL 和 39 g/mL,二者差值为 10 g/mL;当聚丙烯酰胺含量为 20 g/kg TS 时,搅拌速度

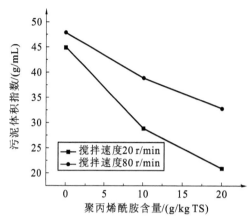

图6-7 不同搅拌速度下聚丙烯酰胺对
污泥体积指数的影响结果

为 20 r/min 和 80 r/min 的条件下共厌氧消化体系运行稳定后,体系的污泥体积指数分别为 21 g/mL 和 33 g/mL,二者差值为 12 g/mL。这说明与搅拌速度 20 r/min 相比,高温共厌氧消化体系在搅拌速度为 80 r/min 条件下运行稳定后,污泥体积指数较小,并且二者差值随着聚丙烯酰胺含量的增加而增加。其原因可能是:一方面,与低搅拌速度 20 r/min 运行条件相比,在搅拌速度为 80 r/min 的条件下共厌氧消化体系更能减轻对聚丙烯酰胺的束缚作用,使厌氧微生物生长得更好,对聚丙烯酰胺分子本身降解程度也高,使聚丙烯酰胺对污泥的絮凝作用较小;另一方面,较高的搅拌速度对污泥的絮体颗粒破坏更严重,导致絮体颗粒变小,最终使污泥体积指数变大。

剩余污泥与酒精糟液高温共厌氧消化添加聚丙烯酰胺厌氧消化运行稳定后,污泥体积指数下降,污泥的沉淀性能改善。这说明聚丙烯酰胺在厌氧消化后由于不能全部降解,剩余的聚丙烯酰胺仍可以起絮凝剂的作用,使污泥的沉淀性能得到改善。

### 6.3.9 对污泥微观结构的影响

聚丙烯酰胺对污泥微观结构影响 SEM 观察结果见图6-8。

图6-8 表明了聚丙烯酰胺含量为 20 g/kg TS、搅拌速度分别为 20 r/min 和 80 r/min 的条件下,剩余污泥与酒精糟液高温共厌氧消化稳定后污泥颗粒絮体 SEM 观察结果。搅拌速度为 20 r/min 的条件下污泥絮体明显大一些,而搅拌速度为 80 r/min 的条件下污泥絮体明显小一些。

污泥 SEM 观察结果与图6-7中污泥体积指数结果相比较可以看出,当共厌氧消化体系中聚丙烯酰胺含量为 20 g/kg TS,在搅拌速度为 20 r/min 的条件下厌氧消化后,污泥絮体颗粒较大,污泥体积指数较小;在搅拌速度为 80 r/min 的条件下厌氧消化后,污泥颗粒较小,污泥体积指数较大。

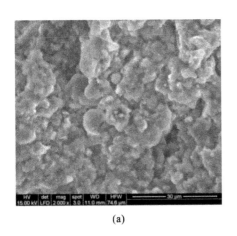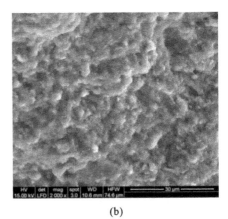

(a)　　　　　　　　　　　　　　　(b)

**图 6-8　SEM 观察结果**

(a)搅拌速度为 20 r/min；(b)搅拌速度为 80 r/min

# 6.4　结　　　论

(1)含聚丙烯酰胺的剩余污泥与酒精糟液共厌氧消化时对厌氧消化污泥性质有明显影响,可导致体系污泥黏度增大,电导率变小。

(2)阳离子聚丙烯酰胺添加在剩余污泥中,当浓度为 10～20 g/kg TS 时会影响共厌氧消化反应效率,含量越高影响越严重,其结果导致产气量下降;与低搅拌速度 20 r/min 相比,搅拌速度为 80 r/min 的条件下产气量降低的比例较小,尤其是当聚丙烯酰胺含量为 20 g/kg TS 时产气量变化趋势更为明显。这表明相对高的搅拌速度更有利于消除高分子聚丙烯酰胺对质子传输的束缚作用,增加厌氧微生物与污泥的接触机会,有利于厌氧微生物对有机物的降解。

(3)当聚丙烯酰胺含量为 20 g/kg TS 时,与低搅拌速度 20 r/min 相比,搅拌速度为 80 r/min 的条件下,厌氧消化后污泥体积指数较大,其值为 33 g/mL,消化污泥的 SEM 观察结果也表明后者有较小的絮体颗粒。

(4)相对较高的搅拌速度可以明显降低聚丙烯酰胺对厌氧消化影响质子传输的影响,因此含有聚丙烯酰胺的剩余污泥与酒精糟液共厌氧消化时必须选择适当的搅拌速度。

 **注释**

[1]　Alonso R M, Río R S D, García M P. Thermophilic and mesophilic

temperature phase anaerobic co-digestion(TPAcD)compared with single-stage co-digestion of sewagesludge and sugar beet pulp lixiviation〔J〕. Biomass and Bioenergy,2016,93:107-115.

〔2〕 Myungyeol L,Hidaka T,Hagiwara W,et al. Comparative performance and microbial diversity of hyperthermophilic and thernophilic co-digestion of kitchen garbage and excess sludge〔J〕. Bioresource Technology,2009,100(2):578-585.

〔3〕 Krupp M,Schubert J,Widmann R. Feasibility study for co-digestion of sewage sludge with OFMSW on two wastewater treatment plants in Germany〔J〕. Waste Management,2005,25(4):393-402.

〔4〕 Chu C P,Lee D J,Chang V B,et al. Anaerobic digestion of polyelectrolyte flocculated waste activated sludge〔J〕. Chemosphere,2003,53(7):757-764.

〔5〕 ICON. Pollutants in urban waste water and sewage sludge〔R〕. 2001.

〔6〕 El-Mamouni R,Leduc R,Guiot S R. Influence of synthetic and natural polymers on the anaerobic granulation process 〔J〕. Water Science and Technology,1998,38(8-9):341-347.

〔7〕 韩昌福,郑爱芳,李大平. 聚丙烯酰胺的生物降解研究〔J〕. 环境科学,2006.27(1):151-153.

〔8〕 Campos E,Almirall M,Mtnez-Almela J,et al. Feasibility study of the anaerobic digestion of dewatered pig slurry by means of polyacrylamide〔J〕. Bioresource Technology,2008,99(2):387-395.

〔9〕 Haveroen M E,Michael D,Mackinnon P M,et al. Polyacrylamide added as a nitrogen source stimulates methanogenesis in consortia from various wastewaters〔J〕. Water Research,2005,39(14):3333-3341.

〔10〕 Bhunia P,Ghangrekar M M. Effect of cationic polymer on performance of UASB reactors treating low strength wastewater〔J〕. Bioresource Technology,2008,99(2):350-358.

〔11〕 Garacía H,Rico C,Garacía P A,et al. Flocculants effect in biomass retention in a UASB reactor treating dairy manure〔J〕. Bioresource Technology,2008,99(14):6028-6036.

〔12〕 国家环境保护总局《水和废水监测分析方法》编委会. 水和废水监测分析方法〔M〕. 4 版. 北京:中国环境科学出版社,2009.

［13］ APHA. Standard methods for the examination of water and wastewater,20th ed⌊S⌋. Washington D. C. ;American Public Health Association, American Water Works Association and Water Environment Federation,1998.

［14］ Vanotti M B,Rashash D M C,Hunt P G. Solids-liquid separation of flushed swine manure with PAM:effect of wastewater strength[J]. Transaction of the ASAE,2002,45(6):1959-1969.

［15］ González-Fernández C,Nieto-Diez P P,León-Cofreces C,et al. Solids and nutrients removals from the liquid fraction of swine slurry through screening and flocculation treatment and influence of these processes on anaerobic biodegradability[J]. Bioresource Technology,2008,99(14):6233-6239.

［16］ 庞文民,吴伟泰,王雨松,等.超高分子量聚乙烯在溶液中的链缠结与黏度的关系[J].高分子材料科学与工程,2005,21(5):122-124.

［17］ Rattanakawin C,Hogg R. Viscosity behavior of polymeric flocculant solutions[J]. Minerals Engineering,2007,20(10):1033-1038.

［18］ Pevere A,Guibanud G,Van Hullebusch E,et al. Viscosity evolution of anaerobic granular sludge [J]. Biochemical Engineering Journal,2006,27(3):315-322.

［19］ Hoffmann M H,Garcia M L,Veskivar M,et al. Effect of shear on performance and microbial ecology of continuously stirred anaerobic digesters treating animal manure [J]. Biotechnology and Bioengineering,2008,100(1):38-48.

［20］ Chu C P,Tsai D G,Lee D J,et al. Size-dependent anaerobic digestion rates of flocculated activated sludge:Role of intrafloc mass transfer resistance[J]. Journal of Environmental Management,2005,76(3):239-244.

# 7 分散耦合发酵剩余污泥深度脱水机理

## 7.1 引　　言

随着我国城市化进程战略步伐的加快,城市污水处理率逐年提高,污水处理量越来越大,同时产生了大量的副产品,即剩余污泥。目前,城市污水处理厂普遍采用加入高分子聚丙烯酰胺(PAM)作为絮凝剂,进行机械压滤或离心脱水处理,脱水后的剩余污泥含水率仍在80%左右,再继续深度脱水十分困难。2020年,我国城市剩余污泥产生量每年将达 $4.4 \times 10^7$ t(含水率80%)[1],未经深度脱水处理处置的剩余污泥(含水率80%)进入环境后,给生态环境和人类健康带来了潜在威胁,也不能满足污泥卫生填埋处置对含水率为60%的要求或焚烧处置对含水率50%的要求。因此,剩余污泥的污染问题实际上是由含聚丙烯酰胺的剩余污泥(含水率80%)所造成的,污泥深度脱水处理已成为困扰污水处理厂最严峻的现实问题之一[2-3]。

剩余污泥中存在的高分子聚丙烯酰胺,既可以起到污泥脱水的敏化作用,又可以起到对污泥稳定性的保护作用。当污泥颗粒的吸附面全部被高分子聚丙烯酰胺覆盖以后,聚丙烯酰胺对污泥稳定性的保护作用将起主导作用,使得絮凝剩余污泥有很好的压缩性能,阻碍污泥的深度脱水[4],也影响后续生物发酵效果和厌氧消化污泥脱水性能[5-6]。如果对含聚丙烯酰胺的剩余污泥(含水率80%)进行深度脱水,首先必须克服聚丙烯酰胺大分子的絮凝作用,使大分子断裂为小分子,为后续污泥深度脱水处理奠定基础。

草木灰廉价易得,含钾高且偏碱性,具有分散聚丙烯酰胺、改善污泥结构、灭活病原微生物和除臭的功能,适宜作为剩余污泥的脱水除臭剂使用,与污泥混合作为土壤修复剂还可以钝化重金属[7]。然而,利用草木灰作为分散剂降解聚丙烯酰胺,进而对污泥发酵,改善污泥深度脱水性能研究十分少见。

本研究利用草木灰作为分散剂,对剩余污泥中的高分子聚丙烯酰胺进行分散断链,降解为小分子链,然后在耐热耐碱侧胞杆菌和 EM 菌的作用下,对剩余污泥进行生物降解,达到污泥深度脱水、灭菌和除臭的效果。同时对污泥脱水性能进行分析,并利用热重分析和电镜等手段对污泥结构性状进行表征,以期从机理上探讨剩余污泥深度脱水、灭菌和除臭的原因;对污泥中的营养物质 N、P、K 进行分析,最终为污泥的资源化应用提供基础数据。

# 7.2　实验材料与方法

## 7.2.1　实验材料

实验所用聚丙烯酰胺的剩余污泥样品取自南阳市污水净化中心,含水率为 80% 左右,沉淀过程中加入阳离子型聚丙烯酰胺 0.5%。草木灰取自南阳某生物质发电厂锅炉灰,秸秆的原料主要是小麦秸秆,复合菌主要成分是耐热耐侧胞芽孢杆菌液和 EM 菌液。

## 7.2.2　实验操作

将 10000 L 剩余污泥与 3300 L 草木灰在自制的金属反应仓内充分搅拌和混合,密封放置 4 h,然后加入复合菌液 80 L,经充分搅拌混匀后常温密封发酵 48 h。发酵完成后,平铺污泥自然晾干,即可完成处理过程。再对测定处理后的污泥样品的含水率、病原菌指标、污泥结构、热重变化进行分析,并与处理前剩余污泥样品相应指标进行对比。

## 7.2.3　分析方法

各指标的分析方法如下。

pH 值:玻璃电极法[《水质　pH 值的测定　玻璃电极法》(GB 6920—1986)];污泥比阻:布氏漏斗法;污泥含水率:采用烘干法;污泥中聚丙烯酰胺含量:淀粉-碘化隔光度法;粪大肠菌群菌值:发酵法[《粪便无害化卫生要求》(GB 7959—2012)];污泥中恶臭:三点比较式臭袋法[《空气质量　恶臭的测定　三点比较式臭袋法》(GB/T 14675—1993)];污泥结构变化:电子显微镜,Quanta 200 型扫描电镜(SEM);污泥热重变化:热重分析仪,NETZSCH FTA449F3;污泥全磷:过硫酸钾消解磷钼蓝比色法[《土壤全磷测定法》(NY/T

88—1988)];污泥全钾测定法:氢氧化钠熔融法[《土壤全钾测定法》(NY/T 87—1988)];污泥全氮:半微量开氏法[《土壤全氮测定法(半微量开氏法)》(NY/T 53—1987)];污泥有机质:重铬酸钾容量法[《土壤检测　第 6 部分:土壤有机质的测定》(NY/T 1121.6—2006)]。

# 7.3　结果与讨论

## 7.3.1　污泥的 pH 值

对污泥样品处理前后 pH 值、比阻、聚丙烯酰胺含量、含水率、臭味、粪大肠菌群、全氮、全磷、全钾、有机质含量指标进行分析,平均分析 6 次,取平均值。结果见表 7-1。

表 7-1　　剩余污泥处理前后性质变化

| 项目 | pH 值 | 比阻/ (m/kg) | 含水率/ % | 聚丙烯酰胺含量/ (mg/g) | 臭味强度/ 级 | 粪大肠菌群/ (MPN/g) | 总氮/ % | 总磷(以 $P_2O_5$ 计)/% | 总钾(以 $K_2O$ 计)/% | 有机质含量/ % |
|---|---|---|---|---|---|---|---|---|---|---|
| 处理前污泥 | 6.5~ 7.1 | $(1.31\sim 1.59)\times 10^{13}$ | 79.4~ 80.6 | 4.8~ 5.2 | 5 | $(5.8\sim 8.3)\times 10^{-7}$ | 5.3~ 5.8 | 12.9~ 13.4 | 1.2~ 1.4 | 58.7~ 60.3 |
| 处理后污泥 | 12.2~ 12.6 | $(6.12\sim 7.45)\times 10^{11}$ | 46.2~ 47.9 | 0.1~ 0.3 | 1 | 0.06~ 0.07 | 3.1~ 3.5 | 8.7~ 9.5 | 5.6~ 5.9 | 48.6~ 49.3 |

由表 7-1 可以看出,处理前剩余污泥的 pH 值为 6.5~7.1,属中性,经过草木灰的作用和碱性发酵后,处理后污泥的 pH 值为 12.2~12.6。因为草木灰主要成分是 $K_2O$ 和 $K_2CO_3$,具有强烈的吸水特性,吸水后主要成分有 $K_2CO_3$ 和 KOH,均属于碱性物质。因此,剩余污泥加入草木灰混匀后,污泥由中性变为强碱性,经过添加耐热耐碱侧胞杆菌和 EM 菌污泥发酵后,污泥的性质仍为碱性。

## 7.3.2　污泥比阻

用污泥比阻评价污泥的脱水性能时,一般认为,当污泥比阻大于 $4.0\times 10^{12}$ m/kg 时,污泥属于难脱水污泥;当污泥比阻小于 $1.0\times 10^{12}$ m/kg 时,污泥属于易脱水污泥[8]。由表 7-1 可以看出,处理前污泥比阻为 $(1.31\sim 1.59)\times 10^{13}$ m/kg,属于难脱水污泥,处理后污泥比阻为$(6.12\sim7.54)\times10^{11}$ m/kg,属于易脱水污泥。这说明经过该方法处理后污泥脱水性能已由难脱水污泥变为易脱水污泥,脱水性能显著改善。现场测试时用手捏处理后的污泥即可轻松使污泥脱水,效果很好。

### 7.3.3　污泥含水率

由表 7-1 可以看出,处理前污泥含水率为 79.4%～80.6%,处理后污泥含水率降为 47.2%～48.6%,已满足污泥填埋处置中对污泥含水率小于 60%的要求[9]和污泥焚烧处置中对污泥含水率小于 50%的要求。上述污泥比阻的测定结果表明,含聚丙烯酰胺的剩余污泥(含水率 80%左右)经过该方法处理后,污泥已变为易脱水污泥,并且污泥的含水率已能满足污泥填埋和焚烧对含水率的要求。

污泥脱水性能改善的主要机理如下:第一,草木灰与剩余污泥混合作用后,草木灰分散并降解了高分子聚丙烯酰胺,使大分子的聚丙烯酰胺断裂为小分子结构,破坏了剩余污泥和聚丙烯酰胺形成的凝胶结构,结合污泥结构的电镜图片可进一步说明,有利于污泥中自由水的脱除;第二,草木灰的细小颗粒进入污泥和微生物细胞周围空隙中,改变了污泥的结构,形成具有多孔的骨架结构,使污泥的压缩性能降低[10],有利于水分的脱除;第三,碱性生物发酵使污泥体系稳定升高至45 ℃,破坏了污泥细胞的细胞膜[11],同时降解了胞外聚合物的有机成分,破坏了污泥颗粒的水化作用,使污泥颗粒的水化膜作用减弱,水分更易从污泥颗粒形成的坚实骨架结构中逸出,降低了污泥的含水率。此外,草木灰具有强的吸水性能,通过化学反应转移到草木灰当中,也是污泥含水率下降的原因之一。

### 7.3.4　污泥中聚丙烯酰胺含量

由表 7-1 可以看出,处理前剩余污泥中聚丙烯酰胺含量为 4.8～5.2 mg/g,处理后剩余污泥中聚丙烯酰胺含量为 0.1～0.3 mg/g,该方法对聚丙烯酰胺的降解率为 94.2%～97.9%,说明该方法对聚丙烯酰胺的分散和降解十分有效,明显优于本章注释[12]中污泥高温堆肥对聚丙烯酰胺降解率48.8%的结果。这是因为聚丙烯酰胺有极强的生物抗性,即使已经降解为小分子的聚丙烯酰胺依然有这种特性[13],在草木灰分散污泥的过程中通过搅拌和混合,起到机械降解和化学降解作用,为碱性条件下的生物发酵奠定基础,在生物发酵过程中,添加的 EM 菌是一种复合菌,与耐热耐碱侧胞杆菌共同对污泥中的聚丙烯酰胺进行生物降解。所以,草木灰分散聚丙烯酰胺结合碱性条件下生物发酵的方法是集物理作用、化学作用、生物作用等多种作用于一体的协同降解过程,更有利于聚丙烯酰胺的降解。

### 7.3.5 污泥结构

图 7-1 和图 7-2 所示分别是含聚丙烯酰胺剩余污泥处理前和处理后的电镜图片。在图 7-1 中,剩余污泥(含水率 80％)含有聚丙烯酰胺,添加聚丙烯酰胺的量是干污泥量的 0.5％。处理前的污泥结构明显是一个絮状胶凝的大整体,没有明显边界,说明污泥颗粒完全被聚丙烯酰胺絮凝大分子所包围。图 7-2 是经过草木灰和发酵处理后的污泥结构电镜图片,可以看出,整体上大污泥絮状结构已不存在,结构分散的污泥颗粒明显变小并且有明显的分界,证明了聚丙烯酰胺的大分子已经被分散为短链的小分子。结合污泥比阻和污泥含水率数据可知,此时污泥的比阻变小,被聚丙烯酰胺絮凝起来的水分子容易释放出来,改善了污泥的脱水性能。

图 7-1　含聚丙烯酰胺剩余污泥
处理前污泥电镜图片

图 7-2　含聚丙烯酰胺剩余污泥
处理后污泥电镜图片

### 7.3.6 污泥热重分析结果

对处理前后污泥进行热解失重曲线(TG)和热解失重速率曲线(DTG)分析,设定升温速率为 10 K/min,处理前和处理后污泥的热重分析曲线分别见图 7-3 和图 7-4。

从图 7-3 中可以看出,含聚丙烯酰胺的剩余污泥(含水率 79.4％～80.6％),TG 曲线有 1 个阶段明显的失重段,温度范围 74～140 ℃,对应 DTG 曲线上有 1 个阶段的失重峰,失重率 75％,为部分污泥中水分和污泥中有机物的分解所致。这与本章注释[14]研究结果不同,对含聚丙烯酰胺的剩余污泥(含水率 80％)进行热重分析,发现对应 TG 曲线和 DTG 曲线有 2 个明显的失重段。

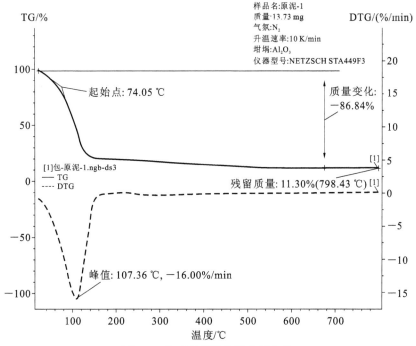

图 7-3  处理前污泥热重分析曲线

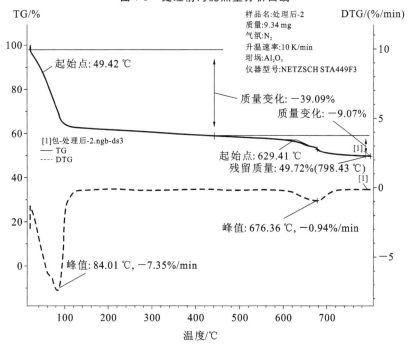

图 7-4  处理后污泥热重分析曲线

从图 7-4 可以看出,处理后的污泥 TG 曲线有 2 个明显的失重段,对应 DTG 曲线上有 2 个阶段的失重峰。第一个阶段是 49.42～110 ℃,失重率为 39.09% 左右,为污泥脱除结合态的部分内部吸附水;与图 7-3 相比,处理前污泥脱水起始温度为 74 ℃,处理后脱水起始温度为 49.42 ℃,失重峰明显前移,这与本章注释[15]研究结果相似,处理后污泥的脱水性能改善,这与上述讨论的污泥比阻测定数据相吻合;失重的第二阶段为污泥热解的主要阶段,温度范围为 620～720 ℃,为污泥中有机物的碳化阶段,失重率为 9.07% 左右,污泥最终残留量为 49.72%。与处理前失重结果相比,处理后污泥残留量增加,这是由于添加的草木灰有机质含量较低。

### 7.3.7  污泥臭味去除

研究[15]认为,污泥中还原性硫化物和氨的释放是污泥臭味的主要来源。当污泥中加入石灰使污泥的 pH 值大于 12 时,产生的强碱性环境和释放出的大量热量能够杀死微生物,抑制还原性硫化物产生,使氨气加速释放,达到除臭效果。由表 7-1 可以看出,处理前污泥臭味强度为 5 级,属于人群无法忍受的臭味级别,处理后污泥臭味强度降为 1 级,属于轻微的臭味级别。草木灰和石灰都属于碱性物质,草木灰产生的碱性环境和在碱性发酵过程中放出的热量能够杀死微生物,并抑制还原性硫化物产生。由此判断,草木灰分散剩余污泥结合碱性生物发酵能够达到抑制恶臭的目的。

### 7.3.8  污泥病原微生物灭活效果

由表 7-1 可以看出,原污泥中粪大肠菌值为 $(5.8～8.3)×10^{-7}$ MPN/g,远低于《城镇污水处理厂污泥处理  稳定标准》(CJ/T 510—2017)及《粪便无害化卫生要求》(GB 7959—2012)规定的 0.01 MPN/g 标准值;污泥处理后,粪大肠菌值分别降为 0.06～0.07 MPN/g,其值高于 0.01 MPN/g,符合《城镇污水处理厂污泥处理  稳定标准》(CJ/T 510—2017)的规定限值,表明草木灰分散污泥后,在耐热耐碱侧胞杆菌和 EM 菌作用下生物发酵,污泥的病原菌被灭活。这与污泥添加石灰对污泥病原菌杀灭作用研究结果[16]相近,草木灰和石灰都属于碱性物质,草木灰产生的碱性环境和在碱性发酵过程中放出的热量能够杀死微生物。

### 7.3.9  污泥的营养成分

由表 7-1 可以看出,处理后污泥中营养成分氮、磷、钾和有机质含量分别为 3.1%～3.5%、8.7%～9.5%、5.6%～5.9% 和 45.6%～47.3%,与处理前结果相比,除钾含量增加外,氮和磷有机质含量降低。这是因为草木灰含钾较高而有机质含量较低。

尽管如此,处理后污泥的营养成分氮、磷和钾含量仍然达到《有机肥料》(NY 525—2012)对氮、磷、钾和有机质的要求。《有机肥料》(NY 525—2012)规定,总养分(总氮＋总磷＋总钾)含量(以干基计)大于 4.0%,有机质含量大于 30%。本研究中处理后污泥中总养分(总氮＋总磷＋总钾)含量(以干基计)为 17.4%～18.9%,大于《有机肥料》(NY 525—2012)规定的含量 4.0%的要求;有机质含量为 48.6%～49.3%,也大于《有机肥料》(NY 525—2012)中有机质含量 30%的要求。故该方法处理后可为实现污泥的资源化农用奠定基础。

# 7.4 结 论

利用草木灰物化分散结合生物发酵处理絮凝剩余污泥,可实现污泥深度脱水和资源化的效果,主要结论如下:

(1)聚丙烯酰胺的降解率为 94.2%～97.9%;污泥处理后比阻由(1.31～1.59)×$10^{13}$ m/kg 降为(6.12～7.45)×$10^{11}$ m/kg,脱水性能由难脱水变为易脱水的污泥;污泥含水率由 79.4%～80.6%降为 46.2%～47.9%,污泥含水率小于 50%。

(2)处理后污泥结构发生改变,聚丙烯酰胺絮凝的大颗粒被分散为小颗粒,DTG 曲线失重峰前移;处理后污泥含水率降为 47.2%～48.6%。

(3)污泥的粪大肠菌群值由处理前的(5.8～8.3)×$10^{-7}$ MPN/g 增加到处理后的 0.06～0.07 MPN/g,远大于 0.01 MPN/g 的标准要求。

(4)污泥的臭味强度由处理前的 5 级降低到处理后的 1 级,基本满足污泥农用对臭味的标准要求。

(5)处理后污泥中总养分(总氮＋总磷＋总钾)含量为 17.4%～18.9%,有机质含量为 48.6%～49.3%,符合污泥资源化对总养分和有机质含量的基本要求。

## 注释

[1] Wang Wei, Luo Yuxing, Qian Wei. Possible solutions for sludge dewatering in China[J]. Front, Environ. Sci. Engin. China 2010,4(1):102-107.

[2] Chen H, Yan S H, Ye Z L, et al. Utilization of urban sewage sludge: Chinese perspectives. Environmental Science and Pollution Research[J]. 2012,19:1454-1463.

［3］　Jung-Eun Lee. The effect of the addition of fly ash to municipal digested sludge on its electrosmotie dewatering［J］. Journal of Material Cycles Waste Management,2011,13:259-263.

［4］　郑怀礼,李林涛,蒋绍阶,等.CPAM 调质浓缩污泥脱水的影响因素及其机理研究［J］.环境工程学报,2009,3(6):1099-1102.

［5］　台明青,陈杰瑢,张建祺.添加 PAM 对剩余污泥共厌氧消化的影响［J］.西安交通大学学报,2009,43(3):116-120.

［6］　台明青,陈杰瑢,Chang chanchi,等.絮凝剩余污泥中温和高温共厌氧消化研究［J］.湖南大学学报,2009,36(6):59-62.

［7］　朱雅兰,李明,黄巧云.草木灰污泥联合施用对 Cd 污染土壤中 Cd 形态变化的影响［J］.华中农业大学学报,2010,29(4):447-451.

［8］　刘昌庚,张盼月,曾光明,等.生物淋滤-PAC 与 PAM 联合调理城市污泥)［J］.环境科学,2010,31(9):2124-2128.

［9］　中华人民共和国国家质量监督检验检疫总局,中国国家标准化委员会.GB/T 23485—2009　城镇污水处理厂污泥处置　混合填埋用泥质［S］.北京:中国标准出版社,2009.

［10］　Haijian Luo,Xun-an Ning,Yinfang Feng,et al. Effects of sawdust—CPAM on textile dyeing sludge dewaterability and filter cake properties［J］. Bioresource Technology,2013,139:330-336.

［11］　李洋洋,李欢一,金宜英,等.碱热联合处理用于污泥强化脱水［J］.高校化学工程学报.2010,24(4):714-718.

［12］　盛倩,吴星五,刘晨,等.脱水污泥及其堆肥过程中 PAM 的检测.中国给水排水,2010,26(18):124-127.

［13］　韩昌福,郑爱芳,李大平.聚丙烯酰胺的生物降解研究［J］.环境科学,2006,27(1):151-153.

［14］　张强,邢智炜,刘欢,等.不同深度脱水污泥的热解特性及动力学分析［J］.环境化学,2013,32(5):839-846.

［15］　蒋建,杜伟,殷闽.石灰稳定化污泥恶臭物质释放特征研究［J］.中国环境科学,2012,32(9):1620-1624.

［16］　蒋建,宫常修,杜伟,等.污泥-石灰高效混合耦合绝热强化技术对污泥微生物活性的抑制机制［J］.清华大学学报:自然科学版,2013,53(5):642-646.

# 8  洁霉素药渣灰改善剩余污泥脱水性能

## 8.1  引    言

随着我国经济的发展和城市化进程的加快,处理污水的量越来越大,其副产物剩余污泥(也称城市污泥)也相应产生。据预测,到 2020 年,我国污水处理厂产生的污泥量将达 $4.4 \times 10^7$ t(含水率约 80%),并以每年约 10% 的速率增长。目前,国内外通常采用污泥脱水后焚烧、填埋和堆肥的方式进行处置[1]。污水处理厂普遍采用添加聚丙烯酰胺絮凝剂调理城市污泥[2],利用离心脱水设备或机械压滤机进行脱水处理,脱水后污泥(含水率约 80%)仍不能满足填埋处理(含水率 60% 以下)和焚烧处置(含水率 50% 以下)的标准[3]。目前,国内仍然有 80% 的城市污泥没有经过最终的稳定化、无害化和资源化处理,多数污泥处于无序堆存和任意填埋的状态[4]。含聚丙烯酰胺的污泥进一步脱水并资源化,成为污水处理厂迫切需要解决的难题,也是污泥处理的热点研究课题。

城市污泥中存在的聚丙烯酰胺对污泥脱水起敏化作用,同时又能够起到保护污泥稳定性的作用。当聚丙烯酰胺全部覆盖在污泥颗粒的吸附面后,聚丙烯酰胺絮凝作用对污泥稳定性起主导作用,污泥的可压缩性提高,不利于污泥脱水[5-6]。因此,为了进一步提高污泥脱水性能,首先要破坏聚丙烯酰胺大分子结构,克服聚丙烯酰胺絮凝作用,改善污泥脱水性能。研究表明,城市污泥添加废物,如污泥焚烧底渣[7]、草木灰[3]、脱硫灰[8]等能够建立污泥骨架和脱水通道,改善污泥的絮体结构,从而使污泥的脱水性能得到改善。

洁霉素学名为盐酸林可霉素,是一种使用广泛的抗生素。抗生素药渣被列入《国家危险废物名录》[9-11],必须进行焚烧处理。

目前,全国各地生产洁霉素过程中产生的药渣需添加聚丙烯酰胺脱水处理后运至危废处理中心焚烧并做填埋处理。为此,生产企业每年因药渣安全处理而支出的处置费用较高,给企业造成很大负担。焚烧后的洁霉素药渣灰不属于"危废"[12]对药渣灰进行填埋,既浪费资源又增加处置费用。然而利用洁霉素药渣灰改善污泥脱水性能的相关研究十分少见。

因此,利用洁霉素药渣灰添加到剩余污泥中改善污泥脱水性能,不仅可以彻底消除由于洁霉素药渣流失而造成对水体的污染,还可以充分利用洁霉素药渣灰中有用的资源,达到以废治废,实现废物资源利用,为洁霉素药渣灰和城市污泥的脱水处理提供基础数据。

# 8.2 实验材料与方法

## 8.2.1 材料

实验污泥取自南阳市污水处理厂二次回流剩余污泥,含水率为 97.83%～99.11%。所用的洁霉素药渣取自南阳××集团,含水率为 60.60%～61.23%。实验药品为阳离子聚丙烯酰胺(平均分子量为 1200 万)。

## 8.2.2 实验仪器

Quanta 200 型扫描电镜(SEM);热重分析仪,STA449F3;马弗炉,KXX 型系列 1000 ℃箱式;电子分析天平,FA2004B;卤素水分测定仪,XY-102MW 系列;比阻实验装置,QBP347;电热鼓风干燥箱,GZX-9140MBE 系列;SNB-1 旋转黏度计,SNB-1 型。

## 8.2.3 实验方法

### 8.2.3.1 洁霉素药渣灰的制备

将洁霉素药渣移至清洁的坩埚中,放入马弗炉,温度调至 600 ℃灰化 2 h,然后取出冷却至室温,放入研磨装置充分研磨,保存至干燥的广口瓶中备用。

### 8.2.3.2 污泥沉降分析

污泥沉降率,简称污泥 SV,指污泥在 30 min 的沉降率。污泥沉降率能反映污泥的沉降性能,SV 越大,沉降性能越差;反之,沉降性能越好。将 100 mL 剩余污泥(含水率为 99.11%)倒入 400 mL 烧杯内,再分别加入洁霉素药渣灰 0、2 g/L、4 g/L、6 g/L、8 g/L、10 g/L,匀速搅拌 2 min,搅拌结束后将烧杯中的污泥移入 100 mL 刻度量筒,依次观测在 1 min、3 min、5 min、10 min、15 min、20 min、25 min、30 min 后的污泥沉淀层体积变化,计算污泥沉降率。

### 8.2.3.3  污泥比阻

污泥比阻(SRF)能够反映污泥脱水性能,SRF 越小,污泥脱水性能越好;反之,污泥脱水性能越差。

将事先裁好的定性滤纸放入布氏漏斗中,缓缓加入试验污泥,在一定的真空压力下抽滤,污泥的 $t/V$ 与 $V$ 呈直线关系,可建立回归方程,具体见本书 3.2.1.2 节。

### 8.2.3.4  污泥含水率

将 5~10 g 污泥用卤素水分测定仪直接测定其含水率。

### 8.2.3.5  污泥可压缩性

污泥的可压缩性用于衡量污泥在加压或常压条件下的可压实能力,可以用污泥的可压缩系数表征。污泥的可压缩性由比阻和应用的压力的双对数坐标的斜率得到,表达式为[13]:

$$\frac{SRF_1}{SRF_2} = \left(\frac{P_1}{P_2}\right)^s \qquad (8\text{-}1)$$

式中  $P_1$, $P_2$——真空抽滤压力,单位均为 Pa;

　　　$SRF_1$——真空抽滤压力 $P_1$ 下的比阻值,m/kg;

　　　$SRF_2$——真空抽滤压力 $P_2$ 下的比阻值,m/kg;

　　　$S$——可压缩性系数。

实验分别测得污泥在两种抽滤真空压力 35 kPa 和 20 kPa 下的 SRF,利用式(8-1)计算出污泥的可压缩性系数。

### 8.2.3.6  有机质含量

利用燃烧法测定污泥有机质含量,即分别取 10 g 的污泥和洁霉素药渣,置于已称重的瓷坩埚内于 105 ℃ 烘箱中烘 2 h,冷却称重。再放入 600 ℃ 马弗炉中灰化 2 h,移至干燥器冷却至室温,恒重后称重并计算。

### 8.2.3.7  污泥扫描电镜分析

分别取原污泥、洁霉素药渣灰调理污泥、聚丙烯酰胺絮凝污泥和洁霉素药渣灰联合聚丙烯酰胺调理后的污泥 5 g,自然干燥后进行扫描电镜(SEM)观察分析。

### 8.2.3.8　污泥热重分析

分别取原污泥、洁霉素药渣灰调理污泥、聚丙烯酰胺絮凝污泥和洁霉素药渣灰联合聚丙烯酰胺污泥 5 g,自然风干处理后进行热重(TG-DTG)分析。

# 8.3　结果与讨论

## 8.3.1　污泥沉降率结果

污泥沉降率结果见图 8-1。

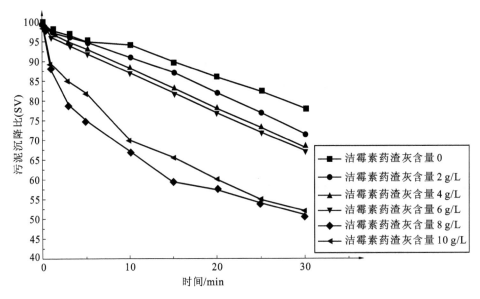

**图 8-1　污泥沉降曲线**

图 8-1 表明,原污泥沉降性能比较差,30 min 自然沉降速度缓慢,污泥液面仅下降了 22％,此时,原污泥 SV 为 78％;经过洁霉素药渣灰处理后的污泥,其沉降性能得到了明显的改善,随着洁霉素药渣灰投加量的增加,污泥的沉降性能逐渐提高。当洁霉素药渣灰的投加量为 8 g/L 时,SV 下降到了 51％;当洁霉素药渣灰投加量继续增加到 10 g/L 时,SV 反而上升至 52％,这是因为过量的洁霉素药渣灰会恶化污泥脱水效果,其他研究在利用制革废水污泥焚烧底渣改善城市污泥脱水性能试验时获得了相似的结论。因此,由实验结果可知,当洁霉素药渣灰投加量为 8 g/L 时对城市污泥的沉降性能最好。

城市污泥含有大量的微小颗粒,在过滤或沉降过程中,小颗粒会被压缩变形,孔隙减少,影响水分通过。而洁霉素药渣灰颗粒是坚硬且表面是不规则的,洁霉素药渣灰添加到污泥中,能够在污泥脱水过程中形成一个多空隙、多通道的骨架结构,从而减小脱水阻力,有利于污泥的脱水。其他的材料,例如粉煤灰[14]、酸洗飞灰[15],在污泥脱水研究中也有相似的效果。

## 8.3.2　对污泥比阻(SRF)的影响

### 8.3.2.1　洁霉素药渣灰对污泥比阻(SRF)的影响

取污泥(含水率为97.83%)100 mL于400 mL烧杯中,分别加入洁霉素药渣灰0、2 g/L、4 g/L、6 g/L、8 g/L、10 g/L,搅拌混匀后进行过滤脱水实验,在0.035 MPa真空压力条件下测定SRF,实验结果见图8-2。

由图8-2可知,原污泥的SRF为$4.52\times10^{12}$ m/kg,当污泥中投加洁霉素药渣灰$0\sim2$ g/L时,SRF小幅度下降,说明污泥的脱水性能有一定改善,但效果并不明显,这可能是由于洁霉素药渣灰的量过小,此时,虽然污泥空隙率稍微增加,但还没有完全形成一个通透性好的骨架结构;当洁霉素药渣灰投加量为$2\sim4$ g/L时,SRF反而小幅上升,表明污泥的脱水性能变差,

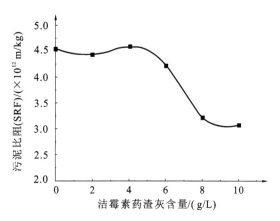

图 8-2　投加不同量洁霉素药渣灰后的 SRF

这可能是因为少量的洁霉素药渣灰与污泥作用后形成了比原污泥更为致密的絮体,这些絮体在加压抽滤时沉积于滤纸表面,在抽滤压力作用下发生变形使滤孔堵塞,影响了污泥的脱水性能;当洁霉素药渣灰投加量增加到$4\sim8$ g/L时,SRF由$4.58\times10^{12}$ m/kg下降到$3.23\times10^{12}$ m/kg,下降幅度为29.48%,表明污泥脱水性能改善效果明显。此时形成了致密且有一定强度的絮体,抽滤时絮体间隙变大,水分容易滤出,从而污泥比阻降低。

当洁霉素药渣灰投加量为10 g/L时,SRF为$3.059\times10^{12}$ m/kg,与洁霉素药渣灰投加量为8 g/L时相比,SRF下降幅度不大,即污泥的脱水改善效果不明显。因此可以认为,洁霉素药渣灰脱水试验最佳投加量为8 g/L。

#### 8.3.2.2 洁霉素药渣灰与聚丙烯酰胺联合调理 SRF 结果

对洁霉素药渣灰联合聚丙烯酰胺调理和单独投加聚丙烯酰胺调理效果进行分析比较,实验分为 2 组,量取污泥 100 mL 于 200 mL 烧杯中,每组分别加入 0 和 8 g/L 洁霉素药渣灰,聚丙烯酰胺投加量分别为 25 mg/L、50 mg/L、75 mg/L、100 mg/L、125 mg/L、150 mg/L,搅拌混匀后,进行过滤脱水实验,在 0.035 MPa 真空压力条件下测定 SRF,实验结果见图 8-3。

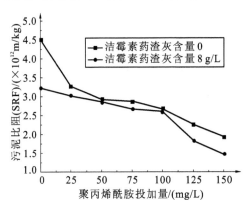

**图 8-3 洁霉素药渣灰与聚丙烯酰胺联用对 SRF 的影响**

由图 8-3 可知,洁霉素药渣灰与聚丙烯酰胺联用调理污泥时,污泥比阻均小于它们独自调理的污泥比阻。原污泥在聚丙烯酰胺投加量为 0～25 mg/L 时,SRF 下降速率最快,这是由于原污泥在聚丙烯酰胺作用下,污泥絮体结构发生改变,絮凝程度大大提高,容易堵塞污泥滤饼空隙的分散颗粒减少,有效降低了 SRF。这与 Mikkelsen 等[16] 对污泥脱水的研究结果相似。而原污泥在聚丙烯酰胺投加量为25～150 mg/L 阶段,污泥絮凝程度不断提高,SRF 也逐渐减小,但 SRF 下降程度不如 0～25 mg/L 阶段,这是由于絮体结构变化对 SRF 影响起主导作用;当洁霉素药渣灰投加量为 8 g/L,聚丙烯酰胺投加量为 100～125 mg/L 时,SRF 下降速率最快,这是由于聚丙烯酰胺加入量过少时,电性中和少,吸附桥架作用弱,泥水分离不够好,不利于污泥的脱水。另外,加入聚丙烯酰胺过量时,因为聚电解质大分子结构使污泥形成刚性较强的絮体,污泥中水分同样不易脱除。郑怀礼等[6]研究投加聚丙烯酰胺对污泥脱水性能影响得出了相似的结论。当聚丙烯酰胺投加量为 100～125 mg/L 时,为最优投药阶段,此时,胶体电荷作用对 SRF 影响起主导作用,故 SRF 下降速率最快。因此,结合图 2-3,本文确定聚丙烯酰胺最佳投药量为 125 mg/L。

当洁霉素药渣灰投加量为 8 g/L,PAM 投加量为 125 mg/L 时,污泥比阻为 $1.822 \times 10^{12}$ m/kg,比单独加入 125 mg/L 聚丙烯酰胺时的污泥比阻 $2.255 \times 10^{12}$ m/kg时降低了 19.20%,比单独加入 8 g/L 洁霉素药渣灰时的污泥比阻 $3.2304 \times 10^{12}$ m/kg 降低了 43.60%,可见洁霉素药渣灰与聚丙烯酰胺联用调理可以减少聚丙烯酰胺的投加量,且可以大大提高污泥的过滤性能。

### 8.3.3　泥饼含水率

在污泥比阻测定的过程中,每组都会产生随之对应的泥饼,测定其含水率有助于了解污泥经过处理后的脱水性能。本实验中各组污泥含水率见图 8-4、图 8-5。

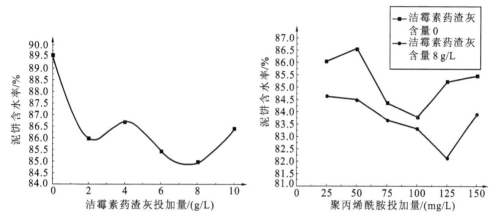

图 8-4　洁霉素药渣灰投加量对泥饼　　　　图 8-5　洁霉素药渣灰与聚丙烯酰胺
　　　　含水率的影响　　　　　　　　　　　　　联用对滤饼含水率的影响

由图 8-4 可知,随着洁霉素药渣灰投加量的增加,泥饼含水率出现上下波动,含水率均有小幅度下降,与污泥比阻和洁霉素药渣灰投加量关系类似。当加入洁霉素药渣灰量为 2 g/L 时,污泥含水率由原来的 89.54% 下降为 85.98%,此阶段加入洁霉素药渣灰改善了污泥的脱水性能,使滤饼含水率降低,但可能因为加入量过少而形成的空隙有限,脱水效果没有达到最佳;当加入洁霉素药渣灰为 4 g/L 时,泥饼含水率为 86.69%,相比洁霉素药渣灰为 2 g/L 时的 85.98% 有小幅度上升,这可能是因为少量的洁霉素药渣灰与污泥作用后,形成更为致密的絮体,这些絮体在过滤时最先沉积于滤纸表面,在抽滤压力作用下发生变形,堵塞滤孔,从而降低了污泥脱水效率;当加入洁霉素药渣灰量为 8 g/L 时,泥饼含水率为 84.97%,下降幅度最大,此时脱水效果最为明显,即确定洁霉素药渣灰最佳投加量为 8 g/L。当加入洁霉素药渣灰量为 10 g/L 时,含水率为 86.4%,相比洁霉素药渣灰为 8 g/L 含水率升高,这是由于过量的洁霉素药渣灰同样会恶化污泥脱水效果。

由图 8-5 可知,过滤后污泥含水率与聚丙烯酰胺无关。这是因为脱水后污泥的含水率与可被滤出的自由水含量有关,但加入聚丙烯酰胺对污泥可滤出自由水含量没有影响[8]。

洁霉素药渣灰与聚丙烯酰胺联用的泥饼含水率低于单独使用聚丙烯酰胺调理时的泥饼含水率,但幅度并不明显,在洁霉素药渣灰联用聚丙烯酰胺量为 125 mg/L 时泥饼含水率为 82.14%,相比单独使用聚丙烯酰胺量为 125 mg/L 时的泥饼含水率 85.22% 仅下降了 3.08%。这是由于洁霉素药渣灰中的 CaO 使污泥呈弱碱性,由于吸水作用,活性污泥细胞的通透性增强,细胞蛋白变性。污泥中的结合水含量降低,自由含水量增加,从而使泥饼含水率降低[18]。

### 8.3.4　污泥可压缩性能

污泥可压缩性是通过污泥的可压缩性系数来表征的。可压缩性减小是获得高含固率和进一步脱水的关键,污泥的脱水速率能够进一步提高[19]。原污泥和调理后污泥的可压缩性结果见图 8-6。

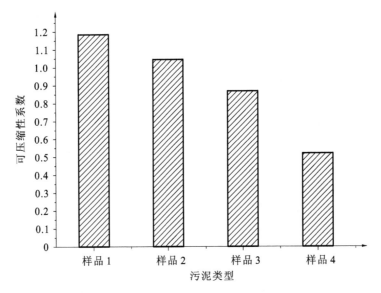

**图 8-6　不同处理方式污泥的可压缩性系数**

(注:样品 1,原污泥;样品 2,洁霉素药渣灰调理污泥;样品 3,聚丙烯酰胺调理污泥;
样品 4,洁霉素药渣灰联合聚丙烯酰胺调理污泥。)

由图 8-6 可知,原污泥的可压缩性系数为 1.186,当加入 8 g/L 洁霉素药渣灰时,污泥的可压缩性系数减小为 1.044,表明原污泥和洁霉素药渣灰调理污泥具有很低的紧密度。当加入 125 mg/L 的聚丙烯酰胺时可压缩性系数为 0.866 时,明显小于原污泥和洁霉素药渣灰调理污泥。当洁霉素药渣灰联合聚丙烯酰胺调理污泥的可压缩性系数减小为 0.515 时,相比原污泥和单独加入聚丙烯酰胺调理污泥的可压缩性系数分别降低 56.58% 和 40.53%。另外,洁霉素药渣灰联合聚丙烯酰胺调理污泥比洁霉素药渣灰调理污泥可压缩性系数降低了

50.67%,因此洁霉素药渣灰联合聚丙烯酰胺调理污泥才能够大幅降低污泥的可压缩性。

### 8.3.5　有机质含量

测定并分析污泥与洁霉素药渣的有机质含量,可以为污泥和洁霉素药渣资源化利用提供可靠的数据。通过灼烧法得出洁霉素药渣的有机质含量为 88.88%,污泥的有机质含量为 68.79%,均符合有机肥料堆肥对有机质含量大于 45% 的要求[19]。这表明城市污泥添加洁霉素药渣灰脱水处理后,满足有机肥制备原料对有机质的要求。

### 8.3.6　污泥 SEM 图片分析

将洁霉素药渣灰(8 g/L)、聚丙烯酰胺(125 mg/L)、洁霉素药渣灰联合聚丙烯酰胺三种方式调理后的污泥 SEM 图片(2400 倍)与原污泥 SEM 图片对比,见图 8-7。

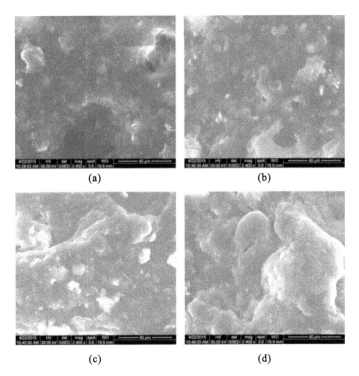

**图 8-7　不同方式处理后的污泥 SEM 图片**

(a)原污泥;(b)洁霉素药渣灰调理污泥;(c)聚丙烯酰胺调理絮凝污泥;
(d)洁霉素药渣灰联合聚丙烯酰胺调理污泥

由图 8-7 可知经过冷冻干燥的四种污泥样品通过 SEM 从微观角度观察污泥的孔隙率。图 8-7(b)所示为洁霉素药渣灰调理污泥,此污泥颗粒拥有不规则的表面和孔隙。从图 8-7(a)、(c)可以看出两者结构相似,都呈现出连续的表面,且没有孔隙,这是因为加聚丙烯酰胺调理絮凝污泥和原污泥的高压缩性致使污泥的孔隙闭合。Thapa K B 等[20]在对城市污泥研究过程中也观察到污泥形成连续的表面。图 8-7(d)显示,洁霉素药渣灰联合聚丙烯酰胺调理污泥形成一个多孔且不规则的表面,与单独加入洁霉素药渣灰的污泥类似。这些不可压缩的洁霉素药渣灰颗粒被压缩时仍保持形成骨架时保留的孔隙,故水分容易通过[21]。

### 8.3.7 污泥热重分析

分别将洁霉素药渣灰(8 g/L)、聚丙烯酰胺(125 mg/L)、洁霉素药渣灰联合聚丙烯酰胺调理后的污泥,与原污泥同时在升温速率为 10 K/min,热解气氛为高纯氮气,通气速率为 20 mL/min 的条件下对样品进行热重分析,分析热重结果见图 8-8~图 8-11。

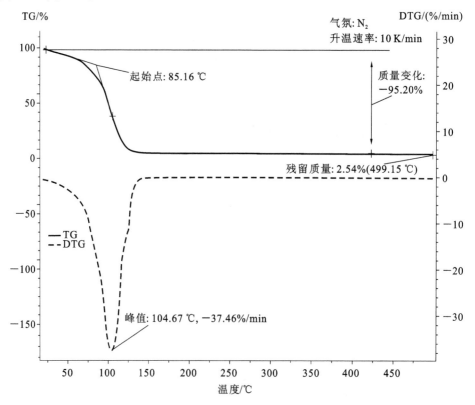

图 8-8　原污泥(样品 1)的热重分析曲线

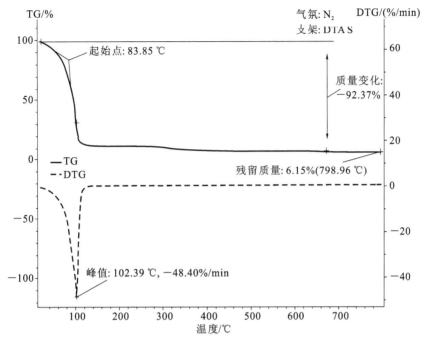

图 8-9 洁霉素药渣灰调理絮凝污泥(样品 2)热重曲线

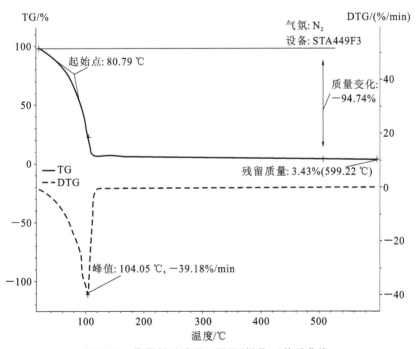

图 8-10 聚丙烯酰胺调理污泥(样品 3)热重曲线

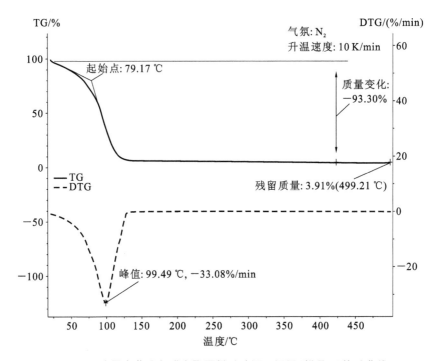

**图 8-11　洁霉素药渣灰联合聚丙烯酰胺调理污泥(样品 4)热重曲线**

由图 8-8 可知,样品 1 原污泥 TG 曲线有一个明显的失重段,温度范围为 $85.16\sim130$ ℃,峰值温度 $104.67$ ℃,对应 DTG 曲线有一个阶段的失重峰,失重率为 $37.46\%$,该阶段失重是由于污泥内水分与少量吸附水蒸发;在 $425$ ℃时,质量减少 $95.20\%$,热解终止温度为 $499.15$ ℃时,残留质量为 $2.54\%$;在 $200\sim499.15$ ℃阶段,热重损失,主要是由于脂肪、蛋白质和糖类等的分解。在一定温度下大分子有机物分子键断裂会使挥发分大量析出,同时伴随有机物分解并释放出气体,如 $CH_4$、$CO_2$。这与熊思江[22]研究的污泥热解结果相似。

由图 8-9 可知,样品 2 洁霉素药渣灰调理污泥 TG 曲线有一个明显的失重段,温度范围为 $83.85\sim120$ ℃,峰值温度为 $102.39$ ℃,对应 DTG 曲线有一个阶段的失重峰,失重率为 $48.40\%$,在 $680$ ℃时,质量减少 $92.37\%$,热解终止温度为 $798.96$ ℃时,残留质量为 $6.15\%$。

由图 8-10 可知,样品 3 聚丙烯酰胺调理污泥,TG 曲线有一个明显的失重段,温度范围为 $80.79\sim120$ ℃,峰值温度为 $104.05$ ℃,对应 DTG 曲线有一个阶段的失重峰,失重率为 $39.18\%$,在 $510$ ℃时,质量减少 $94.74\%$,热解终止温度为 $599.22$ ℃时,残留质量为 $3.43\%$。

由图 8-11 可知,样品 4 洁霉素药渣灰联合聚丙烯酰胺调理污泥,TG 曲线有一个明显的失重段,温度范围为 $79.17\sim130$ ℃,峰值温度为 $99.49$ ℃,对应 DTG 曲线有一个阶段的失重峰,失重率为 33.08%,在 425 ℃时,质量减少 93.30%,热解终止温度为 499.21 ℃时,残留质量为 3.91%。

对比四种样品 TG-DTG 图可知,四种污泥样品热解失重过程原理与温度大致相同。但由于处理方式不同,每种污泥热解特性都会有特定的差异,主要表现为:50~130 ℃为水分脱除阶段,四种污泥都有一个明显的失重峰,失重峰温度从高到低排列依次是样品 1(104.67 ℃)、样品 3(104.05 ℃)、样品 2(102.39 ℃)和样品 4(99.49 ℃)。洁霉素药渣灰联合聚丙烯酰胺调理污泥的脱水起始温度和失重峰温度相比另外 3 种污泥明显前移,这可能是由于洁霉素药渣灰具有较强的吸水能力,吸附的表面结晶水更易热解挥发;而单独加入聚丙烯酰胺调理污泥时失重峰温度几乎没有改变,可能是因为只是使污泥絮凝程度提高,对自由水减少作用不大;洁霉素药渣灰联合聚丙烯酰胺失重峰温度最低,可能是因为污泥絮体结构变大、孔隙率增多以及可压缩性降低。城市污泥添加不同絮凝剂改善脱水性能的研究得到了相似结论[23]。

起始脱水温度由高到低排列依次是样品 1(85.16 ℃)、样品 2(83.85 ℃)、样品 3(80.79 ℃)和样品 4(79.17 ℃),这一结果与四种污泥可压缩性系数排列顺序一致。这是由于加入絮凝剂调理后的污泥能产生一个通道或孔隙的骨架结构,有利于污泥脱水速率的提高。

絮凝污泥深度脱水起始温度和失重峰明显前移现象,说明污泥中水分更容易被脱除,也表明了洁霉素药渣灰联合聚丙烯酰胺调理使污泥的脱水性能得到了改善,这个结果与污泥比阻测定数据吻合得很好。

# 8.4　结　　论

利用洁霉素药渣灰及聚丙烯酰胺调理城市污泥,对改善污泥脱水性能进行了研究,得出如下结论:

(1)城市污泥添加洁霉素药渣灰可以明显改善污泥的脱水性能,调理后污泥沉降性能大幅提高,污泥比阻下降明显。当加入洁霉素药渣灰量为 8 g/L 时,相比原污泥,SV 由 78% 下降到 51%;SRF 由 $4.58 \times 10^{12}$ m/kg 下降至 $3.23 \times 10^{12}$ m/kg,下降幅度大于 28%。

(2)单独使用聚丙烯酰胺(125 mg/L)改善污泥脱水性能时,比阻下降到 $2.25 \times 10^{12}$ m/kg,洁霉素药渣灰(8 g/L)与聚丙烯酰胺(125 mg/L)联用时比阻降至 $1.82 \times 10^{12}$ m/kg,与单独使用聚丙烯酰胺改善污泥脱水性能时污泥比阻降幅达 19%,因此,洁霉素药渣灰的使用可以减少聚丙烯酰胺使用量。

（3）原污泥可压缩性系数为 1.186，单独加入洁霉素药渣灰（8 g/L）和单独加入聚丙烯酰胺（125 mg/L）时可压缩性系数分别下降到 1.044 和 0.866。洁霉素药渣灰（8 g/L）联用聚丙烯酰胺（125 mg/L）时，污泥可压缩性系数降至 0.515，分别比洁霉素药渣灰调理污泥和聚丙烯酰胺调理污泥降低了 50.67％和 40.53％，所以，洁霉素药渣灰联合聚丙烯酰胺调理污泥，才能够有效降低污泥的可压缩性。

（4）污泥有机质含量和洁霉素药渣有机质含量分别为 68.79％和 88.88％，高于有机肥制备对有机质大于 45％的要求，表明城市污泥添加洁霉素药渣灰脱水处理后，满足有机肥制备原料对有机质的要求，为洁霉素药渣灰调理城市污泥的资源化利用奠定了基础。

（5）SEM 结果表明，加入洁霉素药渣灰和聚丙烯酰胺后，已脱稳的污泥颗粒形成具有孔隙和通道的骨架结构，污泥絮凝体变得更加密实，空隙显著增大，水分更易滤出，容易实现固液分离，从而使污泥的脱水性能改善。

（6）热重分析曲线表明，与原污泥相比，经洁霉素药渣灰调理的污泥或单独加入聚丙烯酰胺调理污泥的起始脱水温度和热重峰温度前移；而经洁霉素药渣灰联合聚丙烯酰胺调理污泥处理过的城市污泥，其起始脱水温度和失重峰前移更加明显。这表明洁霉素药渣灰联合聚丙烯酰胺调理污泥可以更好地改善污泥的脱水性能。

## 注释

［1］ Wang Wei，Luo Yuxing，Qiao Wei. Possible soulutions for sludgge watering in China［J］. Front Environment Science and Engineering China，2010，4（1）：102-107.

［2］ Ma W，Zhao Y Q，Kearney P，et al. A study of dual polymer conditioning of aluminunm-based drinking water treatment residual［J］. Journal of Environmental Science and Health Part A，2007，42：961-968.

［3］ 台明青，张磊，杨希，等.草木灰分散耦合生物发酵对剩余污泥深度脱水［J］.深圳大学学报理工版，2014，31（5）：344-350.

［4］ 陈柏校，张辰，王国华，等.污泥深度脱水工艺在杭州七格污水处理厂的应用［J］.中国给水排水，2011，27（8）：83-85.

［5］ 张光明，张新芳，张盼月.城市污泥资源化技术进展［M］.北京：化学工业出版社，2006.

［6］ 郑怀礼，李林涛，蒋绍阶，等.CPAM 调质浓缩污泥脱水的影响及其机理研究［J］.环境工程学报.2009，3（6）：1099-1102.

［7］ Ning X，Luo H，Liang X，et al. Effects of tannery sludge incineration slag pretreatment on sludge dewaterability［J］. Chemcal Engineering Journal，2013，221(0)：1-7.

［8］ 刑奕，洪晨，赵凡. 脱硫灰调理对污泥脱水性能的影响［J］. 化工学报，2013，64(5)：1801-1818.

［9］ 朱培，张建斌，陈代杰，等. 抗生素菌渣处理的研究现状和建议［J］. 中国抗生素杂志，2013，38(9)：647-651.

［10］ 文威，孙学明，孙淑娟，等. 海河底泥氮磷营养物静态释放模拟和研究［J］. 农业环境科学学报，2008，27(1)：295-300.

［11］ 张薇. 四环素与胞外聚合物的相互作用及其对污泥耐药性的影响［D］. 上海：东华大学，2014.

［12］ 李再兴，田宝阔，左剑恶，等. 抗生素菌渣处理处置技术进展［J］. 环境工程，2014，30(2)：72-75.

［13］ Qi Y，Thapa K B，Hoadley A F A. Application of filtration aids for improving sludge dewatering properties：A review［J］. Chemical Engineering Journal，2011，171(2)：373-384.

［14］ Nelson R F，Brattlof B D. Sludge pressure filtration with fly ash addition［J］. Journal of Water Pollution Control Federation，1979，51(5)：1024-1031.

［15］ Chen C，Zhang P，Zeng G，et al. Sewage sludge conditioning with coal fly ash modified by sulfuric acid［J］. Chemical Engineering Journal，2010，158(3)：616-622.

［16］ Mikkelsen L H，Keiding K. Physico-chemical characteristics of full seal sewage with implications to dewatering［J］. Water Research，2002，36(10)：2451-2462.

［17］ 柳海波，张慧灵，范凉娟，等. 无机改良剂和表面活性剂联合作用对污泥脱水的影响［J］. 中国给水排水，2012，28(3)：10-14.

［18］ Zhao Y Q，Bache D H. Conditioning of alum sludge with polymer and gypsum［J］. Colloids and Surfaces A：Physicochemical and Engineering Aspects，2001，194(1-3)：213-220.

［19］ 中华人民共和国农业部. NY 525—2012 有机肥料［S］. 北京：中国农业出版社，2012.

［20］ Thapa K B，Qi Y，Hoadley A F A. Interaction of polyelectrolyte with digested sewage sludge and lignite in sludge dewatering［J］. Colloids and Surfaces

A：Physicochemical and Engineering Aspects，2009，334(1-3)：66-73.

　　［21］　Thapa K B，Qi Y，Clayton S A，et al. Lighnite aided dewatering of diggested sewage sludge［J］. Water Research，2009，43(3)：623-634.

　　［22］　熊思江.污泥热解制取富氢燃气实验及机理研究［D］.武汉：华中科技大学，2010.

　　［23］　张强，邢智炜，刘欢，等.不同深度脱水污泥的热解特性及动力学分析［J］.环境化学，2013，32，(5)：839-846.

# 9　超声芬顿协同聚丙烯酰胺改善污泥脱水性能

## 9.1　引　　言

随着社会的发展,能源需求量越来越多。煤炭、石油等传统能源逐年减少且不可再生,寻找一种绿色可再生资源迫在眉睫。因此,可替代能源的发展受到越来越多的关注。乙醇是一种绿色可再生资源,成为最佳替代能源之一。若在汽油中按照一定比例加入乙醇作为燃料,即可提高汽油的辛烷值,达到节约石油、净化空气等多种效果,因此,燃料乙醇的应用与发展是大势所趋。然而,燃料乙醇生产过程产生的酒精废水污染是发酵与食品工业最为严重的污染源之一[1],每生产 1 t 酒精,排放 13～15 t 酸性的高浓度废水,其化学需氧量 COD 高达 56000～70000 mg/L,该废水是生产酒精过程中最为主要的污染源。在废水处理过程中产生了大量污泥,厌氧污泥 pH 值为 7.4～7.6,含水率为 97.6%～99%,污泥比阻 SRF 为 $1.186 \times 10^{13}$ m/kg,污泥中含 N 量为 500～600 mg/L,含 P 量为 100～150 mg/L,$K_2O$ 含量为 1000～1400 mg/L,有机物含量为 500～600 mg/L,具有营养物含量高、脱水性能较差的特点。厌氧污泥中含有大量有机质,可用作有机肥的原料,以提高资源的利用率。由于污泥脱水性能较差,因此寻找高效的污泥处理方法,能在更大程度上提高污泥脱水率,降低污泥处理运行成本,具有重大的社会、环境和经济效益。

超声波是一种较清洁、高效的水处理技术,具有较强的空化能力和破坏作用,能够有效破碎污泥絮体和细胞壁。超声波空化作用产生的强烈剪切力,能破坏污泥菌胶团结构,使得污泥中的部分物质释放出来,结合水从泥态脱离,以此使污泥的脱水性能得到提高[2]。近年来,研究者进行大量的相关研究来探讨超声波预处理污泥的最佳条件、改善机理等[3-4]。通过超声波技术迅速改变污泥结构,以此来提高污泥的脱水性能,使污泥体积浓缩。城市污泥内部包含水约占总水量的25%,此部分水大都存在于污泥菌胶团内,而菌胶团的良好保水性使得污泥脱水困难。若能破坏污泥菌胶团结构,这部分水就容易被释放出来[5]。超声波预处理还可以破坏菌胶团的强度结构,使有机物大分子物质被释放到水中,这部分有机物被微生物利用,从而降低污泥的有机质含量。根据报道,0.12 W/mL 的低频处理可以提高污泥中可溶性氮(N)的比值,使其从 35% 提高到 43%[6],可溶性的化学需氧量 COD 与总 COD 的比值(SCOD/TCOD)发生大幅度的改变,从 36% 提高到89%。超声波不仅可以破坏污泥的内部结构,还能够对污泥内微生物的活性产生影响,使其对有机物的分解吸收能力[7]得到提高,更有利于提高污泥的脱水率。但是,目前为止还未进行超声波改善燃料酒精厌氧消化污泥脱水性能方面的研究。

芬顿(Fenton)试剂具有强氧化性,与反应物进行反应时具有易操作,反应快速,运行成本较低,不需要调节污泥酸碱度,设备投资较少以及对环境友好等优点,芬顿氧化技术单独使用或者耦合超声、聚丙烯酰胺等其他技术手段一起使用,均能够达到较好的改善污泥脱水性能的效果,因此具有良好的应用前景[8-9]。酸性环境下,芬顿试剂中的 $H_2O_2$ 催化分解产生羟基自由基[10-11],羟基自由基是芬顿试剂参与反应改善脱水性能的主要物质,能够有效地氧化污泥中的有机物,降解污泥胞外聚合物(EPS),最终使细胞内部水释放出来,以此达到改善厌氧消化污泥脱水性能的目的。在芬顿试剂对胞外聚合物(EPS)的破解以及氧化作用研究中,李娟等[12]对剩余污泥进行了调理实验并找到最佳反应条件 pH 值为 2.5,反应时间为90 min,$H_2O_2/Fe^{2+}$(质量比)= 8:1,温度为 65~70 ℃。周煜等[13]利用紫外光-芬顿的氧化性对城市剩余污泥进行了研究,结果表明,紫外光-芬顿氧化对污泥胞外聚合物 EPS 的破解作用以及减小污泥体积的效果要比单独使用一种方法处理污泥明显得多。芬顿试剂在改善城市污泥脱水性能方面有显著的效果,但是目前并没有芬顿对酒精厌氧污泥影响的研究,因此研究芬顿试剂改善酒精厌氧消化污泥脱水性能方面的作用与机理具有很重要的意义。

聚丙烯酰胺是一种广泛应用的有机水溶性高分子聚合物。通过对聚丙烯酰胺引入不同的官能团,可以得到不同电荷密度和分子量的聚丙烯酰胺产品,在化工生产中聚丙烯酰胺常作为添加剂,其作用机理为:絮凝作用,吸附架桥,表面吸附,增强作用。在水处理方面,聚丙烯酰胺通常用于原水、污水和工业用水等方面的处理。近年来,胡东东[14]研究了聚丙烯酰胺的浓度对絮凝作用的影响,认为絮凝剂聚丙烯酰胺在投加浓度不同而量相同的情况下污泥比阻值是各不相同的,但都是在一定投加量范围内污泥比阻值先随投加量的增加而减小,然而继续增加投加量,污泥比阻值反而会逐渐增大。林春绵等认为带负电的污泥颗粒与阳离子聚丙烯酰胺的中和作用,使得污泥絮体积增大,污泥颗粒凝聚成为团状,从而使其脱水性能得到提高。上述资料显示,至今还未涉及聚丙烯酰胺对燃料乙醇厌氧消化污泥脱水性能的研究。

超声芬顿协同聚丙烯酰胺可改善污泥脱水性能。由于单独使用一种厌氧污泥处理方法的脱水效果不够理想,同时经济效益不高,具有一定的局限性。因此近年来掀起了多种因素联合调理污泥的高潮。联合调理比单独使用一种方法处理污泥效果更好,而且能够节约药品用量,从而降低运行成本。刘鹏等[15]认为污泥经过芬顿试剂氧化后,加入骨架构件可以有效地提高污泥的脱水性能和过滤性。胡东东[14]在研究聚丙烯酰胺联合超声波调理城市污泥时,认为应按照先超声波处理再投加化学絮凝剂的顺序,且联合调理的最佳条件为:先将污泥超声波调理 20 s,然后添加投加量为 100 mg/L、浓度为 0.15% 的聚丙烯酰胺絮凝剂。宫常修等[16]提出将芬顿氧化技术与超声波技术联合起来调理污泥,并将其结果与单独使用超声波处理进行了比较。结果表明,联合调理过的污泥粒径减小及比表面积的变大幅度有了明显增加,表明超声波耦合芬顿能够显著提高对污泥的破解能力。其效果优于单独使用芬顿试剂氧化调理。

以上结果显示,至今尚未出现超声芬顿协同聚丙烯酰胺改善酒精厌氧消化污泥脱水性能的研究,因此本章将对超声芬顿协同聚丙烯酰胺改善消化污泥脱水性能进行研究,将几种污泥脱水方法结合起来,寻求最优的调理方案,最大限度提高酒精厌氧消化污泥脱水性能,促进资源的优化配置,同时节约成本。这对于保护环境,改善目前资源短缺的现状具有重大的现实意义。

# 9.2　实验材料与方法

## 9.2.1　实验材料

实验所用材料为取自南阳××集团的酒精厌氧消化污泥,污泥静置稳定后去除上清液,污泥含水率为 90.3%。将 $FeSO_4$ 与 $H_2O_2$ 按 1:20 的比例配制成芬顿试剂,置于烧杯中备用。污泥的基本性质见表 9-1。

表 9-1　　　　　　　　　　　　实验污泥基本性质

| 参数 | 数值 |
| --- | --- |
| SRF/(m/kg) | $1.186 \times 10^{13}$ |
| pH 值 | 7.2 |
| 含水率/% | 90.3 |

续表

| 参数 | 数值 |
|---|---|
| 黏度/(mPa·s) | 333 |
| 离心沉降率/% | 70 |
| CST/s | 967.3 |
| 离心后上清液浊度/NTU | 475 |

污泥样品现场取样与实验污泥如图 9-1 所示。

图 9-1　污泥样品现场取样与实验污泥

## 9.2.2　实验部分仪器

实验主要仪器见表 9-2。

表 9-2　　　　　　　　　　　　　实验主要仪器

| 编号 | 实验项目 | 仪器名称 |
|---|---|---|
| 1 | 测定污泥浊度(NTU) | 便携式浊度测定仪 |
| 2 | 污泥电镜扫描实验 | Quanta 200 型扫描电镜(SEM) |
| 3 | 污泥热重分析实验 | 热重分析仪 |
| 4 | 测定污泥离心沉降率(%) | 80-2 电动离心机 |
| 5 | 测定污泥含水率(%) | 卤素水分测定仪 |
| 6 | 超声波处理污泥 | DL-180J 智能超声波清洗器 |

| 编号 | 实验项目 | 仪器名称 |
|---|---|---|
| 7 | 测定污泥 pH 值 | pHS-3C 实验室 pH 值计 |
| 8 | 测定污泥比阻(m/kg) | 比阻(SRF)实验装置 |
| 9 | 测定污泥黏度(Pa·s) | SNB-1 旋转黏度计 |
| 10 | 测定污泥毛细吸水时间(s) | TYPE304B CST 测定仪 |

## 9.2.3　实验过程

单因素调理实验最佳范围值确定:分别改变超声波的作用时间、芬顿试剂投加量、聚丙烯酰胺投加量,观察污泥脱水性能的变化。根据实验结果确定最佳范围值,以此来考察单一因素在改善酒精厌氧消化污泥脱水性能方面的作用。

多因素耦合最佳实验条件确定:利用单因素调理实验确定的最佳范围,通过Design-Expert 8.0 软件,参考 Box-Behnken 实验[17]设计原理,对单因素最佳范围值进行编码,采用三因素两水平的响应曲面设计方法,得出 17 组多因素实验内容。具体真实值和对应编码变量的范围和水平见表 9-3。

表 9-3　　　　　　　　　　**真实值和对应编码变量的范围和水平**

| 因素 | 代码 | | 编码水平 | | |
|---|---|---|---|---|---|
| | 真实值 | 编码值 | −1 | 0 | 1 |
| 超声波时间/s | $\varepsilon_1$ | $X_1$ | 10 | 15 | 20 |
| 芬顿试剂投加量/(mg/g) | $\varepsilon_2$ | $X_2$ | 2 | 2.5 | 3 |
| 聚丙烯酰胺/(g/L) | $\varepsilon_3$ | $X_3$ | 0.1 | 0.15 | 0.2 |

注:$X_1=(\varepsilon_1-15)/5$,$X_2=(\varepsilon_2-2.5)/0.5$,$X_3=(\varepsilon_3-0.15)/0.05$。

该模型通过最小二乘法拟合的方程为:

$$Y = \beta_0 + \sum_{i=1}^{3}\beta_i X_i + \sum_{i=1}^{3}\beta_{ii}X_i^2 + \sum \cdot \sum_{i<j=2}^{3}\beta_{ij}X_i X_j \qquad (9-1)$$

式中　$Y$——预测响应值,本研究响应值 $Y$(离心沉降率,%;离心上清液浊度,NTU);

$\beta_0$——常数项;

$\beta_i$——线性系数;

$\beta_{ii}$——二次项系数;

$\beta_{ij}$——交互项系数;

$X_i,X_j$——自变量代码值。

实验过程流程图如图 9-2 所示。

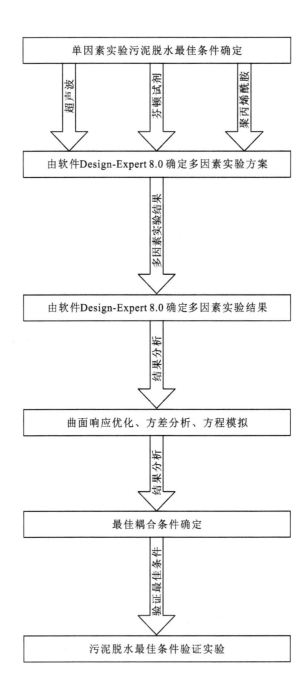

图 9-2　实验过程流程图

## 9.2.4 分析方法

### 9.2.4.1 污泥离心沉降分析

本实验中污泥沉降率(SV)表示离心后剩余污泥体积与原污泥体积的比值。本实验在 4000 r/min 的转速下,分别改变超声时间和药品的投加量,观察在离心 5 min、10 min、15 min、20 min 后污泥离心沉降情况。厌氧消化污泥离心沉降分析能够反映污泥的沉降性能,SV 值越大,沉降性能越差;SV 值越小,沉降性能越好。

### 9.2.4.2 污泥比阻测定

污泥比阻(SRF)能够反映污泥的过滤性能。SRF 越小,污泥的过滤性能越好。将定性滤纸放入布氏漏斗中,缓慢加入酒精厌氧污泥,在一定的真空压力下抽滤,酒精厌氧消化污泥的 $t/V$ 与 $V$ 呈正比关系[18],并有如下关系式:

$$\frac{t}{V} = \frac{\mu\,\omega\,\mathrm{SRF}}{2PA^2}V + \frac{\mu R_f}{PA} \tag{9-2}$$

比阻计算方法:

$$\mathrm{SRF} = \frac{2PA^2 b}{\mu\omega} \tag{9-3}$$

利用式(9-2)对实测数据进行线性回归分析,求得斜率 $b$,再将 $b$ 代入式(9-3)求得 SRF。

### 9.2.4.3 酒精厌氧消化污泥 CST 的测定

CST 是指由于毛细管的作用,污泥水分在滤纸上渗透穿过 1 cm 长度时所耗费的时间,以 s 为计量单位。取 10 mL 调理后的污泥倒入不锈钢漏斗内,开启开关,待仪器发出第二声提示音后,记录下显示屏上的数据,该数据即为毛细吸水时间(CST)。CST 测定仪如图 9-3 所示。

### 9.2.4.4 污泥扫描电镜

分别取将原酒精厌氧消化污泥和超声芬顿协同聚丙烯调理后的酒精厌氧消化污泥 3~5 g,自然干燥后进行扫描电镜(SEM)分析。

**图 9-3 CST 测定仪**

### 9.2.4.5　酒精厌氧消化污泥热重分析

分别取原酒精厌氧消化污泥、超声芬顿协同聚丙烯酰胺处理的酒精厌氧消化污泥 5 g,将称好的污泥倒入坩埚中,再将其放入热炉中的吊盘内,调整好温度,开启电源进行热重(TG-DTG)分析。

# 9.3　结果与讨论

## 9.3.1　单因素调理污泥

单因素实验结果:污泥调理能改变污泥的脱水性能。大量实验研究表明[19-21],在一定范围内,随着调理剂投加量的增多,污泥的脱水性能不断改善,当调理剂超过一定量时,脱水性能保持基本不变甚至开始变差。本实验通过控制超声波的作用时间及芬顿和聚丙烯酰胺在联合调理酒精厌氧消化污泥时的投加量,得到相似的结论。

### 9.3.1.1　超声波作用改善酒精厌氧污泥脱水性能

超声波作用对改善酒精厌氧消化污泥沉淀性能及对污泥浊度的影响分别如图 9-4 和图 9-5 所示。超声波处理产生的极端条件,如局部高温和高压水及高速射流等,可以破坏污泥菌胶团,使污泥中有机质和水分被释放,以此提高污泥的脱水率,改善污泥的脱水性能。

实验证明,53 kHz 超声波作用时间的最佳范围是 10~20 s。图 9-4 和图 9-5 表明,在 4000 r/min 的转速下,随着离心时间的增加,污泥的离心性能越来越好,但离心超过 15 min 后,离心沉降率开始变化缓慢。初始污泥沉降性能比较差,经 15 min 离心后污泥离心沉降率变为 47%,污泥液面仅仅下降了 28%,此时初始污泥离心后上清液浊度为 347 NTU;经过超声波处理过的污泥,沉降性能得到了明显的提高,在 5~20 s 内污泥的离心沉降率随着超声时间的增加先逐渐减小,然后开始增加,在超声 15 s 时,污泥的离心沉降率及离心后上清液浊度均达到最佳值,此时污泥离心沉降率达 39%,离心后上清液浊度为 322 NTU。当超声时间继续增加至 20 s,污泥离心沉降率反而上升至 42%,上清液浊度为 329 NTU。这是因为超声波时间过长超声的空化作用会破坏污泥细胞壁使得污泥内部颗粒难以聚集[22],离心沉降效果变差。胡东东[14]在研究城市污泥时得出:单独使用超声波调理污泥的最佳调理时间为 20 s,此时污泥的离心沉降率达到

40％。实验结果与酒精厌氧消化污泥的结果不同,主要是因为城市污泥有机物含量高,需要较长时间的超声波处理才能使其脱水性能改善到最佳。

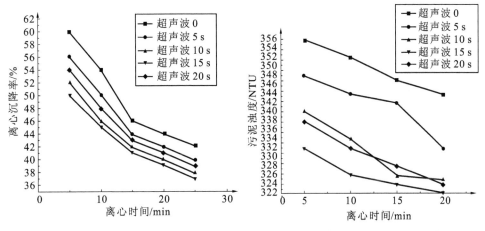

图 9-4　超声波作用对污泥沉淀性能的影响　　图 9-5　超声波作用对污泥浊度的影响

### 9.3.1.2　芬顿试剂对污泥脱水性能改善的影响

芬顿试剂对污泥沉淀和浊度的影响分别如图 9-6 和图 9-7 所示。可以明显看出,污泥在离心 15 min 后的离心沉降率和离心上清液浊度变化缓慢。离心沉降率(SV)及离心后上清液浊度随芬顿试剂投加量的增加呈先降低后升高的趋势,在离心 15 min、芬顿试剂投加量为 2.5 mg/g 时,污泥的 SV 及离心后上清液浊度均达到最佳值,污泥的离心沉降率为 41％,离心后上清液浊度为 316 NTU。继续增加芬顿试剂投加量,污泥的 SV 及离心后上清液浊度不再下降,在投加量达到 3.0 mg/g 时,含水率发生明显的回升现象,说明芬顿试剂在一定范围内对酒精厌氧消化污泥脱水性能改善具有促进作用,芬顿试剂投加量最佳作用点在 2.0～3.0 mg/g 之间。许多学者的研究显示[23-24],在酸性条件下,通过 $H_2O_2$ 在 $Fe^{2+}$ 的催化作用生成具有高反应活性的羟基自由基(—OH)能够使破坏污泥细胞壁,释放内部物质,同时促进有机物质的氧化分解。Tony M A 等[23]报道表明,芬顿试剂能够加快污泥滤速,降低污泥的毛细吸水时间(CST),从而使污泥脱水性能得到改善。Liu 等[24]在研究芬顿试剂和碳骨架结构联合调理城市污泥的过程中,得出可通过芬顿试剂降低污泥比阻(SRF),达到提高污泥脱水性能的目的。这说明芬顿试剂可以改善不同性质污泥的脱水性能。

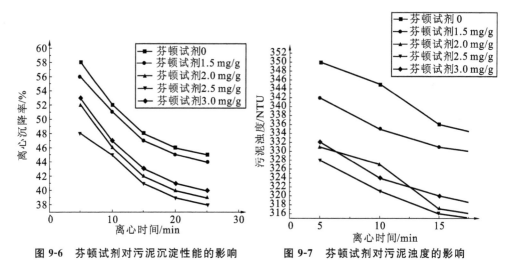

图 9-6　芬顿试剂对污泥沉淀性能的影响　　图 9-7　芬顿试剂对污泥浊度的影响

### 9.3.1.3　聚丙烯酰胺对酒精厌氧消化污泥脱水性能改善的影响

聚丙烯酰胺对酒精厌氧消化污泥沉淀和浊度的影响分别如图 9-8 和图 9-9 所示。聚丙烯酰胺的投加量范围是 0.05～0.20 g/L，由图 9-8 和图 9-9 可以明显看出酒精厌氧消化污泥的离心沉降率及离心后上清液浊度随聚丙烯酰胺投加量增加呈先降低后升高的趋势，并在聚丙烯酰胺投加量为 0.15 g/L 时，酒精厌氧消化污泥的离心沉降率及离心后上清液浊度均达到最佳值，在离心 15 min 时酒精厌氧消化污泥的离心沉降率为 39%，离心后上清液浊度为 317 NTU。继续增加聚丙烯酰胺投加量，酒精厌氧消化污泥的离心沉降率及上清液浊度不再下降，在投加量达到 0.20 g/L 时数值开始回升，说明聚丙烯酰胺只在一定范围内对酒精厌氧消化污泥脱水性能改善具有促进作用，并且得出聚丙烯酰胺的最佳投加量在 0.05～0.20 g/L 之间，胡东东[14]在研究聚丙烯酰胺对改善城市污泥脱水性能时得出结论：在 0.05%、0.10%、0.15% 三种浓度下聚丙烯酰胺的投加量分别为 80 mg/L、90 mg/L、100 mg/L 时污泥比阻达到最小值，分别为 0.67×10⁹ s²/g、0.32×10⁹ s²/g、0.5×10⁹ s²/g，此时污泥脱水性能最好。这说明不同聚丙烯酰胺浓度下，污泥调理的最佳投加量不同，目前暂没有聚丙烯酰胺对改善酒精厌氧消化污泥做出研究。本实验验证了聚丙烯酰胺对酒精厌氧消化污泥同样具有改善其脱水性能的性质。

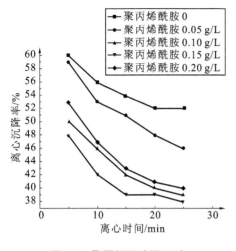

图 9-8　聚丙烯酰胺调理对
污泥沉淀性能的影响

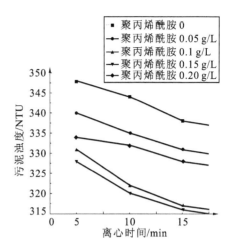

图 9-9　聚丙烯酰胺调理对
污泥浊度的影响

### 9.3.2　多因素模型方差分析

按照 Box-Behnken 实验方案对本次实验进行设计,实验结果见表 9-4,再利用 Design-Expert 8.0 软件可求得方程式(9-1)中的各个系数,根据系数可得出回归方程模型,对表 9-4 中的响应值进行回归分析,得回归方程的方差分析见表 9-5。

表 9-4　　　　　　　　　　　　响应面实验设计及结果

| 编号 | 编码值 | | | 离心沉降率/% | | 离心后上清液浊度/NTU | |
|---|---|---|---|---|---|---|---|
| | $X_1$ | $X_2$ | $X_3$ | 实际值 | 预测值 | 实际值 | 预测值 |
| 1 | 1 | 0 | −1 | 46 | 47 | 333 | 332 |
| 2 | 0 | 1 | 1 | 48 | 46 | 345 | 344 |
| 3 | −1 | 0 | 1 | 52 | 52 | 354 | 353 |
| 4 | 0 | 0 | 0 | 38 | 38 | 303 | 312 |
| 5 | 0 | −1 | 1 | 60 | 60 | 361 | 356 |
| 6 | 1 | 0 | 0 | 56 | 56 | 345 | 346 |
| 7 | −1 | −1 | 0 | 48 | 50 | 332 | 333 |
| 8 | 0 | 0 | 0 | 40 | 42 | 301 | 305 |
| 9 | −1 | 1 | 0 | 51 | 53 | 336 | 335 |
| 10 | 0 | 1 | −1 | 39 | 38 | 309 | 308 |

续表

| 编号 | 编码值 | | | 离心沉降率/% | | 离心后上清液浊度/NTU | |
|---|---|---|---|---|---|---|---|
| | $X_1$ | $X_2$ | $X_3$ | 实际值 | 预测值 | 实际值 | 预测值 |
| 11 | 0 | 0 | 0 | 54 | 54 | 326 | 324 |
| 12 | 1 | 1 | 1 | 41 | 41 | 302 | 300 |
| 13 | 1 | 1 | 0 | 57 | 57 | 332 | 330 |
| 14 | 0 | 0 | 0 | 40 | 40 | 310 | 310 |
| 15 | −1 | 0 | −1 | 44 | 45 | 324 | 321 |
| 16 | 0 | −1 | −1 | 58 | 53 | 354 | 350 |
| 17 | 1 | −1 | 0 | 52 | 49 | 341 | 338 |

### 9.3.2.1 离心沉淀率模型方差分析

离心沉淀率的多元回归方程模型为：

$$WC = 72.80 - 0.12X_1 - 1.5X_2 + 1.38X_3 - X_1X_2 + 3.25X_1X_3 -$$
$$2X_2X_3 + 2.72X_1^2 + 2.97X_2^2 + X_3^2 \tag{9-4}$$

由式(9-4)可知,该方程抛物面开口向上,可求得最值点,因而能够进行最优分析。分析结果见表 9-5,其中二次响应面回归模型的 $F$ 值为 3.90,表示该模型显著性明显。模型的校正决定系数对 $R_{adj}^2$ 值为 0.7850,S/N(信噪比)为 54.599,远远大于 5,说明该模型可以大致解释 95% 的响应值变化,模型回归程度用相关系数 $R^2$ 来表示,当 $R^2$ 接近 1 时,说明经验模型与实验数据吻合程度较高,反之 $R^2$ 越小,说明其相关性越差[25]。该模型相关系数 $R^2$ 为 0.9595,表示该模型与真实值有良好的拟合度。通过改变超声波、芬顿和聚丙烯酰胺联合调理酒精厌氧消化污泥的作用时间以及投加量对污泥离心沉降率进行预测,得到图 9-10 所示污泥离心沉降率实验值和预测值的对比结果,斜率接近 1,因此说明预测值可用来代替实验值进行分析。

表 9-5 **离心沉降率回归方程模型的方差分析**

| 来源 | 平方和 | 自由度 | 均方 | $F$ | $P(\text{Prob}>F)$ |
|---|---|---|---|---|---|
| | SS | DF | MS | | |
| 模型 | 700.54 | 9 | 77.84 | 3.90 | 0.0432 |
| $X_1$ | 32.00 | 1 | 32.00 | 1.60 | 0.2459 |
| $X_2$ | 8 | 1 | 8 | 0.4 | 0.5468 |

| 来源 | 平方和 | 自由度 | 均方 | F | P(Prob>F) |
|---|---|---|---|---|---|
| | SS | DF | MS | | |
| $X_3$ | 24.50 | 1 | 24.50 | 1.23 | 0.3045 |
| $X_1X_2$ | 1.00 | 1 | 1.005 | 0.050 | 0.8293 |
| $X_1X_3$ | 1.00 | 1 | 1.00 | 0.050 | 0.8293 |
| $X_2X_3$ | 16.00 | 1 | 16.00 | 0.80 | 0.4003 |
| $X_1^2$ | 50.12 | 1 | 50.12 | 2.51 | 0.1571 |
| $X_2^2$ | 337.27 | 1 | 337.27 | 16.90 | 0.0045 |
| $X_3^2$ | 175.17 | 1 | 175.17 | 8.78 | 0.0210 |
| 残差 | 139.70 | 7 | 19.96 | | |
| 拟合不足 | 134.50 | 3 | 44.83 | 34.49 | 0.0026 |
| 误差 | 5.20 | 4 | 1.30 | | |
| 总误差 | 840.24 | 16 | | | |

注:$R^2=0.9321$;$R_{adj}^2=0.7850$;S/N(信噪比)$=54.599$。

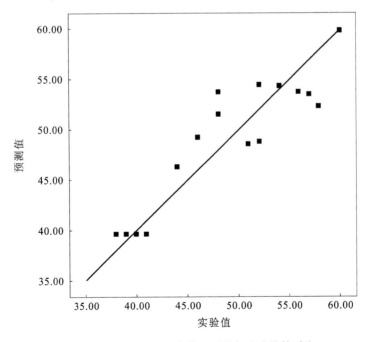

图 9-10　污泥离心沉降率的预测值与实验值的对比

### 9.3.2.2　离心上清液浊度模型方差分析

离心上清液浊度的多元二次回归方程模为：

$$E = 305 + 0.63X_1 - 6.12X_2 + 8.5X_3 - 3.25X_1X_2 - 4.5X_1X_3 + 3X_2X_3 +$$
$$11.37X_1^2 + 18.87X_2^2 + 22.63X_3^2 \tag{9-5}$$

在式(9-5)中，通过对方程进行分析，可知此方程存在最小值，因而能够对其进行最优分析，模型的方差分析及显著性检验结果如表 9-6 所示，其中二次响应面回归模型的 $F$ 值为 2.91，说明模型具有高度的显著性。模型的校正决定系数对 $R_{adj}^2$ 为 0.9529，S/N（信噪比）为 32.4172，远大于 5，说明 95% 以上的响应值变化可以通过该模型来预测，只有总变异的 5% 不能用该模型解释；一般用相关系数 $R^2$ 来表示模型回归程度，当 $R^2$ 值接近 1 时，说明经验模型与实验数据吻合程度较高。该模型相关系数 $R^2$ 为 0.9497，表明该模型拟合度良好。通过改变超声波、芬顿试剂和聚丙烯酰胺联合调理酒精厌氧消化污泥的投加量以及作用时间，以离心上清液浊度为指标进行预测，其实验值和预测值的对比图如图 9-11 所示，斜率接近 1，因此可以用该模型的预测值来进行分析。

表 9-6　　　　　　　　　**离心上清液浊度回归方程模型的方差分析**

| 来源 | 平方和 | 自由度 | 均方 | $F$ | $P(\text{Prob} > F)$ |
|------|--------|--------|------|-----|----------------------|
|      | SS | DF | MS | | |
| 模型 | 5688.51 | 9 | 632.06 | 14.99 | 0.0009 |
| $X_1$ | 3.13 | 1 | 3.13 | 0.074 | 0.7933 |
| $X_2$ | 300.12 | 1 | 300.12 | 7.12 | 0.0321 |
| $X_3$ | 578.00 | 1 | 578.00 | 3.70 | 0.0076 |
| $X_1X_2$ | 42.25 | 1 | 42.25 | 1.0 | 0.3502 |
| $X_1X_3$ | 81.00 | 1 | 81.00 | 1.92 | 0.2084 |
| $X_2X_3$ | 36.00 | 1 | 36.00 | 0.85 | 0.3863 |
| $X_1^2$ | 544.80 | 1 | 544.80 | 12.92 | 0.0088 |
| $X_2^2$ | 1500.07 | 1 | 1500.07 | 35.56 | 0.0006 |
| $X_3^2$ | 2155.33 | 1 | 2155.33 | 51.10 | 0.0002 |

续表

| 来源 | 平方和 | 自由度 | 均方 | F | P(Prob>F) |
|------|--------|--------|------|---|-----------|
| | SS | DF | MS | | |
| 残差 | 295.25 | 7 | 42.18 | | |
| 拟合不足 | 225.25 | 3 | 75.08 | 4.29 | |
| 误差 | 70.00 | 4 | 17.50 | | |
| 总误差 | 5983.76 | 16 | | | |

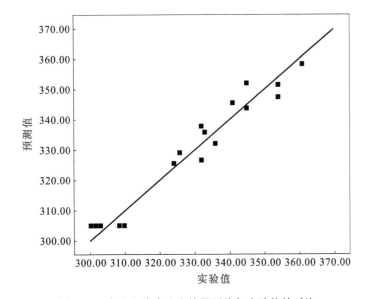

图 9-11　离心上清液浊度的预测值与实验值的对比

### 9.3.3　响应曲面图与参数优化

为了更直观地说明超声波、芬顿试剂和聚丙烯酰胺联合调理对厌氧消化污泥离心沉降率和离心上清液浊度的影响以及表征出响应曲面函数的性能,通过 Design-Expert 8.0 软件作出以两两自变量为坐标的 3D 图以及等高线图,如图 9-12 所示。

#### 9.3.3.1　离心沉降率减少率响应曲面图与参数优化

图 9-12(a)所示为聚丙烯酰胺 0.15 mg/L 时,在改变超声波作用时间以及芬

顿试剂投加量的情况下,污泥离心沉降率的变化曲线。由该曲线可知,芬顿试剂投加量在0~2.5 mg/g范围时,污泥的离心沉降率随投加量的增多呈逐渐减小的趋势,然而超过2.5 mg/g后,若继续投加芬顿试剂,污泥离心沉降率开始变大,污泥脱水性能呈现先逐渐变好又开始变差的趋势。在超声波作用时间为15 s时,污泥离心沉降率达到最小,继续增加超声时间,离心沉降率又开始增大。图9-12(b)所示为芬顿试剂投加量为2.5 mg/g时,在改变超声波作用时间以及聚丙烯酰胺投加量的情况下,污泥离心沉降率的变化曲线。由该曲线可知,在一定范围内,随聚丙烯酰胺投加量的增多,污泥离心沉降率(SV)逐渐下降,下降到最低值40%时,继续增加聚丙烯酰胺的投加量,污泥离心沉降率开始迅速上升;污泥离心沉降率随超声波作用时间的增加缓慢增加,离心沉降率呈先上升后下降的趋势。图9-12(c)所示为超声波作用时间为15 s时,在改变芬顿试剂以及聚丙烯酰胺投加量的情况下,污泥离心沉降率的变化曲线。该曲线表明,污泥离心沉降率减少率随芬顿试剂投加量的增加呈增大趋势,继续增加芬顿试剂投加量,污泥离心沉降率减少率反而呈下降趋势,投加聚丙烯酰胺也有此现象。因此超声波作用时间、芬顿试剂和聚丙烯酰胺均存在最佳投加量使污泥离心沉降率最小。

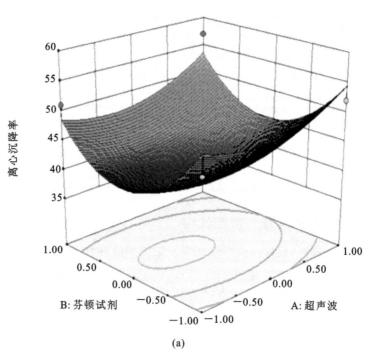

(a)

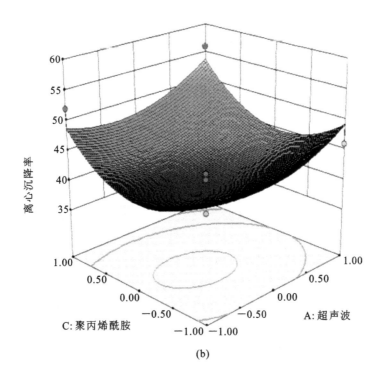

(b)

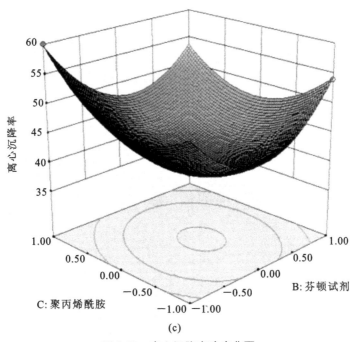

(c)

图 9-12 离心沉降率响应曲面

### 9.3.3.2　离心上清液浊度响应曲面图与参数优化

图 9-13 和图 9-14 所示为聚丙烯酰胺投加量为 0.15 mg/L 时,通过改变超声波作用时间以及芬顿试剂投加量,污泥离心上清液浊度的变化曲线。该曲线表示在一定的范围内,随试剂投加量的增多,污泥离心上清液浊度逐渐减小,其浊度的最小值为 303 NTU,然而超过此范围后,若继续投加芬顿试剂,污泥离心上清液浊度开始变大。污泥离心上清液浊度的总体变化趋势是先逐渐变小后开始增加。污泥离心上清液浊度在超声波作用时间为 15 s 时,其值达到最小,继续增加超声波作用时间,浊度开始增大。这是因为过量的芬顿试剂及过长时间的超声波处理会抑制污泥的脱水性能。图 9-15 和图 9-16 所示为芬顿试剂投加量为 2.5 mg/g 时,聚丙烯酰胺和超声波作用时间对污泥离心上清液浊度的影响。由曲线可知,随着聚丙烯酰胺投加量和超声波作用时间的增加,污泥离心上清液浊度总体呈先下降后上升的趋势,但是都有一定的作用范围,超出这一范围污泥离心上清液浊度会回升。图 9-17 和图 9-18 所示为超声波作用时间为 15 s 时,芬顿试剂和聚丙烯酰胺投加量对污泥离心上清液浊度的影响,可以明显看出,芬顿试剂及聚丙烯酰调理污泥都存在一个最佳范围,超过此范围,污泥离心上清液浊度会逐渐增大,污泥的脱水性能开始变差。因此,需要对超声波作用时间、芬顿试剂和聚丙烯酰胺投加量进行优化组合分析,以使污泥离心上清液浊度降至最低。

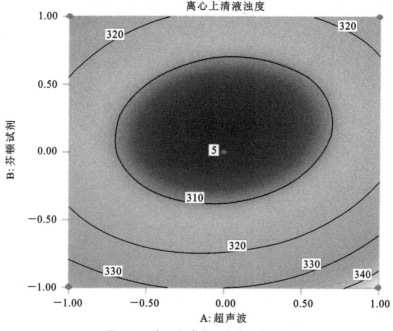

**图 9-13　离心上清液浊度响应曲面 1**

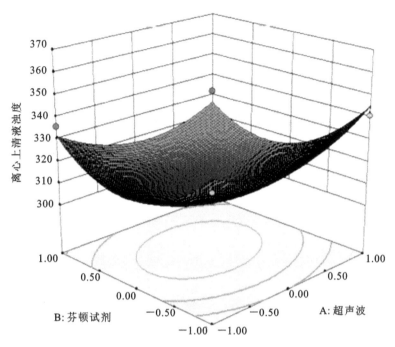

图 9-14 离心上清液浊度响应曲面 2

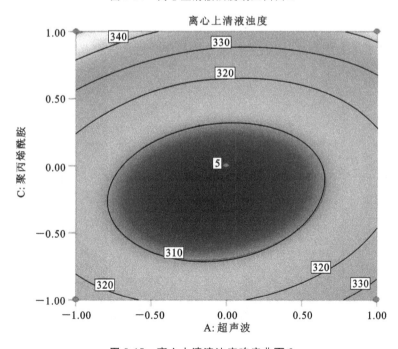

图 9-15 离心上清液浊度响应曲面 3

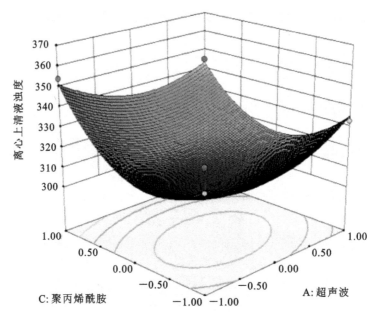

**图 9-16　离心上清液浊度响应曲面 4**

离心上清液浊度

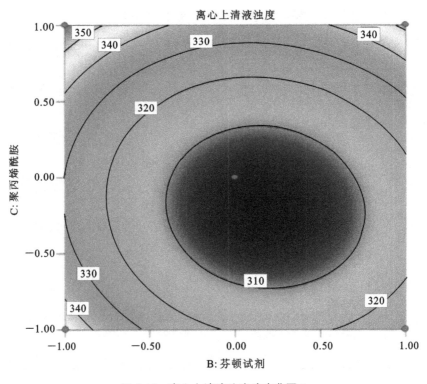

**图 9-17　离心上清液浊度响应曲面 5**

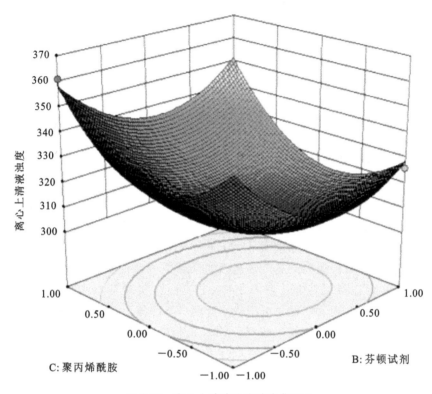

**图 9-18　离心上清液浊度响应曲面 6**

　　根据响应曲面模型确定调理污泥最佳条件,得出污泥离心上清液浊度的回归方程模型在编码变量 $X_1 = -0.156$, $X_2 = 0.094$, $X_3 = -0.168$ 时取得最小值为303.864。此时对应的超声波作用时间、芬顿试剂和聚丙烯酰胺的投加量分别为15 s、2.5 mg/g 和 0.15 g/L,将编码变量 $X_1$, $X_2$, $X_3$ 的值代入离心沉降率模型方程,可得离心沉降率为 42%。离心沉降率的多元二次回归方程模型在编码变量 $X_1 = -0.28$, $X_2 = 0.05$, $X_3 = -0.12$ 时取得最大值为 39%,对应的超声波作用时间、芬顿试剂和聚丙烯酰胺的投加量分别为 15 s、2.5 mg/g、0.15 g/L,将编码变量 $X_1$, $X_2$, $X_3$ 的值代入模型方程,可得污泥离心上清液浊度为 303 NTU,考虑污泥脱水性能以及经济条件等多方面因素,选取超声波作用时间、芬顿试剂以及聚丙烯酰胺投加量分别为15 s、2.5 mg/g、0.15 g/L 时最佳。

## 9.3.4　最优值验证

### 9.3.4.1　离心沉降率与上清液浊度结果验证

　　为考察响应曲面模型方程确定最优条件是否具有实践性,在超声波作用时间、芬顿试剂和聚丙烯酰胺投加量分别为 15 s、2.5 mg/g、0.15 g/L 的条件下进行验证实验,表明污泥离心沉降率为(39±0.32)%,污泥离心上清液浊度为(303±1) NTU 与模型预测值吻合良好,因此响应曲面法所得的最佳处理条件具有一定的可信度,对改善酒精厌氧消化污泥脱水性能及使污泥条件优化具有一定的指导意义。

### 9.3.4.2 污泥毛细吸水时间(CST)结果验证

通过实验测定并分析原污泥、单因素最佳值调理过的污泥以及三种因素联合调理后污泥的 CST,进一步验证污泥脱水的最佳条件。实验中将 30 mL 污泥置于 50 mL 烧杯中,将污泥放入超声波仪器中处理 15 s(样品 2),加入 2.5 mg/g 芬顿试剂(样品 3),再加入 0.15 g/L 的聚丙烯酰胺(样品 4),另外取样超声波处理 15 s,加入 2.5 mg/g 的芬顿试剂搅拌均匀,再加入 0.15 g/L 的聚丙烯酰胺,搅拌均匀(样品 5);分别将原污泥(样品 1)以及添加调理剂的污泥注入加液管中,打开电源,实验结束后记录其数据。结果如表 9-7 所示,实验测得原污泥的 CST 为 1019.2 s,超声波调理后的污泥毛细吸水时间(CST)值为 826.7 s,芬顿试剂调理后 CST 值为 768.2 s,聚丙烯酰胺调理后 CST 值减为为 729.3 s,超声波、芬顿试剂及聚丙烯酰胺耦合调理后的污泥 CST 值为 567.5 s。CST 值表明污泥渗透过滤性能,其值越低,说明污泥的渗透能力就越强,污泥脱水性能越好。

表 9-7             **不同方法处理污泥后 CST 值**

| 样品名称 | 样品 1 | 样品 2 | 样品 3 | 样品 4 | 样品 5 |
|---|---|---|---|---|---|
| CTS/s | 1019.2 | 826.7 | 768.2 | 729.3 | 567.5 |

### 9.3.4.3 污泥比阻(SRF)结果验证

对初始污泥、单因素处理污泥及超声芬顿协同聚丙烯酰胺联合调理过的污泥分别进行污泥比阻的测定。量取 500 mL 厌氧消化污泥均匀倒入 5 个烧杯中,烧杯编号分别为 1、2、3、4、5。其中 1 号作为空白对照,2 号做超声波处理 15 s,3 号加入 2.5 mg/g 芬顿试剂,4 号加入 0.15 g/L 的聚丙烯酰胺,5 号做超声波处理 15 s,再加入 2.5 mg/g 的芬顿试剂搅拌均匀,然后加入 0.15 g/L 的聚丙烯酰胺,搅拌 5 min 后对其进行污泥比阻的测定,分别测得污泥比阻为 $1.186 \times 10^{13}$ m/kg、$9.2572 \times 10^{12}$ m/kg、$7.124 \times 10^{12}$ m/kg、$7.2347 \times 10^{12}$ m/kg、$3.267 \times 10^{12}$ m/kg,实验结果如图 9-19 所示。超声波处理,投加芬顿试剂和聚丙烯酰胺均对酒精厌氧消化污泥脱水性的改善起到促进作用,在三者耦合状态下促进效果最佳。

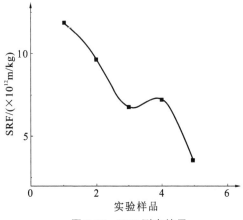

图 9-19　SRF 测定结果

## 9.3.5　污泥电镜(SEM)结果

将原污泥和经超声、芬顿协同聚丙烯酰胺调理后的厌氧消化污泥分别置于电镜(2500 倍)下观察分析其结构变化,如图 9-20、图 9-21 所示。

由图 9-20 可以观察到污泥絮体较大,且孔隙较小,这是由于污泥的压缩性较高致使污泥的孔隙闭合,污泥不宜聚集。图 9-21 显示,超声芬顿协同聚丙烯酰胺调理后厌氧消化污泥形成了多孔且不规则的表面,絮体变小且紧密,造成这一现象的主要原因是聚丙烯酰胺作为絮凝剂、芬顿试剂作为氧化剂,破解污泥胞外聚合物 EPS,超声波空化效应可以明显改变污泥的溶解状态以及颗粒状态,超声波的热效应也能加速污泥和液体的分离,从而提高污泥的脱水性能。

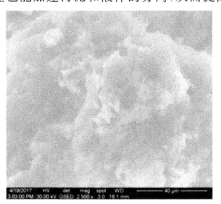

图 9-20　原污泥电镜图片

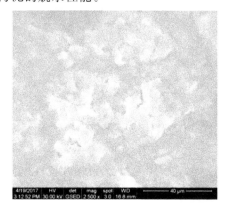

图 9-21　污泥调理后电镜图片

## 9.3.6　污泥热重结果分析

将原污泥以及经过 53 kHz 超声波(15 s)、芬顿试剂(2.5 mg/g)、聚丙烯酰胺

(0.15 g/L)联合调理过的污泥在通气速率为 20 mL/min,以高纯度氮气为热解气氛,升温速度为 10 K/min 的条件下进行热重分析,分析结果见图 9-22 和图 9-23。

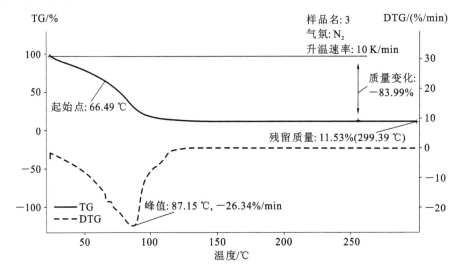

图 9-22　原厌氧消化污泥的热重分析曲线

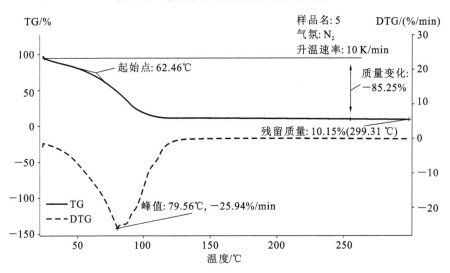

图 9-23　超声芬顿协同叶蜡石调理厌氧消化液热重曲线

由图 9-22 可知,从样品 1 中原酒精厌氧消化污泥 TG 曲线中可以看到一个明显的失重阶段,该阶段温度范围为 66.49~120 ℃,峰值为 87.15 ℃,同时 DTG 曲线也有阶段的失重峰,失重率为 26.34%,此阶段失重的原因是厌氧消化污泥的内在水分以及少量的吸附水蒸发;在温度达 250 ℃时,质量减少为 83.99%,热解终止温度为 299.39 ℃,此时残留质量为 11.53%;在 150~299.39 ℃阶段,热重损失的主要原因是脂肪、蛋白质和糖类等大分子有机物质的分解。一定温度下大分子有机物分子键断裂时会挥发并大量析出,同时会伴随有机物分解且释放出气体,如 $CH_4$、$CO_2$ 等。

由图 9-23 可知,样品 2 超声芬顿协同聚丙烯酰胺调理酒精厌氧消化污泥 TG 曲线在温度范围为 62.46～100 ℃时有一个明显的失重段,峰值温度为 79.56 ℃,对应 DTG 曲线有一个阶段的失重峰,失重率为 25.94%,在 250 ℃时,质量减少85.25%,热解终止温度为 299.31 ℃时,残留质量为 10.15%。比较两种样品的热重分析图可知,两种样品的热解失重过程原理与温度基本相似。由于两种样品的处理方法不同,因此每种酒精厌氧消化污泥的热解特性都会有一定的差异,其主要表现为:2 种厌氧消化污泥都有一个明显的失重峰,样品 1 的失重峰温度为87.15 ℃,样品 2 的失重峰温度为 79.56 ℃。经超声芬顿协同聚丙烯酰胺联合调理过污泥脱水的起始温度以及失重峰温度相比原厌氧消化污泥有明显前移,可能是此时厌氧消化污泥絮体结构增大、孔隙率增大和可压缩性变低等所致,以此使得污泥的脱水性能得到改善,这个结果和毛细吸水时间(CST)测定的数据能够良好吻合。

# 9.4 结　　论

本试验通过三种试剂单独调理污泥并借助于 Origin 软件得到最佳调理范围。继而由 Design-Expert 8.0 软件对实验数据进行处理,经曲面响应优化及方差分析,得到如下结论。

(1)超声波、芬顿试剂和聚丙烯酰胺耦合调理污泥能促进酒精厌氧消化污泥的脱水性能的改善,且调理污泥的最佳作用时间及药剂量范围分别为 5～25 s、2.0～3.0 mg/g、0.1～0.2 g/L。

(2)根据二次响应曲面法对离心沉降率及污泥离心上清液浊度建立预测模型,该模型的相关系数 $R^2$ 分别为 0.9595 和 0.9497,拟合程度高,可用来对超声波作用时间,芬顿试剂和聚丙烯酰胺不同投加量下的离心沉降率及污泥离心上清液浊度进行预测。

(3)在实验中,确定 53 kHz 超声波作用时间、芬顿试剂和聚丙烯酰胺的最佳作用时间和投加量分别为 15 s、2.5 mg/g 和 0.15 g/L,此时污泥离心沉降效果最好,离心沉降率为 38%,污泥离心上清液浊度为 303 NTU,污泥脱水效果良好。在最佳条件下对污泥进行调理,污泥离心上清液浊度为(303±0.32) NTU,离心沉降率为(38±0.45)%,基本与模型预测值吻合。

（4）由电镜扫描结果可知，经 53 kHz 超声波（15 s）、芬顿试剂（2.5 mg/g）以及聚丙烯酰胺（0.15 g/L）调理后的污泥后，已脱稳的污泥颗粒会形成有孔隙以及通道的骨架结构，使得污泥絮凝体密实程度明显提高，空隙变大，以致水分更容易析出，实现固体与液体的分离，从而能够提高污泥的脱水性能。

（5）热重分析曲线表明，与初始污泥相比较而言，经过 53 kHz 超声波（15 s）、芬顿试剂（2.5 mg/g）以及聚丙烯酰胺（0.15 g/L）联合调理过的污泥，起始脱水温度及失重峰明显前移。这表明超声芬顿协同聚丙烯酰胺联合调理可以更好地改善厌氧消化污泥的脱水性能。

## 注释

［1］ 王凯军，秦人伟．发酵工业废水处理［M］．北京：化学工业出版社，2001．

［2］ Wang F，Ji M，Lu S. Influence of ultrasonic disintegra-tion on the dewaterability of wasteactivated sludge［J］. Environmental Progress，2006，25（3）：257-260.

［3］ 白晓慧．超声波技术与污水污泥及难降解废水处理［J］．工业水处理，2002，20（12）：8-14.

［4］ Neis U. Ultrasound in water，wastewater and sludge treatment［J］. Water Research，2001，32（4）：36-39

［5］ Bruus J H，Nielsen P，Kieding K. On the stability of activated sludge flocs with implications to dewatering［J］. Water Research，1992，26（13）：1597-1602.

［6］ Chiu Y，Chang C，Lin J，et al. Alkaline and ultra-sonic pretreatment of sludge before anaerobic digestion［J］. Water Science and Technology，1997，36（11）：155-162.

［7］ Schlafer O，Sievers M，Klotzbucher H，et al. Improvement of biological activity by low energy ultrasound assisted bioreactors［J］. Ultrasound，2000，38（11）：711-716.

［8］ Dewil R，Baeyens J，Neyens E. Fenton peroxidation improvesthe drying performance of waste activated sludge［J］. Hazard Mater，2005，177（2-3）：161-170.

[9]　Beauchesne I, Cheikh R B, Mercier G, et al. Chemical treatment of sludge:indepth study on toxic metal removal efficiency, dewatering ability and fertilizing property[J]. Water Research,2007,41(9):2028-3038.

[10]　Kitis M, Adams C D, Daigger G T. The effects of Fenton'sreagent pretreatment on the biodegradability of non-ionicsurfactants[J]. Water Research, 1999,33(11):2561-2568.

[11]　Pham T H, Brar S K, Tyagi R D, et al. Influence of ultrasonic-cation and Fenton oxidation pretreatment on eological characteristics of wastewater sludge[J]. Ultrason Sonochem,2010,17(1):38-45.

[12]　李娟,张盼月,曾光明,等. Fenton 氧化破解剩余污泥中的胞外聚合物[J].环境科学,2009,30(2):475-479.

[13]　周煜,张爱菊,张盼月,等.光-Fenton 氧化破解剩余污泥和改善污泥脱水性能[J].环境工程学报,2011,5(11):2600-2604.

[14]　胡东东.超声波联合 PAM 对污泥脱水性能的影响[J].环保科技, 2014,20(6):5-8.

[15]　刘鹏,刘欢,姚洪,等.芬顿试剂及骨架构建体对污泥脱水性能的影响[J].环境科学与技术,2013,36(10):146-151.

[16]　宫常修,蒋建国,杨世辉.超声波耦合 Fenton 氧化对污泥破解效果的研究——以粒径和溶解性物质为例[J].中国环境科学,2013,33(2):293-297.

[17]　Montgomery D C. Design and analysis of experiments[M]. New York: John Wiley,1991.

[18]　Ma W, Zhao Y Q, Kearney P. A study of dual polymer conditioning of aluminum based drinking water treatment residual[J]. Journal of Environmental Science and Health Part A Toxic/hazardous Substances and Environmental Engineering,2007,42(7):961-968.

[19]　鹿雯,张登峰,王盼盼,等.阳离子表面活性剂对污泥脱水性能影响研究[J].环境化学与技术,2008,31(6):35-39.

[20]　Deneux. Mustin S, Lartiges B S, Villemin G, et al. Ferric chloride and lime conditioning of activated sludges:an electron microscopic study on resin embedded samples[J]. Water Research,2001,35(12):3018-3024.

[21]　Yuan H P, Zhu N W, Song F Y. Dewaterability characteristics of sludge conditioned with surfactants pretreatment byelectrolysis[J]. Bioresource

Technology,2011,102(3):2308-2315.

[22] Monnier H,Wilhelm A M,Delmas H. The influence of ultrasound on micromixing in a semi-batch reactor[J]. Chemical Engineering Science,1999,54 (6):29-53.

[23] Tony M A,Zhao Y Q,Tayeb A M. Exploitation of Fenton and Fenton-like reagents asalternative conditioners for alum sludge conditioning[J]. Journal of Environmental Sciences,2009,21(1):101-105.

[24] Liu H,Yang J K,Shi Y F,et al. Conditioning of sewage sludge by Fenton's reagent combined with skeleton builders[J]. Chemosphere,2012,88(2):235-239.

[25] 廖素凤,陈剑雄,黄志伟,等. 响应曲面分析法优化葡萄籽原花青素提取工艺的研究[J]. 热带作物学报,2011,32(3):554-559.

# 10 基于 RSM 模型改善污泥脱水性能

## 10.1 引　言

生物乙醇替代化石燃料不但可以减少环境污染,而且属于可更新能源的使用[1-2],然而生物乙醇生产过程中产生的厌氧消化污泥营养物含量高,脱水性能差,必须改善脱水性能后方可作为有机肥原料使用。

超声波是一种清洁、高效的污泥脱水处理技术,具有较强的空化作用,能有效破碎污泥絮凝体和细胞壁[3-6],可破坏污泥菌胶团结构,释放结合水,从而改善其脱水性能。研究发现[7-8],在额定频率下,低声能密度(0.10～0.15 W/mL)和短时间(10～30 s)超声波处理能有效降低城市污泥比阻。

芬顿氧化技术试剂主要是依靠过氧化氢和亚铁离子反应产生强氧化羟基自由基(—OH),该自由基对污泥中有机物质有较强的氧化作用,可导致污泥絮体表面胞外聚合物的氧化和重组,并使结合水释放,从而改善污泥脱水性能[9-11]。

芬顿氧化与骨架构建材料在一起作用,对污泥有更好的脱水效果[9],芬顿氧化与电渗工艺一起使用,能达到较好的污泥脱水效果[12]。芬顿氧化在电磁场诱导下也有较好的脱水效果[13]。

叶蜡石是人造金刚石生产过程中产生的固废,主要成分包括 $SiO_2$、$CaO$、$Fe_2O_3$、$TiO_2$ 等,一般仅作筑路材料使用,是对资源的一种浪费。

资料显示,目前没有芬顿试剂及叶蜡石耦合超声波对污泥脱水性能的改善研究。因此,本章利用响应曲面优化法(RSM)进行 Box-Behnken 多因素实验,建立了离心沉降率和滤饼含水率二次多项预测模型,得到耦合处理的最佳处理参数[14-15],研究超声波、芬顿试剂耦合叶蜡石对生物乙醇厌氧消化污泥脱水性能的影响,探索一种高效、低成本、污泥脱水联合处理方法,对解决污泥脱水问题和废弃叶蜡石废物资源化利用提供基础数据。

# 10.2　实验材料与方法

## 10.2.1　污泥性质

实验污泥取自南阳××集团 UASB 反应器污泥,样品取回后静置 24 h,待其稳定后去掉上清液使用,所用废弃叶蜡石取自南阳××金刚石厂,并经过研磨筛选至 100 目,置入广口瓶中进行保存。

污泥性质见表 10-1。

表 10-1　　　　　　　　　　　　污泥性质

| 参数 | 数值 |
| --- | --- |
| 污泥比阻(SRF)/(m/kg) | $1.108 \times 10^{13}$ |
| 毛细吸水时间(CST)/s | $978.3 \pm 55$ |
| pH 值 | 7.4 |
| 含水率/% | $88.53 \pm 1.2$ |
| 黏度/(mPa·s) | $335 \pm 25$ |
| 总固体(TS)/(mg/L) | $5642 \pm 12$ |

## 10.2.2　实验过程

实验分为 3 个过程,即单因素实验、多因素耦合实验、验证实验。

单因素实验:通过控制超声波的作用时间及芬顿和废弃叶蜡石在联合调理酒精厌氧消化污泥时的投加量,考察单一因素对污泥脱水性能的影响,确定最佳范围值。

多因素耦合实验:根据单因素实验结果,通过 Design-Expert 8.0 软件确定多因素耦合实验内容,具体单因素真实值和对应编码变量的范围和水平见表 10-2。

表 10-2 真实值和对应编码变量的范围和水平

| 因素 | 代码 | | 编码水平 | | |
|---|---|---|---|---|---|
| | 真实值 | 编码值 | −1 | 0 | 1 |
| 超声波时间/s | $\varepsilon_1$ | $X_1$ | 20 | 30 | 40 |
| 芬顿试剂投加量/(mg/g) | $\varepsilon_2$ | $X_2$ | 1.5 | 2 | 2.5 |
| 废弃叶蜡石投加量/(g/mL) | $\varepsilon_3$ | $X_3$ | 0.2 | 0.3 | 0.4 |

芬顿试剂配制方法:将 $FeSO_4$ 配制成 5% 的浓度使用,使 $Fe^{2+}$:$H_2O_2$(摩尔比例)=1:3。

Box-Behnken 实验设计:根据 Box-Behnken 实验设计原理,在单因素实验的基础上,采用响应曲面设计方法(RSM)。设该模型的二次多项式方程为:

$$Y = \beta_0 + \sum_{i=1}^{3} \beta_i X_i + \sum_{i=1}^{3} \beta_{ii} X_i^2 + \sum \cdot \sum_{i<j=2}^{3} \beta_{ij} X_i X_j \qquad (10\text{-}1)$$

式中 $Y$——预测响应值,本研究响应值为 WC 即滤饼含水率(%)和离心沉降率(%);

$X_i$,$X_j$——自变量代码值;

$\beta_0$——常数项;

$\beta_i$——线性系数;

$\beta_{ii}$——二次项系数;

$\beta_{ij}$——交互项系数。

按照 Box-Behnken 设计要求,得出 17 组多因素耦合实验内容,根据实验结果,再利用 Design-Expert 8.0 软件,得出拟合方程、方差分析及曲面响应优化结果。

验证实验:将曲面响应优化得出的最佳耦合实验条件,通过实际操作测定其滤饼含水率、离心沉降率进行验证实验,确定最佳实验条件的准确性。

## 10.2.3 分析方法

### 10.2.3.1 污泥离心沉降率的测定

处理后的污泥样品混合均匀,装入 10 mL 离心管内,在不同的离心速度和离心时间下测定污泥离心沉降率,离心后污泥上清液体积与污泥总体积之比称为污泥离心沉降率。污泥离心沉降率越大,表明污泥脱水性能越好。

### 10.2.3.2 污泥滤饼含水率(WC)的测定

滤饼含水率的测定:取 50 mL 污泥倒入布氏漏斗中,在真空压力为 0.055 MPa

的负压下进行抽滤脱水,待 30 s 内不再有滤液从布氏漏斗中滤出时停止抽滤,取下滤纸并称量,然后在 105 ℃ 下干燥、称量,计算滤饼含水率。

### 10.2.3.3　污泥超声密度

处理污泥 50 mL 放在烧杯中,用 360 W 的超声在不同时间下进行处理,污泥含固率为 5600 mg/L,声能密度根据本章注释[16]中公式计算。

# 10.3　结果与讨论

## 10.3.1　单因素实验结果

根据单因素实验结果,得出超声波作用时间最佳值为 20~40 s;芬顿试剂投加量最佳值为 1.5~2.5 mg/g;废弃叶蜡石投加量最佳值为 0.2~0.4 g/mL。

## 10.3.2　多因素模型方差分析

在确定出单因素最佳使用范围的基础上,通过 Box-Behnken 实验方案进行实验可得到多因素耦合作用的结果,如表 10-3 所示。运用 Design-Expert 8.0 软件可以求得式(10-1)中的系数,得到响应值的二次回归方程模型,并对响应值进行分析。响应面实验设计及结果见表 10-3。

表 10-3　　　　　　　　　　响应面实验设计及结果

| 编号 | 编码值 | | | 污泥含水率/% | | 离心沉降率/% | |
|---|---|---|---|---|---|---|---|
| | $X_1$ | $X_2$ | $X_3$ | 实际值 | 预测值 | 实际值 | 预测值 |
| 1 | 0 | 1 | −1 | 81 | 82 | 63 | 64 |
| 2 | 1 | 0 | 1 | 85 | 85 | 67 | 63 |
| 3 | 0 | 0 | 0 | 74 | 72 | 53 | 56 |
| 4 | −1 | 0 | 1 | 76 | 73 | 54 | 55 |
| 5 | 0 | −1 | −1 | 75 | 77 | 54 | 54 |
| 6 | −1 | 0 | −1 | 78 | 75 | 60 | 62 |
| 7 | −1 | −1 | −1 | 83 | 82 | 64 | 65 |
| 8 | 1 | 0 | −1 | 74 | 76 | 52 | 55 |
| 9 | 0 | 0 | 0 | 75 | 74 | 54 | 51 |
| 10 | 1 | −1 | 0 | 82 | 81 | 63 | 62 |

| 编号 | 编码值 | | | 污泥含水率/% | | 离心沉降率/% | |
|---|---|---|---|---|---|---|---|
| | $X_1$ | $X_2$ | $X_3$ | 实际值 | 预测值 | 实际值 | 预测值 |
| 11 | 0 | 0 | 0 | 72 | 75 | 52 | 54 |
| 12 | 0 | 0 | 0 | 73 | 75 | 52 | 50 |
| 13 | 0 | −1 | 1 | 80 | 82 | 62 | 61 |
| 14 | 0 | 0 | 0 | 70 | 70 | 51 | 53 |
| 15 | 1 | 1 | 0 | 72 | 71 | 52 | 51 |
| 16 | 0 | 1 | 1 | 78 | 79 | 56 | 60 |
| 17 | −1 | 1 | 0 | 77 | 75 | 54 | 58 |

### 10.3.2.1　滤饼含水率模型方差分析

滤饼含水率的多元二次回归方程模型为：

$$WC = 72.80 - 0.12X_1 - 1.5X_2 + 1.38X_3 - X_1X_2 + 3.25X_1X_3 - 2X_2X_3 + 2.72X_1^2 + 2.97X_2^2 + X_3^2 \tag{10-2}$$

在式(10-2)中,由该方程的各项系数可知,方程的抛物面开口向上,具有极小值点,能够得到相应的最佳值点,可以进行最优分析。其次对该模型进行方差分析和真实性检测,方程的方差分析见表10-4。

表 10-4　　　　　　　　滤饼含水率回归方程模型的方差分析

| 来源 | 平方和 | 自由度 | 均方 | $F$ | $P(\text{Prob} > F)$ |
|---|---|---|---|---|---|
| | SS | DF | MS | | |
| 模型 | 207.01 | 9 | 23.00 | 1.87 | 0.2105 |
| $X_1$ | 0.13 | 1 | 0.13 | 0.010 | 0.9225 |
| $X_2$ | 18.00 | 1 | 18.00 | 1.46 | 0.2655 |
| $X_3$ | 15.13 | 1 | 15.13 | 1.23 | 0.3040 |
| $X_1X_2$ | 4.00 | 1 | 4.00 | 0.33 | 0.5862 |
| $X_1X_3$ | 42.25 | 1 | 42.25 | 3.44 | 0.1062 |
| $X_2X_3$ | 16.00 | 1 | 16.00 | 1.30 | 0.2915 |
| $X_1^2$ | 31.27 | 1 | 31.27 | 2.54 | 0.1548 |
| $X_2^2$ | 37.27 | 1 | 37.27 | 3.03 | 0.1252 |
| $X_3^2$ | 31.27 | 1 | 31.27 | 2.54 | 0.1548 |

续表

| 来源 | 平方和 | 自由度 | 均方 | $F$ | $P(\mathrm{Prob}>F)$ |
|------|------|------|------|-----|------|
|       | SS | DF | MS |  |  |
| 残差 | 86.05 | 7 | 12.29 |  |  |
| 拟合不足 | 71.25 | 3 | 23.75 | 6.42 | 0.0522 |
| 误差 | 14.80 | 4 | 3.70 |  |  |
| 总误差 | 293.06 | 16 |  |  |  |

由表 10-4 结果可知,滤饼含水率回归方程模型的 $F$ 值为 1.87,表明该模型对应的真实度较高,具有一定的代表性,有较高的准确度;模型的校正决定系数对 $R_{\mathrm{adj}}^2$ 为 0.9380,表明该模型可以解释约 94% 的响应值变化,只有总变异的 5% 左右不能用该模型解释,回归系数 $R_z$ 接近于 1 时,说明该模型的准确度接近于真实情况,该模型相关系数对为 0.9495,因而该模型拟合度良好,综上分析,说明该模型的准确度和真实性较高。因此,该模型可以对超声波、芬顿试剂和废弃叶蜡石联合调理污泥不同条件下的滤饼含水率进行预测。

### 10.3.2.2 离心沉降率减少率模型方差分析

离心沉降率的多元二次回归方程模型为:

$$E = 52.4 + 0.25X_1 - 2.25X_2 + 1.25X_3 - 0.25X_1X_2 + 5.25X_1X_3 -$$
$$3.75X_2X_3 + 2.67X_1^2 + 3.17X_2^2 + 3.18X_3^2 \qquad (10\text{-}3)$$

通过方程的方差分析及准确度检验,得到相应的结果见表 10-5,其中二次响应面回归模型的 $F$ 值为 2.91,表明模型的准确度和精准度较高,能够很好地显现出真实性。模型的校正决定系数对 $R_{\mathrm{adj}}^2$ 为 0.9529,表明该模型可以解释 95% 左右的响应值变化,该模型相关系数对为 0.9497,说明该模型与真实值接近,可以对超声波、芬顿试剂和废弃叶蜡石联合调理厌氧消化污泥不同作用时间和投加量条件下的离心沉降率进行预测。

表 10-5　　　　**离心沉降率回归方程模型的方差分析**

| 来源 | 平方和 | 自由度 | 均方 | $F$ | $P(\mathrm{Prob}>F)$ |
|------|------|------|------|-----|------|
|       | SS | DF | MS |  |  |
| 模型 | 348.68 | 9 | 38.74 | 2.91 | 0.0865 |
| $X_1$ | 0.50 | 1 | 0.50 | 0.038 | 0.8518 |
| $X_2$ | 40.50 | 1 | 40.50 | 3.04 | 0.1247 |
| $X_3$ | 12.50 | 1 | 12.50 | 0.94 | 0.3649 |
| $X_1X_2$ | 0.25 | 1 | 0.25 | 0.019 | 0.8949 |

续表

| 来源 | 平方和 | 自由度 | 均方 | $F$ | $P(\text{Prob}>F)$ |
|---|---|---|---|---|---|
| | SS | DF | MS | | |
| $X_1X_3$ | 110.25 | 1 | 110.25 | 8.28 | 0.0237 |
| $X_2X_3$ | 56.25 | 1 | 56.25 | 4.22 | 0.0789 |
| $X_1^2$ | 30.13 | 1 | 30.13 | 2.26 | 0.1762 |
| $X_2^2$ | 42.44 | 1 | 42.44 | 3.19 | 0.1174 |
| $X_3^2$ | 42.44 | 1 | 42.44 | 3.19 | 0.1174 |
| 残差 | 93.20 | 7 | 13.31 | | |
| 拟合不足 | 88.00 | 3 | 29.33 | 22.56 | 0.0057 |
| 误差 | 5.20 | 4 | 1.30 | | |
| 总误差 | 441.88 | 16 | | | |

### 10.3.3　响应曲面图与参数优化

为了更加直观地说明超声波、芬顿试剂和废弃叶蜡石联合调理对污泥滤饼含水率和离心沉降率的影响以及表征响应曲面函数的性能,运用 Design-Expert 8.0 软件作出了响应曲面图。

#### 10.3.3.1　污泥滤饼含水率响应曲面图与参数优化

运用 Design-Expert 8.0 软件作出的污泥滤饼含水率响应曲面图如图 10-1 所示。

图 10-1(a)所示为当废弃叶蜡石投加量为 0.3 g/mL 时,超声波作用时间和芬顿试剂投加量对污泥滤饼含水率的影响。由图可以看出,污泥滤饼含水率随芬顿试剂投加量的增加呈减小趋势,芬顿试剂的作用效果达到最佳时有一定的投加量范围。同理,污泥滤饼含水率随超声波作用时间的增加在一定范围内呈下降趋势,超过一定范围,污泥滤饼含水率反而会回升。图 10-1(b)所示为芬顿试剂投加量为 2 mg/g 时,废弃叶蜡石和超声波对污泥滤饼含水率的影响。由图可知,随着废弃叶蜡石投加量和超声波作用时间的增加,污泥滤饼含水率总体呈先下降后上升的趋势,有最佳作用值,超出这一范围污泥含水率会下降。图 10-1(c)所示为超声波作用时间为 30 s 时,芬顿试剂和废弃叶蜡石投加量对污泥滤饼含水率的影响,污泥滤饼含水率随芬顿试剂投加量的增加呈减小趋势,芬顿试剂的作用效果有一定的范围,需要对超声波作用时间、芬顿试剂和废弃叶蜡石投加量进行优化组合以使污泥滤饼含水率降至最低。

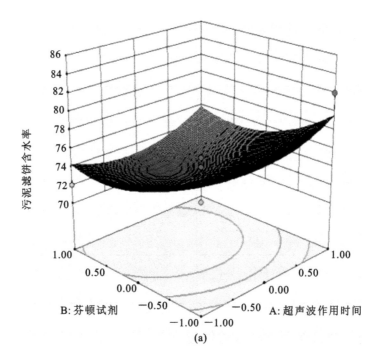

(a)

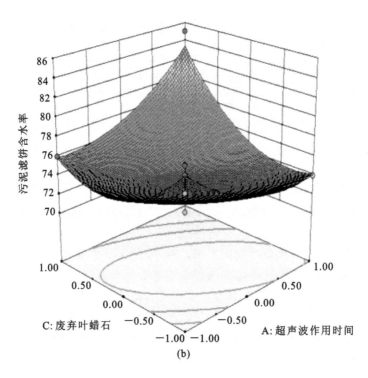

(b)

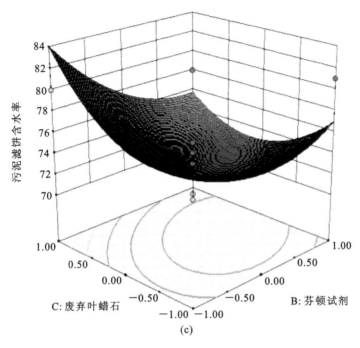

污泥滤饼含水率

C：废弃叶蜡石

B：芬顿试剂

(c)

**图 10-1　污泥滤饼含水率响应曲面图**

### 10.3.3.2　污泥滤饼离心沉降率响应曲面图与参数优化

运用 Design-Expert 8.0 软件作出的污泥滤饼离心沉降率响应曲面图如图 10-2 所示。

图 10-2(a)所示为废弃叶蜡石投加量为 0.3 g/mL 时，超声波作用时间和芬顿试剂对污泥离心沉降率的影响，由此可知，在一定范围内，污泥离心沉降率随芬顿试剂投加量增加呈增大趋势，继续增加芬顿试剂投加量，污泥离心沉降率反而开始下降；污泥离心沉降率随超声波作用时间增加而缓慢增加。图 10-2(b)所示为芬顿试剂投加量为 2 mg/g 时，超声波作用时间和废弃叶蜡石试剂投加量对污泥离心沉降率的影响，由此可知，在一定范围内，污泥离心沉降率随废弃叶蜡石试剂投加量的增加呈增大趋势，继续增加废弃叶蜡石的投加量，污泥离心沉降率反而下降，污泥离心沉降率随超声波作用时间的增加而缓慢增加，并呈先上升后下降的趋势。图 10-2(c)所示为超声波作用时间为 30 s 时，芬顿试剂和废弃叶蜡石投加量的变化对污泥离心沉降率的影响，可以明显看出，在一定范围内，污泥离心沉降率随芬顿试剂投加量的增加呈增大趋势，继续增加芬顿试剂投加量，污泥离心沉降率反而呈下降趋势。因此，超声波作用时间、芬顿试剂和废弃叶蜡石均存在最佳投加量使离心沉降率最大。

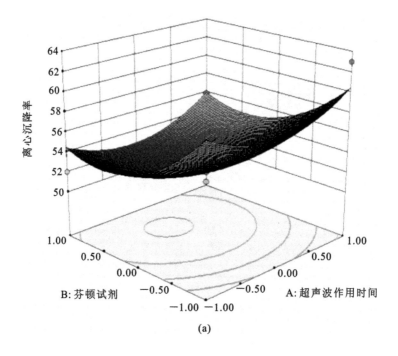

(a)

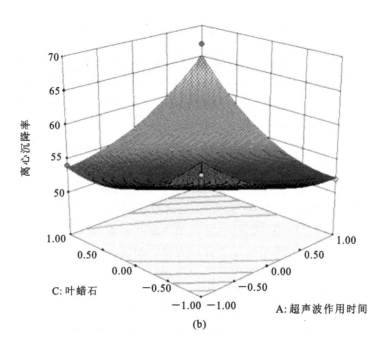

(b)

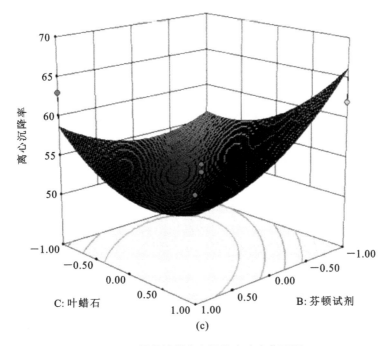

**图 10-2　污泥滤饼离心沉降率响应曲面图**

滤饼含水率的回归方程模型在变量 $X_1 = -0.52, X_2 = 0.68, X_3 = 0.40$ 时取得最小值为 72%，对应的超声波作用时间、芬顿试剂和废弃叶蜡石的投加量分别为 30 s、2 g/mL 和 0.3 mg/g，将编码变量 $X_1, X_2, X_3$ 的值代入离心沉降率模型方程，可得离心沉降率为 53%，离心沉降率的回归方程在变量 $X_1 = -0.10, X_2 = 0.44, X_3 = -0.10$ 时取得最大值为 52%，对应的超声波作用时间、芬顿试剂和废弃叶蜡石的投加量分别为 30 s、2 g/mL 和 0.3 mg/g。同时将变量 $X_1, X_2, X_3$ 的值代入滤饼含水率回归方程，得出对应条件下滤饼含水率为 68.27%。考虑处理条件的经济效益和作用效果，最终选取超声波作用时间、芬顿试剂和废弃叶蜡石的最佳投加量为 30 s、2 g/mL 和 0.3 g/mL。

马俊伟等[17]研究了芬顿试剂与 CPAM 联合对污泥脱水性能改善，结果表明投加 2 g/L $FeSO_4$、6 g/L $H_2O_2$，污泥的含水率降低幅度较大，该结果与本文研究结果相近。芬顿试剂与废弃叶蜡石和超声波耦合作用，可以更好地发挥芬顿试剂的氧化作用并改善污泥絮体结构和微观特征。

经计算，本实验污泥超声波作用时间为 30 s，相当于污泥接受超声比能为 12850 kJ/kg TS，该结果与徐慧敏等[14]研究低温热水解和超声联合破解污泥、改善脱水性能的最佳超声能 12000 kJ/kg TS 接近。

李亚林等[18]研究了芬顿试剂耦合对污泥脱水性能的影响，结果表明，生石灰和粉煤灰投加量均为 0.5g/g 时,复合调理污泥的脱水性能最佳,本研究中叶蜡石投加量为 0.3 g/mL,优于生石灰和粉煤灰作为脱水骨架构建中的投加量。

### 10.3.4　验证实验结果

为考察响应曲面模型方程最优条件的准确性和实用性,在超声波作用时间、芬顿试剂和废弃叶蜡石投加量分别为 30 s、2 mg/g 和 0.3 g/mL 的条件下进行验证实验,此时通过实验得到的结果为:滤饼含水率为(72.23±0.32)%,污泥离心沉降率为(52.32±0.45)%,与模型预测值基本吻合。邢奕等[19]基于 RSM 模型,研究了CaO、PAFC 耦合表面活性剂对污泥脱水性能的影响,最佳投加量的条件下,污泥的 CST 减少率取得最大值 87.38%,滤饼含水率 68.28%;最佳值验证结果分别为(87.38±0.32)%和(68.30±0.26)%。本研究结果与此结果相近。

# 10.4　结　　论

通过单因素实验可以得出单因素对厌氧污泥调理时的最佳范围,用 Design-Expert 8.0 软件得出 RSM 图和方差分析得出三因素耦合最佳值和验证实验结果,具体结论如下。

(1)超声波、芬顿试剂和废弃叶蜡石联合调理能够明显改善污泥的脱水性能,且调理污泥的最佳作用时间及药剂量范围分别为 20~40 s、1.5~2.5 mg/g 和0.2~0.4 g/mL。

(2)二次响应曲面法(RSM)建立了滤饼含水率和离心沉降率的预测模型,模型的相关系数分别为 0.9495 和 0.9497,拟合度良好,实验误差小,可分别对不同超声波作用时间、芬顿试剂和废弃叶蜡石投加量下的滤饼含水率和离心沉降率进行预测。

(3)多因素耦合实验得出:芬顿试剂和废弃叶蜡石的最佳作用时间和投加量分别为 30 s、2 mg/g 和 0.3 g/mL,此时污泥离心沉降减少率取得最大值为 53%,滤饼含水率为 74%,验证实验结果表明:滤饼含水率为(72.23±0.32)%,离心沉降率为(52.32±0.45)%,与模型预测值基本吻合。

### ☯ 注释

[1]　Wang F,Xiong X R,Liu C Z,et al. Biofuels in China:opportunities and

challenges[J]. In Vitro Cellular and Development Biology-plant, 2009, 45: 342-349.

[2] Wu M, Zhang Z, Chiu Y. Lifecycle water quantity and water quality implications of biofuels[J]. Current Sustainable and Renewable Energy Reports, 2014, 1:3-10.

[3] Rai C L, Struenkmann G, Mueller J, et al. Influence of ultrasonic disintegration on sludge growth reduction and its estimation by respirometry[J]. Environmental Science & Technology, 2004, 38(21):5779-578.

[4] 宫常修, 蒋建国, 杨世辉. 超声波耦合 Fenton 氧化对污泥破解效果的研究: 以粒径和溶解性物质为例[J]. 中国环境科学, 2013, 33(2):293-297.

[5] Wiin B M, Jin B, Lant P. Impacts of structural characteristics on activated sludge floc stability[J]. Water Research, 2003, 37(15):3632-3645.

[6] Chen C, Zhang P, Zeng G, et al. Sewage sludge conditioning with coal fly ash modified bysulfuric acid[J]. Chemical Engineering Journal, 2010, 158(3): 616-622.

[7] Wang F, Ji M, Lu S. Influence of ultrasonic disintegration on the dewaterability of waste activated sludge[J]. Environmental Progress, 2006, 25(3):257-260.

[8] 薛向东, 金奇庭, 朱文芳, 等. 超声对污泥流变性及絮凝脱水性的影响[J]. 环境科学学报, 2006, 26(6):897-902.

[9] Liu H, Yang J, Shi Y, et al. Conditioning of sewagesludge by Fenton's reagent combined with skeleton builders[J]. Chemosphere, 2012, 88(2):235-239.

[10] He D, Wang L, Jiang H, et al. A Fenton-like process for the enhanced activated sludge dewatering[J]. Chemical Engineering Journal, 2015, 272: 128-134.

[11] Dewil R, Baeyens J, Neyens E. Fenton peroxidation improvesthe drying performance of waste activated sludge[J]. Hazard Mater, 2005, 177(2-3): 161-170.

[12] Xu H, Shen K, Ding T, et al. Dewatering of drinking water treatment sludge using the Fenton-like process induced by electro-osmosis[J]. Chemical Engineering Journal, 2016, 293:207-215.

[13] Rodríguez-Chueca J, Mediano A, Ormad M P, et al. Ovelleiro, Disinfection of wastewater effluents with the Fenton-like process induced byelectromagnetic fields[J]. Water Research, 2014, 60:250-258.

[14]　徐慧敏,何国富,戴翎翎,等.低温热水解和超声联合破解污泥优化工艺的参数研究[J].中国环境科学,2016,36(4):1093-1098.

[15]　邢奕,王志强,洪晨,等.芬顿试剂与 DDBAC 联合调理污泥的工艺优化[J].中国环境科学,2015,35(4):1164-1172.

[16]　PriyadarshiniL R,Vaishnavi L,Murugan D,et al. Kinetic studies on anaerobic co-digestion of ultrasonic disintegrated feed and biomass and its effect substantiated by microcalorimetry[J]. International Journal of Environmental Science and Technology,2015,12(9):3029-3038.

[17]　马俊伟,刘杰伟,曹芮,等.Fenton 试剂与 CPAM 联合调理对污泥脱水效果的影响研究[J].环境科学,2013,34(9):3538-3543.

[18]　李亚林,刘蕾,李钢,等.基于 Fenton 高级氧化-骨架构建体污泥深度脱水研究[J].水处理技术,2016,42(5):69-81.

[19]　邢奕,王志强,洪晨,等.基于 RSM 模型对污泥联合调理的参数优化[J].中国环境科学,2014,34(11):2866-2873.

# 11  微波强化芬顿硫酸钙改善污泥脱水性能

## 11.1  引　　言

近年来,酒精在社会中的需求量逐渐增大,尤其是使用燃料乙醇引发了酒精需求量急剧突增。但酒精产业中的原料浪费和环境污染问题已逐渐成为限制酒精产业发展的重要因素。燃料乙醇生产工业是我国排放有机污染物浓度较高的行业之一,每生产 1 t 乙醇可以排放 13～16 t 高浓度废水,其中 $BOD_5$ 为 2 万～4 万吨,$COD_{cr}$ 为 5 万～7 万吨[1],燃料乙醇废水处理迫在眉睫。经厌氧生物处理燃料乙醇生产废水后排出的消化厌氧污泥的污染物浓度依然很高,COD 浓度为4500～6000 mg/L,SS 浓度高达 1500～2600 mg[2]。然而,燃料乙醇厌氧消化污泥,其中所含的营养元素含量较高,但脱水性能较差。酒精厌氧消化污泥的处置方式有肥水一体化,但需要其他工程配合,难以实现;另一处置方式是制成有机肥,实现资源有效利用,但需要脱水,因此对于改善消化厌氧污泥的脱水性能处理的研究非常必要。

微波预处理是新兴的污泥处理方法。研究人员认为微波处理是一种非常迅速的细胞水解方法[3]。余林锋[4]认为污泥被微波破解后,污泥水解速度加快。傅大放[5]等将污泥进行机械脱水,脱水后含水率为 70%～80%,用微波处理后含水率可降低到 60%,污泥脱水性能明显改善。污泥中氮、磷等含量都有所下降,但有机质的含量可以保持在 25% 以上,依然可以作为有机肥原料。资料显示,微波对城市污泥脱水性能有改善作用,但没发现有对消化厌氧污泥的研究。因此,本文提出微波对污泥脱水性能的改善研究。

实验中利用芬顿试剂调理污泥,将 WC(污泥滤饼含水率)和 CST(毛细吸水时间)作为评价污泥脱水性能的指标。洪晨等比较了 $H_2O_2/Fe^{2+}$ 和 $H_2O_2/Fe^{2+}$ 氧化处理前后污泥的脱水效果,发现 $H_2O_2/Fe^{2+}$ 处理后的污泥脱水性能更好,随着 $H_2O_2$ 和 $Fe^{2+}$ 质量百分数的增加,污泥 CST(毛细吸水时间)和 SRF(比阻)逐渐减小[6]。另有实验采用均匀设计优化复合条件,考察了芬顿样处理对污泥脱水的影响。结果表明,处理后的芬顿样反应,污泥饼和干固体质量的水分含量分别从 80% 和 12.9 g/L 下降到 66.1% 和 10.6 g/L[7]。资料显示,芬顿试剂对城市污泥的脱水性能有所改善,但没有消化厌氧污泥的研究。因此,本文提出芬顿对污泥脱水性能的改善研究。

污泥脱水工艺中,石灰可作为脱水剂,在污泥中投加石灰,产生的 $Ca^{2+}$ 能加速污泥中絮体的形成及沉降[8]。如 Y. Q. Zha 等[9] 用絮凝剂和硫酸钙共同对污泥进行调理,发现在脱水过程中 $Ca^{2+}$ 对絮体骨架有支撑效果,并形成了稳固的格子构架,有利于污泥的机械脱水[10]。另有研究表明,利用脱硫灰调理污泥,在提高污泥脱水性能的同时可以起到提高污泥干化速率、钝化重金属和杀灭菌的作用[11],而脱硫灰中的主要成分是硫酸钙。已有的研究资料显示,城市污泥脱水的改善效果,缺少对消化厌氧污泥脱水性能的研究。因此,本文提出硫酸钙对污泥脱水性能的改善研究。

芬顿试剂和石灰能有效改善污泥脱水性能。在芬顿试剂和石灰条件下,污泥的复杂过滤比阻(SRF)有效降低约 90%。通过控制单因素变量,可确定最佳组合方式[12]。研究表明,采用生石灰与微波共同作用时,单独投加石灰,投加量为 40 g/L 时,污泥比阻由原来的 $4.72×10^{13}$ m/kg 降至 $1.9×10^{12}$ m/kg,降低了约 96%;微波单独调理污泥,在功率为 800 W 的微波下辐射 100 s,可使 SRF 由初始的 $4.72×10^{13}$ m/kg 降至 $1.28×10^{13}$ m/kg,降低了约 72.9%;将投加过 4 g 生石灰的100 mL 污泥在功率 800 W 的微波下辐射 100 s,SRF 进一步降低至 $0.98×10^{11}$ m/kg,降低了约 99.8%,比单独投加生石灰提高了约 3.8%,污泥脱水性能改善效果明显。因此,与微波联合作用可以改善污泥脱水性能[13]。因投加石灰产生 $Ca^{2+}$,而 $Ca^{2+}$ 又是污泥脱水中起作用的离子,与硫酸钙在污泥脱水中的作用类似,所以在研究中可采用硫酸钙。

以上都是对城市污泥脱水有促进作用的研究,并没有微波强化芬顿硫酸钙改善燃料乙醇厌氧消化污泥脱水性能的改善研究,为此本章提出微波强化芬顿硫酸钙改善厌氧消化污泥脱水性能的改善研究,以提高单独调理作用效果,减少单独使用时药品的投加量,探索一种新的高效、低成本、无环境危害并利于燃料乙醇厌氧消化污泥后续处理的联合调理方法,以提高脱水性能。本研究对燃料乙醇厌氧消化污泥脱水现状、提高污泥资源化利用效率具有一定的实际意义和应用前景。

# 11.2　实验材料与方法

## 11.2.1　实验材料

实验所用的消化厌氧污泥取自南阳××集团,含水率为87.49%;实验所用的药品有芬顿试剂、硫酸钙;微波来自功率为0～800 W的多功能微波。

## 11.2.2　实验仪器

实验所用的仪器见表11-1。

表 11-1　　　　　　　　　　　**实验仪器表**

| 编号 | 实验项目 | 实验仪器 |
|---|---|---|
| 1 | 离心沉降率 | 离心机 |
| 2 | 含水率 | 卤素水分测定仪 |
| 3 | 离心上清液浊度 | 离心机、浊度仪 |
| 4 | CST 测定 | CST 测定仪 |
| 5 | 有机质含量 | 马弗炉、电子分析天平 |
| 6 | 污泥 SEM 图像分析 | Quanta 200 型扫描电镜(SEM) |
| 7 | 污泥热重图像分析 | 热重分析仪 |

## 11.2.3　实验方法

### 11.2.3.1　芬顿试剂的制备

芬顿试剂是由硫酸亚铁和过氧化氢配比而成的,将150 g硫酸亚铁晶体倒入500 mL烧杯中,加入蒸馏水,配制浓度为30%的硫酸亚铁溶液,最后在试剂瓶中保存;将其与30%过氧化氢溶液分开储存。使用时,进行配比混合。

### 11.2.3.2　消化厌氧污泥离心沉降率分析

消化厌氧污泥离心沉降是指使用离心机进行离心,使其分为液体和固体颗粒,或者分为液体或液体混合物。用分数表示即为离心沉淀消化厌氧污泥与所取原污泥体积比。离心沉降率能反映消化厌氧污泥的沉降性能,离心沉降率越小,沉降性能越好;反之,沉降性能越差。

### 11.2.3.3 消化厌氧污泥毛细吸水时间(CST)

CST能够反映消化厌氧污泥脱水性能,CST越小,消化厌氧污泥脱水性能越好;反之,消化厌氧污泥脱水性能越差。消化厌氧污泥CST测定实验装置见图11-1。

### 11.2.3.4 消化厌氧污泥含水率

取消化厌氧污泥3～5 g,放置在铝制托盘上,用卤素水分测定仪(图11-2)测定其含水率。

**图11-1 消化厌氧污泥CST测定实验装置**    **图11-2 卤素水分测定仪**

### 11.2.3.5 离心沉降消化厌氧污泥上清液浊度

消化厌氧污泥通过离心沉降,取上清液,使用浊度仪(图11-3)测定。浊度值越低,分离效果越好;反之越差。

**图11-3 浊度仪**

### 11.2.3.6 有机质含量

通过燃烧法测定消化厌氧污泥有机质含量。首先通过卤素水分测定仪测定原污泥的含水率,然后分别取两坩埚,使用电子天平称重,记录数据,随后分别向两坩埚中加入消化厌氧污泥,再进行称重,记录数据,将坩埚置入马弗炉中,设置温度为550 ℃,30 min后将其取出进行称重,最后记录数据并进行计算。

### 11.2.3.7 污泥扫描电镜分析

分别取原消化厌氧污泥、微波强化芬顿硫酸钙在最佳点下调理后的消化厌氧污泥 3 g,自然干燥后,将其放大 2500 倍,并进行电镜分析(SEM)。

### 11.2.3.8 消化厌氧污泥热重分析

分别取原消化厌氧污泥,微波联合芬顿硫酸钙调理后的消化厌氧污泥 3 g,在升温速率为 10 K/min 的条件下进行风干处理后,对污泥进行热重(TG-DTG)分析。

## 11.2.4 消化厌氧污泥实验过程

消化厌氧污泥首先通过单因素实验确定每个单因素调理的最佳范围分别为微波 64 kJ(640 W、100 s)~89.6 kJ(640 W、140 s),硫酸钙 5~15 g/L,芬顿试剂 30~50 mg/g(干污泥),然后进行多因素耦合实验,将单因素调理最佳范围输入 Design-Expert 8.0 软件,可得 17 组实验方案,通过 17 组实验方案进行实验,得到实验数据,将实验结果再次输入软件,可得到 3D 曲面优化图像,采用回归模型方差分析实际值与预测值。

### 11.2.4.1 单因素实验过程

(1)消化厌氧污泥离心沉降率。

将取回的消化厌氧污泥(含水率为 87.49%)分为若干份,每份为 100 mL;将其分别倒入 300 mL 烧杯中,首先使用原消化厌氧污泥,均匀搅拌 2 min 后,将消化厌氧污泥移至 10 mL 刻度量筒放入离心机,分别在 2000 r/min、4000 r/min 条件下离心,观测在 2 min、5 min、10 min、15 min、20 min 后的消化厌氧污泥的沉降体积变化,得到最佳的离心条件,然后取 3 份 100 mL 原消化厌氧污泥分别倒入 300 mL 烧杯中,第一份使用微波加热,在 800 W、640 W、480 W 条件下,分别加热 60 s、120 s、180 s、240 s;第二份中加入 0.5 g/L、1 g/L、2 g/L、2.5 g/L、5 g/L、10 g/L、15 g/L、20 g/L 硫酸钙;第三份加入 10 mg/g、20 mg/g、30 mg/g、40 mg/g、50 mg/g、60 mg/g 芬顿试剂(每克干污泥),离心沉降之后,分别观察污泥沉降体积,最后与原污泥进行比较,用 Origin 软件作图,得出结论。

(2)毛细吸水时间(CST)。

将原消化厌氧污泥和单因素调理的污泥均匀搅拌 2 min 后,分为 4 份,每份为 100 mL,分别进行测定,按要求取 5 mL 投入泥样容器,测定原污泥、单因素调理污泥的毛细吸水时间(CST),进行比较分析,得出结论。

(3)污泥含水率。

将污泥分为 4 份,每份为 100 mL。其中一份为原污泥,另外三份分别为加入硫酸钙、芬顿试剂,经微波调理的污泥,原污泥与三因素单独作用的污泥经过离心沉降之后,取下层污泥,使用卤素水分测定仪分别测定含水率,用 Origin 软件作图,得出结论。

(4)离心沉降污泥上清液浊度。

将污泥分为 4 份,每份为 100 mL。其中一份为原污泥,另外三份分别为加入硫酸钙、芬顿试剂,经微波调理过的消化厌氧污泥,原污泥与三因素单独作用的污泥经过离心沉降之后取上清液,使用浊度仪测定浊度。用 Origin 软件作图,得出结论。

### 11.2.4.2 多因素耦合实验过程

根据单因素实验结果,确定离心沉降率、含水率、离心上清液浊度的最佳范围为,微波 64.00～76.8 kJ,硫酸钙 5～15 g/L,芬顿试剂 30～50 mg/g。将每个单因素实验的最佳范围输入 Design-Expert 8.0 软件可以得到 17 组实验数据,根据 17 组实验数据进行实验,并得到实际值。根据 Box-Behnken 实验[14]设计原理,在单因素实验的基础上,采用三因素三水平的响应曲面设计方法。该模型利用最小二乘法拟合的二次多项方程为:

$$Y = \beta_0 + \sum_{i=1}^{3}\beta_i X_i + \sum_{i=1}^{3}\beta_{ii} X_1^2 + \sum \sum_{i<j=2}^{3}\beta_{ij} X_i X_j \tag{11-1}$$

式中 $Y$——预测响应值,本研究响应值为污泥含水率(%)、离心沉降率(%)和离心上清液浊度(NTU);

$X_i$,$X_j$——自变量代码值;

$\beta_0$——常数项;

$\beta_i$——线性系数;

$\beta_{ii}$——二次项系数;

$\beta_{ij}$——交互项系数。

按照实验设计的要求,需要通过 17 组实验得到上述方程的系数。

# 11.3 结果与讨论

## 11.3.1 对消化厌氧污泥的离心沉降率影响

### 11.3.1.1 转速对消化厌氧污泥离心沉降率的影响

转速对消化厌氧污泥离心沉降率影响曲线见图11-4。

图11-4表明,对于一定量的消化厌氧污泥,转速与时间是影响厌氧消化污泥离心沉降的重要因素,转速越快,消化厌氧污泥离心沉降性能越好,在0~10 min内,消化厌氧污泥离心沉降率变化幅度大,但是在10~20 min时,变化幅度较小,趋于稳定;大于20 min时,消化厌氧污泥的离心沉降率趋于平稳。所以可以得到结论:当转速为4000 r/min,作用时间为20 min时,消化厌氧污泥的离心沉降率趋于稳定,且效果好,说明在此条件下能明显改善消化厌氧污泥的沉降性能。

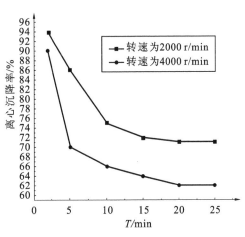

图11-4 转速对消化厌氧污泥离心
沉降率影响曲线

### 11.3.1.2 微波对消化厌氧污泥离心沉降率的影响

微波对消化厌氧污泥离心沉降率影响曲线见图11-5。

图11-5表明,在转速为4000 r/min、作用时间为20 min的条件下,对于一定量的消化厌氧污泥离心沉降,影响消化厌氧污泥离心沉降率的重要因素有微波功率以及作用时间,不同微波功率对消化厌氧污泥离心沉降率改善效果明显,但是在一定时间之后,不同功率微波作用下的离心沉降率均发生反弹,这是因为长时间的微波辐射极有可能改变了消化厌氧污泥中微生物的细胞构架,导致细胞内溢出物质,消化厌氧污泥原有絮体发生改变,消化厌氧污泥颗粒变小,造成了消化厌氧污泥离心沉降率反弹。田禹[15]等也发现微波辐射时间过长会破坏污泥沉降性,在900 W、720 W、540 W微波条件下辐射适宜的时间分别为50 s、110 s,130 s,此时污泥沉降速度明显加快。李延吉[16]等试验研究表明,当微波

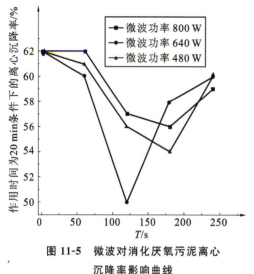

图 11-5 微波对消化厌氧污泥离心
沉降率影响曲线

功率在 540～900 W 时,较好的作用时间为 2～5 min。所以得到结论:当微波功率为 640 W、作用时间为 100～140 s 时,消化厌氧污泥的离心沉降率最好,也就说明在适宜条件下,合适的微波功率能明显改善消化厌氧污泥的沉降性能。

### 11.3.1.3 硫酸钙对消化厌氧污泥离心沉降率的影响

硫酸钙对消化厌氧污泥离心沉降率影响曲线如图 11-6 所示。

图 11-6 表明,在转速为 4000 r/min、作用时间为 20 min 的条件下,对于一定量的消化厌氧污泥离心沉降,硫酸钙是影响消化厌氧污泥离心沉降率的重要因素,不同硫酸钙含量对消化厌氧污泥离心沉降率改善效果明显。当硫酸钙的投加量为 10 g/L 时,消化厌氧污泥的离心沉降效果最好,但在一定量之后,消化厌氧污泥离心沉降率反弹。根据 Jin 等研究[17],由于硫酸钙打破了絮体间的区域差别,外层区域的解体也有助于破坏内部絮体,同时钙离子提高了离子强度,从而降低了水在间絮区的化学势,进而离心沉降率会得到有效改善。所以得到结论:当硫酸钙最佳投加量在 5～15 g/L 之间时,消化厌氧污泥的离心沉降率最好,也就说明,在适宜条件下,适量的硫酸钙能明显改善消化厌氧污泥的沉降性能。

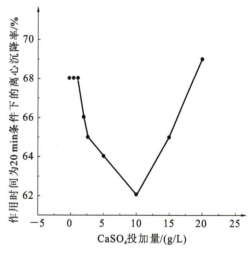

图 11-6 硫酸钙对消化厌氧污泥
离心沉降率影响曲线

### 11.3.1.4 芬顿试剂对消化厌氧污泥离心沉降率的影响

$Fe^{2+}$ 和 $H_2O_2$ 对消化厌氧污泥离心沉降率影响曲线分别如图 11-7 和图 11-8 所示。

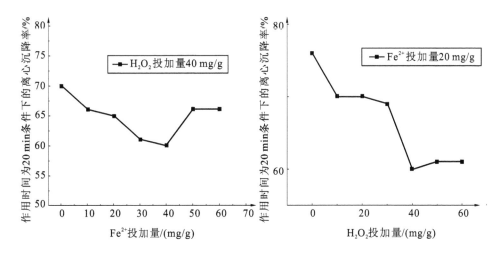

图 11-7　$Fe^{2+}$ 对消化厌氧污泥离心沉降率　　图 11-8　$H_2O_2$ 对消化厌氧污泥离心沉降率
　　　　　影响曲线　　　　　　　　　　　　　　　影响曲线

图 11-7 和图 11-8 表明,在转速为 4000 r/min、作用时间为 20 min 的条件下,对于一定量的消化厌氧污泥离心沉降,$H_2O_2$ 投加量、$Fe^{2+}$ 投加量是影响消化厌氧污泥离心沉降率的重要因素。由图 11-7 可知,在 pH 值为 4、$H_2O_2$ 投加量为 40 mg/g 的条件下,$Fe^{2+}$ 投加量为 10～60 mg/g,$Fe^{2+}$ 不同投加量对消化厌氧污泥的离心沉降改善效果明显,在 $Fe^{2+}$ 投加量为 40 mg/g 时,消化厌氧污泥的离心沉降效果最好,但超过一定量之后,沉降离心的效果反弹。由图 11-8 可知,在 pH 值为 4、$Fe^{2+}$ 投加量为20 mg/g的条件下,$H_2O_2$ 投加量为 10～60 mg/g,不同 $H_2O_2$ 投加量对消化厌氧污泥的离心沉降改善效果明显,在 $H_2O_2$ 投加量为 40 mg/g 时,消化厌氧污泥的离心沉降效果最好,但超过一定量之后,离心沉降效果趋于平缓。邢奕等[18]的研究也得到,污泥脱水性能较好的情况下,$H_2O_2$、$Fe^{2+}$ 调理污泥的最佳投加量为 20～60 mg/g,所以由分析可得:在适宜条件下,当 $H_2O_2$、$Fe^{2+}$ 的最佳投加量在 30～50 mg/g 之间时,消化厌氧污泥的离心沉降效果最好。

## 11.3.2　对消化厌氧污泥的含水率影响

### 11.3.2.1　微波对消化厌氧污泥含水率的影响

微波对消化厌氧污泥含水率影响曲线如图 11-9 所示。

图 11-9 表明,在转速为 4000 r/min、作用时间为 20 min 的条件下,离心之后取一定量的消化厌氧污泥进行含水率的测定,发现影响消化厌氧污泥含水率的重要因素有微波功率以及作用时间,不同微波功率对消化厌氧污泥含水率改善效果明显,但是在一定作用时间之后,不同功率微波作用下的消化厌氧污泥含水率均发生

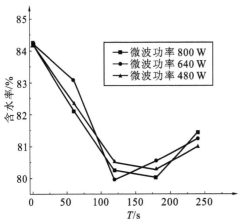

**图 11-9 微波对消化厌氧污泥含水率影响曲线**

反弹,这是因为长时间的微波辐射极有可能改变了消化厌氧污泥中微生物的细胞构架,导致细胞内溢出物质,消化厌氧污泥原有絮体发生改变,消化厌氧污泥颗粒变小,造成了消化厌氧污泥含水率的反弹。田禹[15]将微波辐射用于活性污泥预处理,发现微波辐射在短时间内破坏污泥稳定结构,明显改善污泥脱水性,且在微波功率为 720 W、作用时间为 50 s 时改善效果好,同时,傅大放等[5]利用微波、机械脱水后的污泥含水率与本研究结果对比,发现有类似的效果,污泥含水率都得到明显的改善。

所以得到结论:当微波在功率为 640 W,作用时间为 100~120 s 时,消化厌氧污泥含水率最低,由此说明,在适宜条件下,合适的微波可以改善消化厌氧污泥的含水率。

### 11.3.2.2 硫酸钙对消化厌氧污泥含水率的影响

硫酸钙对消化厌氧污泥含水率影响曲线如图 11-10 所示。

图 11-10 表明,在转速为 4000 r/min、作用时间为 20 min 的条件下,离心之后取一定量的消化厌氧污泥进行含水率的测定,发现硫酸钙是影响消化厌氧污泥离心沉降率的重要因素,不同硫酸钙含量对消化厌氧污泥离心沉降率改善效果明显。当硫酸钙投加量为 10 g/L 时,消化厌氧污泥的离心沉降效果最好;当硫酸钙投加量大于 10 g/L 时,含水率改善效果反而不好。根据 Jin B等[17]的研究,由于硫酸钙先打破了絮体间的区域差别,外层区域的解体也

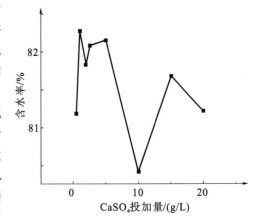

**图 11-10 硫酸钙对消化厌氧污泥含水率影响曲线**

有助于破坏内部絮体,同时钙离子提高了离子强度,从而降低了水在间絮区的化学势,污泥脱水性能改善明显。本研究也得出污泥含水率发生显著变化,脱水性能明显改善的结果,与其他研究结果相类似。所以得到结论:当硫酸钙最佳投加量在

5~15 g/L 之间时,污泥含水率最小。也就说明,在适合条件下,适量的硫酸钙能明显改善消化厌氧污泥的含水率。

### 11.3.2.3 芬顿试剂对消化厌氧污泥含水率的影响

$H_2O_2$ 和 $Fe^{2+}$ 对消化厌氧污泥含水率影响曲线分别如图 11-11 和图 11-12 所示。

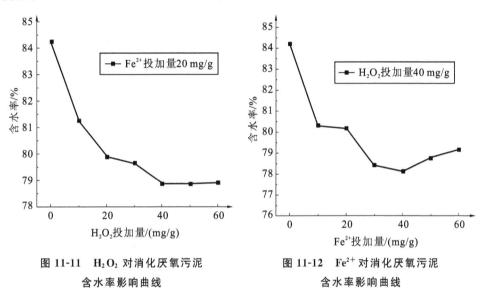

图 11-11　$H_2O_2$ 对消化厌氧污泥
含水率影响曲线　　　　　图 11-12　$Fe^{2+}$ 对消化厌氧污泥
含水率影响曲线

图 11-11 和图 11-12 表明,在转速为 4000 r/min、作用时间为 20 min 的条件下,离心之后取一定量的消化厌氧污泥进行含水率的测定,发现 $H_2O_2$、$Fe^{2+}$ 是影响消化厌氧污泥含水率的重要因素。由图 11-11 可知,在 pH 值为 4、$Fe^{2+}$ 投加量为 20 mg/g 的条件下,$H_2O_2$ 投加量为 10~60 mg/g,不同 $H_2O_2$ 投加量对消化厌氧污泥的含水率改善明显,在 $H_2O_2$ 投加量为 40 mg/g 时,消化厌氧污泥的离心沉降效果最好,但超过一定量之后,消化厌氧污泥的含水率变化幅度小,趋于平稳。由图 11-12 可知,在 pH 值为 4、$H_2O_2$ 投加量为 40 mg/g 的条件下,$Fe^{2+}$ 投加量为 10~60 mg/g,$Fe^{2+}$ 不同投加量对厌氧消化污泥的离心沉降改善明显,在 $Fe^{2+}$ 投加量为 40 mg/g 时,消化厌氧污泥的离心沉降效果最好,但超过一定量之后,消化厌氧污泥的含水率改善效果反弹。邢奕[19] 的研究也得到,污泥含水率在 $H_2O_2$ 投加量为 20~60 mg/g 的情况下,含水率下降明显,且达到一定量之后趋于平稳。在 $Fe^{2+}$ 投加量为 20~60 mg/g 的情况下,含水率下降明显,但在一定量之后含水率上升,本实验含水率变化幅度与此相似。故得出结论:在适合条件下,当 $H_2O_2$、$Fe^{2+}$ 的最佳剂量在30~50 mg/g 之间时,消化厌氧污泥的含水率改善效果明显。

### 11.3.3 对消化厌氧污泥上清液浊度影响

#### 11.3.3.1 微波对消化厌氧污泥上清液浊度的影响

微波对消化厌氧污泥上清液浊度影响曲线如图 11-13 所示。

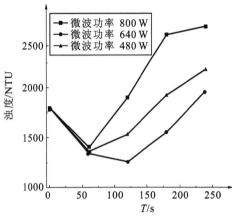

**图 11-13 微波对消化厌氧污泥
上清液浊度影响曲线**

图 11-13 表明,原污泥在转速为 4000 r/min、作用时间为 20 min 条件下离心,离心后取一定量的消化厌氧污泥的上清液,使用浊度仪进行测定。另取原污泥分别在 800 W、640 W、480 W 的微波条件下进行相同的离心,将上清液浊度与原污泥上清液浊度对比,发现上清液浊度下降明显,但在 800 W、480 W 的微波条件下,下降并不明显,在 60 s 之后,800 W、480 W 曲线呈现上升趋势,640 W 曲线还呈现明显下降趋势,在 120 s 时达到最低点,在此之后,640 W 曲线呈上升趋势。所以可以得到结论:在适合的条件下,当微波功率为 640 W、作用时间在 100~120 s 之间时,消化厌氧污泥上清液浊度最低。

#### 11.3.3.2 硫酸钙对消化厌氧污泥上清液浊度的影响

硫酸钙对消化厌氧污泥上清液浊度影响曲线如图 11-14 所示。

图 11-14 表明,在转速为 4000 r/min、作用时间为 20 min 的条件下,离心之后取一定量的消化厌氧污泥的上清液,使用浊度仪进行测定,在不同的硫酸钙投加量条件下,上清液浊度下降明显,将上清液浊度与原污泥上清液浊度对比,发现当浊度值变小,但投加量为 0~5 g/L 时,上清液浊度的变化不稳定,但在投加量继续增大的情况下,上清液浊度发生明显变化,在 10 g/L 时达到最低值,但是在此之后加大投加量,上清液浊度值出现上升趋

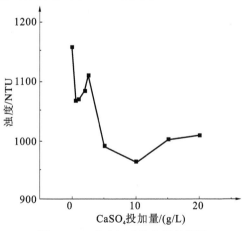

**图 11-14 硫酸钙对消化厌氧污泥
上清液浊度影响曲线**

势。所以可以得到结论:在适合的条件下,硫酸钙最佳投加量在 5～15 g/L 之间时,消化厌氧污泥的上清液浊度能达到一个较好的数值。

### 11.3.3.3　芬顿试剂对污泥上清液浊度的影响

$H_2O_2$ 和 $Fe^{2+}$ 对污泥上清液浊度影响曲线分别如图 11-15 和图 11-16 所示。

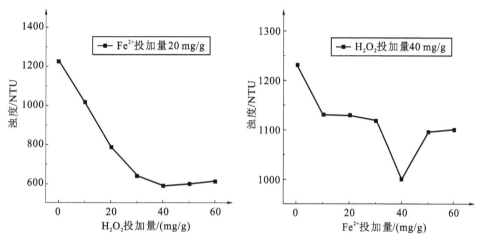

图 11-15　$H_2O_2$ 对消化厌氧污泥
上清液浊度影响曲线

图 11-16　$Fe^{2+}$ 对消化厌氧污泥
上清液浊度影响曲线

图 11-15 和图 11-16 表明,在转速为 4000 r/min、作用时间为 20 min 的条件下,离心之后取一定量的消化厌氧污泥的上清液,使用浊度仪进行测定,$H_2O_2$、$Fe^{2+}$ 是影响消化厌氧污泥上清液浊度的重要因素。对于图 11-15,在 pH 值为 4、$Fe^{2+}$ 为 20 mg/g 的条件下,$H_2O_2$ 投加量为 10～60 mg/g,不同 $H_2O_2$ 投加量对消化厌氧污泥上清液浊度改善明显,在 $H_2O_2$ 投加量为 40 mg/g 时消化厌氧污泥的离心沉降效果最好,但超过一定量之后,消化厌氧污泥上清液浊度有上升趋势但是变化幅度很小,趋于平稳。对于图 11-16,在 pH 值为 4、$H_2O_2$ 为 40 mg/g 的条件下,$Fe^{2+}$ 投加量为 10～60 mg/g,不同 $Fe^{2+}$ 投加量对厌氧消化污泥上清液浊度改善明显,在 $Fe^{2+}$ 投加量为 40 mg/g 时,消化厌氧污泥的离心沉降效果最好,但超过一定量之后,消化厌氧污泥上清液浊度值明显增大。所以可以得到结论:在适合的条件下,当 $H_2O_2$、$Fe^{2+}$ 最佳投加量在 30～50 mg/g 之间时,消化厌氧污泥上清液浊度可得到明显改善。

## 11.3.4　消化厌氧污泥模型方差分析

依据 Box-Behnken 实验方案进行实验,实验结果见表 11-2,式(11-1)中的系数可通过 Design-Expert 8.0 软件求得,从而得到多元二次回归方程模型,并对

表 11-2 中的响应值进行回归分析,得到回归方程的方差分析表。

表 11-2 响应面实验设计及结果

| 编号 | 编码值 | | | 离心沉降率(SV) | | 离心含水率/% | | 离心后上清液浊度/NTU | |
|---|---|---|---|---|---|---|---|---|---|
| | $X_1$ | $X_2$ | $X_3$ | 实际值 | 预测值 | 实际值 | 预测值 | 实际值 | 预测值 |
| 1 | 64.00 | 5.00 | 40.00 | 60.00 | 59.87 | 79.61 | 79.11 | 1599 | 1231.23 |
| 2 | 64.00 | 10.00 | 30.00 | 58.00 | 60.02 | 78.92 | 79.60 | 486 | 639.75 |
| 3 | 64.00 | 10.00 | 50.00 | 60.00 | 60.87 | 79.02 | 79.09 | 555 | 661.00 |
| 4 | 64.00 | 15.00 | 40.00 | 62.00 | 60.88 | 79.45 | 79.20 | 255 | 363.13 |
| 5 | 76.80 | 5.00 | 30.00 | 61.00 | 59.75 | 79.24 | 79.06 | 612 | 826.13 |
| 6 | 76.80 | 5.00 | 50.00 | 60.00 | 60.82 | 79.18 | 79.61 | 321 | 582.88 |
| 7 | 76.80 | 10.00 | 40.00 | 57.00 | 57.80 | 78.81 | 78.81 | 204 | 204.00 |
| 8 | 76.80 | 10.00 | 40.00 | 57.00 | 57.80 | 78.81 | 78.81 | 204 | 204.00 |
| 9 | 76.80 | 10.00 | 40.00 | 57.00 | 57.80 | 78.81 | 78.81 | 204 | 204.00 |
| 10 | 76.80 | 10.00 | 40.00 | 57.00 | 57.80 | 78.81 | 78.81 | 204 | 204.00 |
| 11 | 76.80 | 10.00 | 40.00 | 57.00 | 57.80 | 78.81 | 78.81 | 204 | 204.00 |
| 12 | 76.80 | 15.00 | 30.00 | 65.00 | 62.50 | 79.67 | 79.24 | 525 | 263.13 |
| 13 | 76.80 | 15.00 | 50.00 | 62.00 | 63.25 | 79.41 | 79.58 | 696 | 481.88 |
| 14 | 89.60 | 10.00 | 40.00 | 61.00 | 62.13 | 79.48 | 79.73 | 512 | 403.87 |
| 15 | 89.60 | 10.00 | 30.00 | 61.00 | 63.13 | 79.32 | 79.23 | 488 | 382.00 |
| 16 | 89.60 | 10.00 | 50.00 | 70.00 | 66.38 | 81.32 | 80.64 | 490 | 336.25 |
| 17 | 89.60 | 15.00 | 40.00 | 61.00 | 61.23 | 79.28 | 79.78 | 240 | 607.88 |

注:$X_1$代表微波总功(kJ);$X_2$代表硫酸钙投加量(g/L);$X_3$代表芬顿试剂投加量(mg/g)。

## 11.3.4.1 消化厌氧污泥离心沉降率模型方差分析

消化厌氧污泥离心沉降率的多元二次回归方程模型为:

$$SV(\%) = 58.00 + 1.50X_1 + 0.88X_2 + 0.87X_3 - 0.25X_1X_2 + 1.75X_1X_3 - $$
$$0.50X_2X_3 + 1.75X_1^2 + 1.50X_2^2 + 2.50X_3^2 \tag{11-2}$$

在多元二次回归方程中,若变量 $X_2$、$X_3$ 的系数为正,则表明该变量向正方向变化能引起因变量的增长;若二次项系数为正,则说明为抛物面开口朝上的方程,有最低点,能够进行最优分析。可以对该模型进行方差分析和显著性检验,结果见表 11-3,其中二次响应面回归模型的 $F$ 值为 1.42,模型的校正决定系数 $R^2_{adj}$ 为

0.6899,S/N(信噪比)是 37.556,大于 5,所以该模型可以解释约 96% 的响应值变化,只有总变异的 4% 不能用该模型解释;模型回归程度可以用相关系数 $R^2$ 表示,当 $R^2$ 趋于 1 时,说明经验模型能够较好地反映实验数据;$R^2$ 越小,说明相关性越差[19]。该模型相关系数 $R^2$ 为 0.9152,因而该模型拟合度良好,实验误差较小,可以对微波、硫酸钙和芬顿试剂的联合调理污泥不同投加量条件下的消化厌氧污泥离心沉降率进行预测。

表 11-3 消化厌氧污泥离心沉降率回归模型的方差分析

| 来源 | 平方和 | 自由度 | 均方 | F | P |
|---|---|---|---|---|---|
| | SS | DF | MS | | |
| 模型 | 103.33 | 9 | 11.48 | 1.42 | 0.3288 |
| $X_1$ | 18.00 | 1 | 18.00 | 2.23 | 0.1792 |
| $X_2$ | 6.13 | 1 | 6.13 | 0.76 | 0.4128 |
| $X_3$ | 6.13 | 1 | 6.13 | 0.76 | 0.4128 |
| $X_1X_2$ | 0.25 | 1 | 0.25 | 0.031 | 0.8653 |
| $X_1X_3$ | 12.25 | 1 | 12.25 | 1.52 | 0.2579 |
| $X_2X_3$ | 1.00 | 1 | 1.00 | 0.12 | 0.7353 |
| $X_1^2$ | 14.41 | 1 | 14.41 | 1.78 | 0.2235 |
| $X_2^2$ | 10.78 | 1 | 10.78 | 1.33 | 0.2860 |
| $X_3^2$ | 28.46 | 1 | 28.46 | 3.52 | 0.1026 |
| 残差 | 56.55 | 7 | 8.08 | | |
| 拟合不足 | 55.75 | 3 | 18.58 | 92.92 | 0.0004 |
| 误差 | 0.80 | 4 | 0.20 | | |
| 总误差 | 59.88 | 16 | | | |

注:模型相关系数 $R^2$=0.9152;校正决定系数 $R_{adj}^2$=0.6899;信噪比 S/N=37.556(>5)。

图 11-17 所示为消化厌氧污泥离心沉降率实验值和预测值的对比,实验值在预测值附近波动,且接近于预测值,所以,基本可以用预测值代替实验值进行实验分析。

### 11.3.4.2 消化厌氧污泥含水率模型方差分析

消化厌氧污泥含水率的多元二次回归方程模型为:

$$含水率(\%) = 78.81 + 0.30X_1 + 0.038X_2 + 0.22X_3 - 0.010X_1X_2 + 0.48X_1X_3 -$$
$$0.050X_2X_3 + 0.46X_1^2 + 0.19X_2^2 + 0.38X_3^2 \tag{11-3}$$

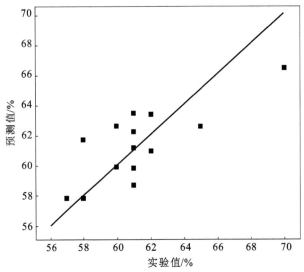

**图 11-17  消化厌氧污泥离心沉降率实验值与预测值的对比**

在多元二次回归方程中,若 $X_2$、$X_3$ 变量的系数为正,则表明该变量向正方向变化能引起因变量的增长;若二次项系数为正,则说明为抛物面开口朝上的方程,具有最低点,能够进行最优分析。对该模型进行方差分析和显著性检验,结果见表 11-4,其中二次响应面回归模型的 $F$ 值为 1.50,说明模型具有显著性。模型的校正决定系数 $R_{adj}^2$ 为 0.7089,S/N(信噪比)是 35.456,大于 5,所以该模型可以解释约 95% 的响应值变化,只有总变异的 5% 不能用该模型解释;模型的回归程度一般用相关系数 $R^2$ 表示,当 $R^2$ 趋于 1 时,说明经验模型能够较好地反映实验数据,$R^2$ 越小,说明相关性越差[19]。该模型相关系数 $R^2$ 为 0.9105,因而该模型拟合度良好,实验误差较小,可以对微波、硫酸钙和芬顿的联合调理污泥不同投加量条件下的消化厌氧污泥含水率进行预测。

表 11-4  　　　　　　**消化厌氧污泥含水率回归模型的方差分析**

| 来源 | 平方和 | 自由度 | 均方 | $F$ | $P$ |
|---|---|---|---|---|---|
| | SS | DF | MS | | |
| 模型 | 3.83 | 9 | 0.43 | 1.50 | 0.3031 |
| $X_1$ | 4.00 | 1 | 4.00 | 1.409 | 0.9711 |
| $X_2$ | 0.40 | 1 | 0.40 | 1.40 | 0.2761 |
| $X_3$ | 0.001 | 1 | 0.011 | 0.040 | 0.8479 |
| $X_1X_2$ | 0.72 | 1 | 0.72 | 2.54 | 0.1553 |
| $X_1X_3$ | 0.90 | 1 | 0.90 | 3.18 | 0.1178 |

| 来源 | 平方和 | 自由度 | 均方 | $F$ | $P$ |
|------|------|------|------|------|------|
| | SS | DF | MS | | |
| $X_2X_3$ | 0.01 | 1 | 0.010 | 0.035 | 0.8564 |
| $X_1^2$ | 0.88 | 1 | 0.88 | 3.10 | 0.1215 |
| $X_2^2$ | 0.15 | 1 | 0.15 | 0.25 | 0.4936 |
| $X_3^2$ | 0.60 | 1 | 0.60 | 2.11 | 0.1893 |
| 残差 | 1.99 | 7 | 0.28 | | |
| 拟合不足 | 1.99 | 3 | 0.66 | | |
| 误差 | 0 | 4 | 0 | | |
| 总误差 | 5.82 | 16 | | | |

注:模型相关系数 $R^2 = 0.9105$;校正决定系数 $R_{adj}^2 = 0.7089$;信噪比(S/N)$= 35.456(>5)$。

图 11-18 所示为消化厌氧污泥含水率实验值和预测值的对比,实验值在预测值附近波动,且接近于预测值,所以,基本可以用预测值代替实验值进行实验分析。

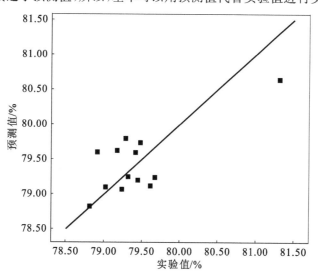

**图 11-18　消化厌氧污泥含水率实验值与预测值的对比**

### 11.3.4.3　消化厌氧污泥上清液浊度模型方差分析

消化厌氧污泥上清液浊度的多元二次回归方程模型为:

$$浊度(\%) = 204.00 - 145.63X_1 - 166.00X_2 - 6.13X_3 + 268.00X_1X_2 -$$
$$16.75X_1X_3 + 115.50X_2X_3 + 206.88X_1^2 + 240.62X_2^2 + 93.88X_3^2 \quad (11\text{-}4)$$

在多元二次回归方程中,若 $X_2$、$X_3$ 变量的系数为负,则表明该变量向负方向变化可以引起因变量的减少;若二次项系数为正,则说明为抛物面开口朝上的方程,具有最低点,能够进行最优分析。对该模型进行方差分析和显著性检验,结果见表 11-5,其中二次响应面回归模型的 F 值为 1.63,模型的校正决定系数 $R_{adj}^2$ 为 0.8012,S/N(信噪比)是 36.556,大于 5,所以该模型可以解释约 96% 的响应值变化,只有总变异的 4% 不能用该模型解释;模型回归程度可以用相关系数 $R^2$ 表示,当 $R^2$ 趋于 1 时,说明经验模型能够较好地反映实验数据,反之 $R^2$ 越小,说明相关性越差[19]。该模型相关系数 $R^2$ 为 0.9205,因而该模型拟合度良好,实验误差较小,可以对微波、硫酸钙和芬顿的联合调理污泥不同投加量条件下的消化厌氧污泥上清液浊度进行预测。

表 11-5　　　　　消化厌氧污泥上清液浊度回归模型的方差分析

| 来源 | 平方和 | 自由度 | 均方 | F | P |
|---|---|---|---|---|---|
| | SS | DF | MS | | |
| 模型 | 1.239 | 9 | 1.377 | 1.63 | 0.2671 |
| $X_1$ | 1.697 | 1 | 1.697 | 2.00 | 0.1998 |
| $X_2$ | 2.204 | 1 | 2.204 | 2.60 | 0.1506 |
| $X_3$ | 300.12 | 1 | 300.12 | 3.545 | 0.9542 |
| $X_1 X_2$ | 2.873 | 1 | 2.873 | 3.39 | 0.1080 |
| $X_1 X_3$ | 1122.25 | 1 | 1122.25 | 0.013 | 0.9116 |
| $X_2 X_3$ | 53361.00 | 1 | 53361.00 | 0.63 | 0.4533 |
| $X_1^2$ | 1.805 | 1 | 1.802 | 2.13 | 0.1880 |
| $X_2^2$ | 2.438 | 1 | 2.438 | 2.88 | 0.1335 |
| $X_3^2$ | 37105.33 | 1 | 37105.33 | 0.44 | 0.5291 |
| 残差 | 5.927 | 7 | 84664.61 | | |
| 拟合不足 | 5.927 | 3 | 1.976 | | |
| 误差 | 0 | 4 | 0 | | |
| 总误差 | 1.832 | 16 | | | |

注:模型相关系数 $R^2=0.9205$;校正决定系数 $R_{adj}^2=0.8012$;信噪比(S/N)=36.556(>5)。

图 11-19 所示为消化厌氧污泥离心上清液浊度实验值和预测值的对比,实验值在预测值附近波动,且接近预测值,所以基本可以用预测值代替实验值进行实验分析。

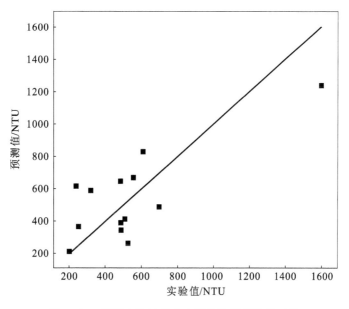

**图 11-19　污泥上清液浊度实验值和预测值的对比**

## 11.3.5　响应曲面图与参数优化

为了更直观地说明微波、硫酸钙和芬顿试剂联合调理对消化厌氧污泥的影响以及表征响应曲面函数的性能,用 Design-Expert 8.0 软件作出以两两自变量为坐标的 3D 图,分别对结果进行分析。

### 11.3.5.1　离心沉降率响应曲面图与参数优化

对于微波、硫酸钙和芬顿试剂联合调理对消化厌氧污泥离心沉降率的影响以及表征响应曲面函数的性能,Design-Expert 8.0 软件作出以两两自变量为坐标的 3D 图,如图 11-20～图 11-22 所示。

图 11-20 所示为芬顿试剂投加量为 40 mg/g 时,微波和硫酸钙对消化厌氧污泥离心沉降率的影响。从图中可看出,在一定范围内,消化厌氧污泥离心沉降率随微波做的总功的增加呈减小趋势,当继续增加微波做的总功时,污泥离心沉降率反而呈上升趋势,这就表明微波做的总功过大会破坏污泥离心沉降率继续变好的趋势;相似地,污泥离心沉降率随硫酸钙投加量增加会在一定范围内呈下降趋势,大于一定范围,将呈下降趋势。图 11-21 所示为硫酸钙投加量为 10 g/L 时,芬顿试剂与微波总功对污泥离心沉降率的影响,随着微波总功和芬顿试剂投加量的增加,污泥离心沉降率总体呈先下降后上升的趋势。图 11-22 所示为微波总功为76.80 kJ(640 W、120 s)时,硫酸钙投加量与芬顿试剂投加量对污泥离

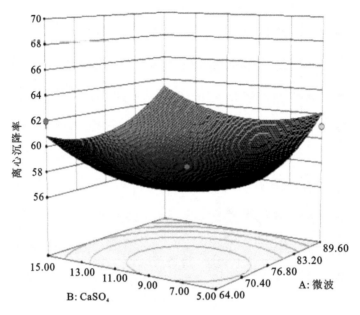

图 11-20　消化厌氧污泥离心沉降率曲面 1

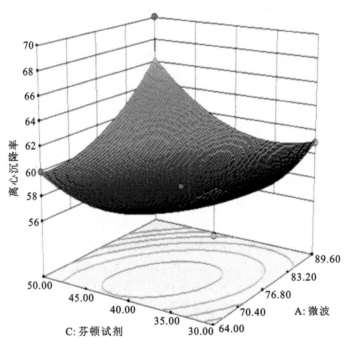

图 11-21　消化厌氧污泥离心沉降率曲面 2

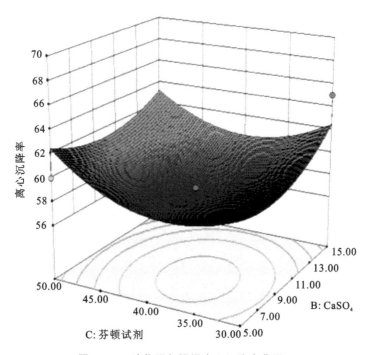

**图 11-22　消化厌氧污泥离心沉降率曲面 3**

心沉降率的影响,效果明显,在一定区域内,随芬顿试剂量的增加,污泥离心沉降率下降,当继续增加芬顿试剂投加量,污泥离心沉降率将反弹,与硫酸钙对污泥离心沉降率的影响趋势一致。所以从统计学的角度分析,可得出微波总功为 75.43 kJ(640 W、118 s),硫酸钙投加量为 10.37 g/L,芬顿试剂投加量为 38.57 mg/g 时效果最优。

最优值验证:为考察响应曲面模型方程最优条件的准确性和实用性,在微波总功为 75.43 kJ(640 W、118 s),硫酸钙投加量为 10.37 g/L,芬顿试剂投加量为 38.57 mg/g 条件下进行验证实验,表明污泥离心沉降率为(57±0.8)%与模型预测值基本吻合,因此响应曲面法得到的工艺参数基本可靠,对污泥处理和优化条件有多方面的指导意义。

### 11.3.5.2　含水率响应曲面图与参数优化

对于微波、硫酸钙和芬顿试剂联合调理对消化厌氧污泥含水率的影响以及表征响应曲面函数的性能,Design-Expert 8.0 软件作出两两自变量为坐标的 3D 图,如图 11-23～图 11-25 所示。

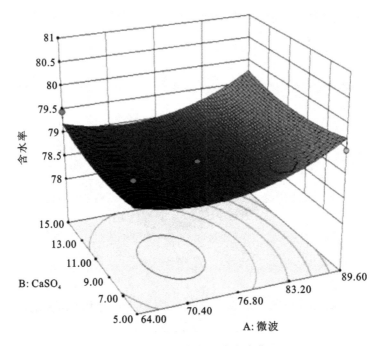

图 11-23　消化厌氧污泥含水率曲面 1

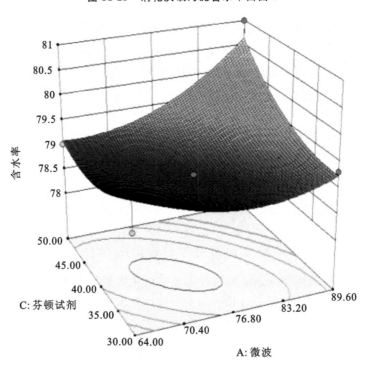

图 11-24　消化厌氧污泥含水率曲面 2

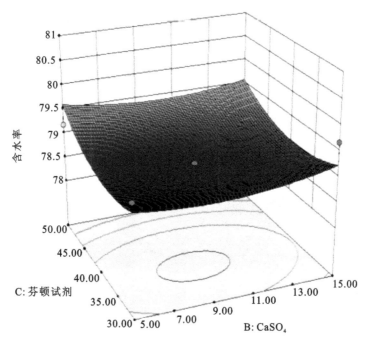

**图 11-25　消化厌氧污泥含水率曲面 3**

图 11-23 所示为芬顿试剂投加量为 40 mg/g 时,微波和硫酸钙对消化厌氧污泥含水率的影响。从图 11-23 可以看出,在一定范围内,消化厌氧污泥含水率随微波做的总功的增加呈减小趋势,当继续增加微波做的总功时,污泥含水率反而呈上升趋势,这表明微波做的总功过大会破坏污泥含水率继续变好的趋势;相似地,污泥离心沉降率随硫酸钙投加量增加会在一定范围内呈下降趋势,大于一定范围,将呈下降趋势。图 11-24 所示为硫酸钙投加量为 10 g/L 时,芬顿试剂与微波总功对污泥含水率的影响,由图可知,随着微波总功和芬顿试剂投加量的增加,污泥含水率的趋势为先下降后上升。图 11-25 所示为微波总功为 76.80 kJ(640 W、120 s)时,硫酸钙投加量与芬顿试剂投加量对污泥含水率的影响,效果明显,在一定区域内,随芬顿试剂投加量的增加,污泥含水率下降,当继续增加芬顿试剂投加量,污泥含水率将反弹,与硫酸钙对污泥含水率的影响趋势一致。所以从统计学的角度分析,可得出微波总功为 73.54 kJ(640 W、115 s),硫酸钙投加量为 9.37 g/L,芬顿试剂投加量为 38.58 mg/g 时效果最优。

最优值验证:为考察响应曲面模型方程最优条件的准确性和实用性,在微波总功为 73.54 kJ(640 W、115 s),硫酸钙投加量为 9.37 g/L,芬顿试剂投加量为 38.58 mg/g 条件下进行验证实验,表明含水率为(78.81±0.50)% 与模型预测值基本吻合,因此响应曲面法得到的工艺参数基本可靠,对污泥处理和优化条件有多方面的指导意义。

### 11.3.5.3　离心上清液浊度响应曲面图与参数优化

对于微波、硫酸钙和分顿试剂联合调埋对消化厌氧污泥离心上清液浊度的影响以及表征响应曲面函数的性能,用 Design-Expert 8.0 软件作出以两两自变量为坐标的3D图,如图 11-26~图 11-28 所示。

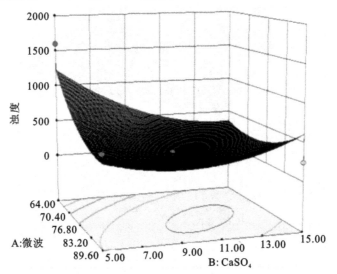

图 11-26　消化厌氧污泥上清液浊度曲面 1

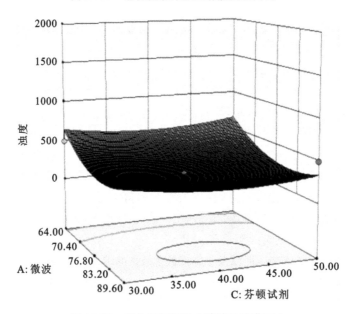

图 11-27　消化厌氧污泥上清液浊度曲面 2

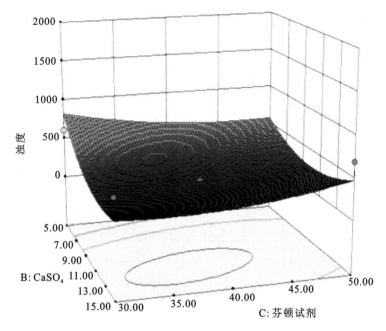

**图 11-28　消化厌氧污泥上清液浊度曲面 3**

图 11-26 所示为芬顿试剂投加量为 40 mg/g 时,微波和硫酸钙对消化厌氧污泥上清液浊度的影响。从图中可看出,在一定范围内,消化厌氧污泥上清液浊度随微波做的总功的增加呈减小趋势,当继续增加微波做的总功时,污泥上清液浊度反而呈上升趋势,这表明微波做的总功过大会破坏污泥离心沉降率继续变好的趋势;相似地,污泥上清液浊度随硫酸钙投加量增加会在一定范围内呈下降趋势,大于一定范围,将呈上升趋势。图 11-27 所示为硫酸钙投加量为 10 g/L 时,芬顿试剂与微波总功对污泥上清液浊度的影响,随着微波总功和芬顿试剂药量的增加,污泥上清液浊度总体呈先下降后上升的趋势。图 11-28 所示为微波总功为 76.80 kJ(640 W、120 s)时,硫酸钙投加量与芬顿试剂投加量对污泥上清液浊度的影响,其效果明显,在一定区域内,随芬顿试剂投加量的增加,污泥上清液浊度下降,当继续增加芬顿试剂量,污泥上清液浊度将反弹,与硫酸钙对污泥上清液浊度的影响趋势一致。所以从统计学的角度分析,可得出微波总功为 76.31 kJ(640 W、120 s),硫酸钙投加量为 11.25 g/L,芬顿试剂投加量为 37.86 mg/g 时效果最优。

最优值验证:为考察响应曲面模型方程最优条件的准确性和实用性,在微波总功为 76.31 kJ(640 W、120 s),硫酸钙投加量为 11.25 g/L,芬顿试剂投加量为 37.86 mg/g 条件下进行验证实验,表明上清液浊度为(204±5)NTU 与模型预测值基本吻合,因此响应曲面法得到的工艺参数基本可靠,对污泥处理和优化条件有多方面的指导意义。

### 11.3.6 消化厌氧污泥的 CST

不同污泥样品的毛细吸水时间(CST)如图 11-29 所示。

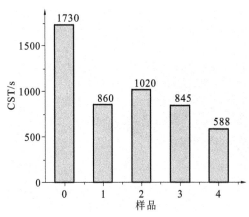

图 11-29 不同污泥样品的毛细吸水时间(CST)

为测得不同污泥的 CST,将分别取样:样品 0 为原污泥,样品 1 为微波(640 W、120 s)调理的污泥,样品 2 为硫酸钙(10 g/L)调理的污泥,样品 3 为芬顿试剂(40 mg/g)调理的污泥,样品 4 为单因素最佳点耦合调理的污泥。

CST 的测定能有效地反应污泥的脱水性能。根据图 11-29 可得到原消化厌氧污泥的 CST 为 1730 s,微波(640 W、120 s)调理的污泥 CST 为 860 s,硫酸钙(10 g/L)调理的污泥 CST 为 1020 s,芬顿试剂(40 mg/g)调理的污泥 CST 为 845 s,相较于原污泥都有明显的下降。在单因素最佳点耦合调理后污泥 CST 为 588 s,效果较单因素更为明显。同时邢奕[18]也通过研究得到芬顿试剂等因素会使城市污泥的 CST 大幅下降,降幅可达 85.74%。本研究降幅为 60.01%,由于污泥种类不同,结果会有不同,但 CST 都有大幅下降,与其研究结果类似。所以可得结论:当条件为微波(640 W、120 s)、硫酸钙投加量 10 g/L、芬顿试剂投加量 40 mg/g 时,CST 下降明显,消化厌氧污泥的脱水性能改善明显。

### 11.3.7 消化厌氧污泥有机质含量

测定并分析消化厌氧污泥的有机质质量,可以为消化厌氧污泥资源化利用提供可靠的依据。经过高温灼烧法得出消化厌氧污泥的有机质含量为 51.04%,符合对有机质含量大于 45% 有机肥料堆肥的要求[20]。实验结果表明,消化厌氧污泥经过微波强化、芬顿、硫酸钙调理后,可以满足有机肥制备原料对有机质的要求。

### 11.3.8 消化厌氧污泥 SEM 图片分析

将原消化厌氧污泥(2500 倍)SEM 图片与微波总功 76.80 kJ(640 W、120 s)、硫酸钙投加量 10 g/L 和芬顿试剂投加量 40 mg/g 联合调理下的消化厌氧污泥的 SEM 图片(2500 倍)进行对比。

由 SEM 图片(图 11-30)可以看出,未经任何处理的消化厌氧污泥呈现出完整的表面,这是因为消化厌氧污泥的高压缩性致使污泥的孔隙闭合。林宁波[21]从城市污泥电镜图片(SEM)中观察得到类似结论:城市污泥絮体也呈现出松散结构,污泥之间形成了较为稳定的胶状絮体结构,污泥絮体的吸附水分能力较强,有较多的间隙水在絮体中。图 11-31 显示,经过微波、硫酸钙、芬顿试剂联合调理后的污泥形成一个多孔不规则表面,絮体形貌与原污泥不同,经调理后的污泥,粒径显著变大,污泥之间界限明显。伍远辉等[22]对城市污泥使用类芬顿试剂耦合芬顿测定其脱水性能的研究中,通过比较类芬顿试剂处理前、后污泥的扫描电镜图片(SEM)发现,经过类芬顿试剂处理后,污泥絮体表面 EPS 的部分氧化和重组,污泥颗粒的粒径变小,微观形态分散,存在于污泥颗粒和微生物细胞的一部分内部水释放,污泥脱水性能提高,其脱水性能得以改善。这与其他实验结论相类似,所以可得微波、硫酸钙和芬顿试剂联合调理能有效改善消化厌氧污泥脱水性能。

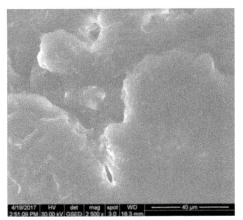 

图 11-30　原污泥 SEM 图片　　　　　　图 11-31　处理后污泥 SEM 图片

## 11.3.9　消化厌氧污泥热重分析

将原消化厌氧污泥与微波总功 76.80 kJ(640 W、120 s),硫酸钙投加量 10 g/L 和芬顿试剂投加量 40 mg/g 共同作用调理后的消化厌氧污泥,同时在升温速率为 10 K/min,热解气氛为高纯氮气,通气速率为 20 mL/min 的条件下对样品进行热重分析,其结果见图 11-32、图 11-33。

由图 11-32 可知,原消化厌氧污泥 TG 曲线有一个明显的失重段,温度范围为 70.81~100 ℃,峰值温度为 95.92 ℃,相应的 DTG 曲线有一个阶段的失重峰,失重率为 25.77%,该阶段失重是因为污泥厌氧消化液内在水分与少量吸附水蒸发;在 250 ℃ 时,质量减少 78.77%,热解终止温度为 299.32 ℃ 时,残留质量为 17.26%;在 150~300 ℃阶段热重损失,其主要是由于调理剂破坏、溶解 EPS 于水中、促进糖类、蛋白质、脂肪等的分解。一定温度下,由于大分子有机物分子键断裂,大量挥发分析出,同时伴随着大分子有机物的分解,释放出气体如 $CO_2$、$CH_4$、

$H_2$。这一实验结论与熊思江[23]研究的污泥热解结果相似。另外,热重实验是在缺氧的氮气环境下进行的,所以热失重过程不可能有固定炭的燃烧,燃料乙醇厌氧消化液中除了剩余有机物的分解,矿物质碳酸盐等也发生分解。

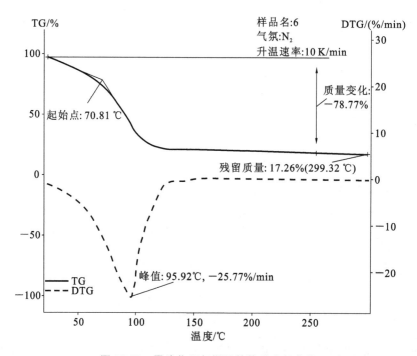

**图 11-32　原消化厌氧污泥的热重分析曲线**

由图 11-33 可知,微波联合芬顿硫酸钙调理后的消化厌氧污泥,TG 曲线有一个明显的失重段,温度范围为 62.46~100 ℃,峰值温度为 79.56 ℃,对应的 DTG 曲线有一个阶段的失重峰,失重率为 25.94%,在 250 ℃时,质量减少 85.25%,热解终止温度为 299.31 ℃时,残留质量为 10.15%。

微波联合芬顿、硫酸钙调理消化厌氧污泥的脱水起始温度和失重峰温度相比原消化厌氧污泥明显前移,发生这一现象可能是芬顿试剂、硫酸钙吸水能力较强,联合调理后的消化厌氧污泥可压缩性降低、絮体以及结构变大、孔隙率增加所致。其他研究表明,城市污泥添加不同絮凝剂改善脱水性能研究得到类似结论[24]。加入药剂调理后的消化厌氧污泥脱水后起始温度和失重峰明显前移,这一现象表明消化厌氧污泥的脱水速率明显提高,也表明了微波联合芬顿、硫酸钙调理有效地改善了消化厌氧污泥的脱水性能。

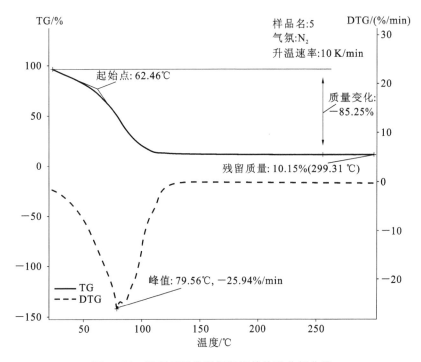

图 11-33　调理后消化厌氧污泥的热重分析曲线

# 11.4　结　　论

本章利用微波加强芬顿、硫酸钙调理消化厌氧污泥,通过 3D 曲面优化图像,对改善污泥脱水性能进行了研究,得出如下结论。

(1)消化厌氧污泥使用微波、硫酸钙、芬顿能够明显改污泥的脱水性能,调理后的消化厌氧污泥离心沉降性能大幅度提高,当使用微波总功 76.80 kJ(640 W、120 s)时,相较原消化厌氧污泥,离心沉降率由 62% 下降到 50%,降幅为 19.4%;当使用硫酸钙(10 g/L)时,离心沉降率由 68% 下降到 62%,降幅为 8.8%;当使用芬顿试剂(40 mg/g)时,在 $Fe^{2+}$、$H_2O_2$ 条件下离心沉降率分别由 76% 下降到 60%,70% 下降到 60%,降幅分别为 21.1%、14.3%。在使用微波、芬顿试剂和硫酸钙联合调理消化厌氧污泥条件下,离心沉降率由 75% 下降到 57%,降幅为 24.0%。因此,同时使用微波、硫酸钙、芬顿试剂比单独使用效果更佳,还可减少芬顿试剂用量。

(2)对于离心后的消化厌氧污泥含水率,在使用微波强化芬顿、硫酸钙调理消化厌氧污泥条件下,消化厌氧污泥离心后含水率由 84.24% 下降到 78.81%,降幅为 6.45%。在单独使用微波（640 W、120 s）、硫酸钙（10 g/L）、芬顿试剂（40 mg/g）时，降幅分别为 5.3%、4.74%、5.4%。相比之下，微波强化芬顿、硫酸钙调理消化厌氧污泥含水率效果最优。因此，微波强化芬顿、硫酸钙调理消化厌氧污能有效地降低污泥的含水率，在降低含水率的同时，使用量也可适量减少。

（3）对于消化厌氧污泥离心后上清液的浊度，在使用微波强化芬顿、硫酸钙调理消化厌氧污泥条件下，消化厌氧污泥离心后上清液的浊度下降极其明显，浊度值从 1230 NTU 直降到 204 NTU，降幅 83.41%；而单独使用微波（640 W、120 s）、硫酸钙（10 g/L）时，浊度值分别从 1800 NTU 降到 1250 NTU（降幅为 30.56%）、从 1161 NTU 降到 961 NTU（降幅为 17.23%），芬顿试剂分别在 $Fe^{2+}$、$H_2O_2$ 条件下由 1230 NTU 降到 591 NTU、1000 NTU，降幅分别为 51.95%、18.70%。在耦合的情况下浊度值最低，浊度值越低，说明泥水分离效果越好。因此，使用微波强化芬顿、硫酸钙调理消化厌氧污泥更有效地降低了消化厌氧污泥离心后上清液的浊度，并且可以减少芬顿试剂用量。

（4）对于消化厌氧污泥 CST，改善效果明显，下降幅度可达 60.01%，因此，微波、硫酸钙和芬顿试剂的联合使用能有效改善污泥的脱水性能。

（5）经过微波、芬顿试剂、硫酸钙在最佳范围内调理过的消化厌氧污泥有机质为 51.04%，而有机肥制备的要求为有机质大于 45%。这表明微波强化芬顿、硫酸钙对于消化厌氧污泥的调理处理后，可以满足有机肥制备需要的条件，并且为微波强化芬顿、硫酸钙调理消化厌氧污泥后续的资源化利用奠定了基础。

（6）电镜扫描结果表明，微波、硫酸钙和芬顿试剂的联合调理，使原本平整的表面出现大的裂痕，且颗粒小、孔洞较多，更适合细胞内水分子的流出。因此可以有效地改善消化厌氧污泥的脱水性能。

（7）热重分析曲线表明，与原消化厌氧污泥相比，经微波、芬顿试剂和硫酸钙调理的消化厌氧污泥起始脱水温度和热重峰温度前移明显。这表明微波强化芬顿、硫酸钙调理污泥可以更好地改善污泥的脱水性能。

## 注释

[1] 张成明,翟芳芳,张建华,等.木薯酒精生产中厌氧消化液的回用工艺研究[J].安徽农业科学,2008(17):7417-7420.

[2] 杨健,周小波.酒精废水消化液预处理试验研究[J].四川环境,2006(1):1-37.

[3] 李华峰.微波预处理对污泥厌氧消化及脱水性能的影响[D].大连:大连海事大学,2012.

［4］ 余林锋.微波破解污泥及其厌氧消化性能的研究［D］.广州：广东工业大学,2008.

［5］ 傅大放,蔡明元,华建良,等.污水厂污泥微波处理试验研究［J］.中国给水排水,1999(6):58-59.

［6］ 洪晨,邢奕,司艳晓,等.芬顿试剂氧化对污泥脱水性能的影响［J］.环境科学研究,2014(6):615-622.

［7］ He D,Wang L,Jiang H,et al. A Fenton-like process for the enhanced activated sludge dewatering［J］. Chemical Engineering Journal,2015(7):128-134.

［8］ 丁绍兰,曹凯,董凌霄.石灰调理对污泥脱水性能的影响［J］.陕西科技大学学报：自然科学版,2015,(4):23-36.

［9］ Zhao Y Q,Bache D H . Conditioning of alum Sludge with polymer and Gypsum［J］. Colloids and Engineering Aspect,2001,194:213-220.

［10］ Abu-orf M M,Dentel S K. Rheology as tool for polymer dose assessment and control［J］. Journal of Enviromental Engineering,1999,125(12):1133-1141.

［11］ 杨国友.脱硫灰与微波辐射协同作用改善污泥脱水性能的研究［D］.广州：华南理工大学,2011.

［12］ Liang J,Huang S,Dai Y,et al. Dewaterability of five sewage sludges in Guangzhou conditioned with Fenton's and/lime pilot-scale experiments using ultrahigh pressure filtration system［J］. Water Research,2015,84:243-254.

［13］ 杨国友,石林,柴妮.生石灰与微波协同作用对污泥脱水的影响［J］.环境化学,2011(3):698-702.

［14］ 蒋波.阳离子型表面活性剂对活性污泥脱水性能的影响及作用机理研究［D］.上海：上海交通大学,2007.

［15］ 田禹,方琳,黄君礼.微波辐射预处理对污泥结构及脱水性能的影响［J］.中国环境科学,2006(4):459-463.

［16］ 李延吉,李润东,冯磊,等.基于微波辐射研究城市污水污泥脱水特性［J］.环境科学研究,2009(5):544-548.

［17］ Jin B,Wilén B M,Lant P. Impacts of morphological,physical and chemical properties of sludge flocs on dewaterability of activated sludge［J］. Chemical Engineering Journal,2004,98:115-126.

［18］ 邢奕,王志强,洪晨,等.芬顿试剂与DDBAC联合调理污泥的工艺优化［J］.中国环境科学,2015(4):1164-1172.

[19] 邢奕,王志强,洪晨,等.基于 RSM 模型对污泥联合调理的参数优化[J].中国环境科学,2014(11):2866-2873.

[20] 中华人民共和国农业部.NY 525—2012 有机肥料[S].北京:中国农业出版社,2012.

[21] 林宁波.微波联合过硫酸钠协同调理改善污泥脱水性能研究[D].长沙:湖南大学,2014.

[22] 伍远辉,罗宿星,瞿飞,等.类芬顿试剂耦合超声对活性污泥脱水性能的影响[J].环境工程学报,2016,(5):2655-2659.

[23] 熊思江.污泥热解制取富氢燃气实验及机理研究[D].武汉:华中科技大学,2010.

[24] 张强,邢智炜,刘欢,等.不同深度脱水污泥的热解特性及动力学分析[J].环境化学,2013,(5):839-846.

# 12 表面活性剂改善厌氧污泥脱水性能

## 12.1 引　　言

### 12.1.1 燃料乙醇厌氧消化污泥产生

近年来,化石能源剩余可采储量日益减少和能源消费量日益增多的矛盾日渐突出。作为石油重要的替代品之一,在 1973 年世界石油危机发出警讯后,生物燃料已经开始引起各石油进口国的广泛关注。随着能源的消耗量越来越大,生物乙醇作为一种新能源在一定程度上可以代替传统的石油能源并逐步推广应用。乙醇汽油是科学实践的产物,在汽油发动的汽车类型中,乙醇加入量占 4%～21%;在专用发动机的汽车类型中,乙醇加入量达到 84%～99%。如今,我国乙醇汽油的使用量占全球乙醇汽油使用量的 26%,是继巴西、美国后崛起的第三大燃料乙醇汽油生产和使用的国家,并且《中华人民共和国可再生能源法》清晰指出,国家鼓舞、支持生产和使用液体生物燃料。然而,在燃料乙醇生产过程中产生了大量的废水,废水经厌氧处理后产生了大量的消化污泥。

### 12.1.2 污泥的性质

一般说来,酒精厌氧污泥的 pH 值在 7.4～7.6 之间,含水率为 97.6%～99.0%,污泥比阻(SRF)是 $1.2 \times 10^3$ m/kg,而其中 N 的含量为 500～600 mg/L,P 的含量为 100～150 mg/L,$K_2O$ 的含量为 1000～1400 mg/L,有机物的含量为 5000～6000 mg/L。可以看出,在此污泥中营养物质含量比较高,适宜作为有机肥的原料。另外,厌氧污泥脱水性能差,因此燃料乙醇厌氧污泥在资源化的过程中需要改善其脱水性能。

### 12.1.3　表面活性剂投加量对污泥脱水性能的改善探索

表面活性剂,有独特的两部分,分别是亲水基和憎水基,有利于改善其脱水性能。李雪等[1]通过试验发现相比一般的絮凝剂,表面活性剂对表面本质的作用更大[2-4]。Allen 等通过研究发现,某些表面活性剂投加到活性污泥中,能降低气/液表面的张力,加强固/液表面的接触面积,减小污泥的微毛孔压力,从而减小污泥压缩后的含水率[5]。所以,加入的表面活性剂作用于污泥,可以提升固液分离的效率[6]。另外,活性污泥中的微生物大量存在,但是以前的研究显示,表面活性剂也可以改变微生物的细胞构造。Yuan 等[7]利用电解法对污泥进行处理,其中加入表面活性剂作为因变量,结果显示加入表面活性剂后,污泥的 SRF 和 CST 明显得到了降低。Yuan 等[7]通过实验得出,相比较污泥中加入 $FeCl_3$、CaO,加入表面活性剂更有利于降低污泥的含水率,提高污泥的脱水性能。该方法对于城市污泥已经广泛应用,但对于乙醇厌氧污泥却很少使用。因此,本章将提出表面活性剂对燃料乙醇厌氧消化污泥脱水性能的改善探索。

### 12.1.4　芬顿试剂投加对污泥脱水性能的改善

研究表明,使污泥絮体结构得到毁坏,减少 EPS 的含量是改善污泥脱水性能的突破口。单独使用芬顿试剂或者和其他试剂共同作用,可以达到更好的污泥脱水作用,具有很广泛的市场发展前景[8]。酸性环境下,由芬顿试剂中的一种试剂 $H_2O_2$ 分解催化生成一种物质叫羟基自由基,羟基自由基是芬顿试剂参与反应的主要物质,具有较强的氧化性,能够氧化污泥中的有机物[9],降解 EPS,最终释放细胞内部水[10]。芬顿试剂氧化作为一种高级氧化方法被认为是污泥调理的替代方法,通过氧化分解 EPS 等有机物,使污泥细胞内部水和结合水大量释放出来,使污泥颗粒粒径变小,散乱的颗粒重新絮凝,进而改善了污泥的脱水机能[11]。E. Neyens 等[12]与 Maha A. Tony 等[13]通过研究指出,芬顿氧化技术应用于改善污泥脱水机理,与现在市场中用有机高分子改善污泥的脱水机理和费用基本一样,具有广阔的市场前景。该方法对于城市污泥已经广泛应用,但对于乙醇厌氧污泥脱水方面的研究较少。

### 12.1.5　表面活性剂协同芬顿效应共同改善污泥脱水性能

单独使用其中一种试剂肯定会存在一定的弊端,目前国内外有不少学者在探索物理和化学作用的耦合[14],从而追求效果更佳、操作更简单、更适应市场的方式。表面活性剂依赖自身独特的亲水基和憎水基,能够转变污泥絮凝体的结构和界面本性[15],使污泥中的水转化成自由水,增加空隙,使得污泥的脱水性能得到改善,并且表面活性剂对污泥絮体上 EPS 具有剥落和促进水解的作用[16],可以进一步提高污泥的脱水能力,但若是污泥中存在过多的表面活性剂,在其强烈吸附架桥作用下,会产生大量的自由水,使其松散且污泥沉降率变高,从而导致了污泥的沉降性能变差[17]。芬顿试剂对于污泥的调理作用,表现为促进 TB-EPS 转变成结合度更低的 L-EPS 和 S-EPS,氧化分解 EPS 等有机物,进而使污泥中细胞内部水和结合水大量开散出来,增加了污泥的脱水机能,但是芬顿试剂投加量过高会对污泥脱水效果产生不利影响[18],操作条件难控制,单纯使用芬顿试剂存在试剂投加量大、二次污染严重等矛盾,在工业上运用不广。

因此,表面活性剂耦合芬顿效应,能够互取优点,具有一定的优越性和前景。结合两种试剂对污泥脱水的影响利弊,使污泥的脱水性能在很大程度上有所改善,降低二次回收利用处理的难度,减少单独使用芬顿调理污泥时的投加量[19],同时探索一种新的高效、低成本、无环境危害并有利于燃料乙醇厌氧消化污泥后续处理的联合调理方法,以提高脱水性能[20]。本研究对解决污泥脱水问题,促进污泥资源化利用,降低后续处理成本等,具有一定的现实意义和应用价值。

# 12.2　实验材料与方法

## 12.2.1　材料

实验污泥样品取自南阳××集团的厌氧消化污泥,含水率为 91.01%～91.83%。实验所用的表面活性剂取自苏州××有限公司的十二烷基硫酸钠(SDS),其呈颗粒状;芬顿试剂由 $H_2O_2$(30%)和 $FeSO_4$(固体)按一定比例配制而成。

## 12.2.2　实验仪器

此次实验主要用到的仪器如表 12-1 所示。

表 12-1　　　　　　　　　　　　　　实验仪器

| 仪器编号 | 仪器名称 | 主要测量内容 | 备注 |
|---|---|---|---|
| 1 | 电子分析天平 | 称量药品质量 | FA2004B |
| 2 | 卤素水分测定仪 | 测量污泥含水率 | XY-102MW 系列 |
| 3 | 污泥比阻 | 测量污泥比阻的大小 | QBP347 |
| 4 | 扫描电镜 | 观察污泥表面结构 | — |

续表

| 仪器编号 | 仪器名称 | 主要测量内容 | 备注 |
|:---:|:---:|:---:|:---:|
| 5 | 热重分析仪 | 测量污泥脱水起始 | NETZSCH STA449F3 |
| 6 | 台式离心机 | 使污泥固液分离,测量其沉降率 | — |
| 7 | 旋转黏度计 | 测量污泥黏度 | SNB-1 型 |
| 8 | 马弗炉 | 加热,使污泥中有机物挥发 | KXX 型系列 |
| 9 | 电烤箱 | 使污泥中水分蒸发 | |
| 10 | CST 测定仪 | 测量污泥毛细吸水时间 | HKG-1 |

### 12.2.3　实验过程

本文先通过表面活性剂和芬顿试剂单因素测定出各自的最佳范围;然后通过 Design-Expert 8.0 软件确定出多因素的 17 组实验数据内容,再根据 17 组实验数据内容用实验仪器得出数据;接着返回到响应优化曲面软件,代入实验数据,得出回归模型方差分析表;最后得出 3D 响应曲线图与等高线,且确定出最优值。

### 12.2.4　实验方法

#### 12.2.4.1　燃料乙醇厌氧污泥的取样

实验污泥样品取自于南阳××集团的厌氧消化污泥。取回来后静置 24 h,倒入大烧杯中备用,含水率在 91.04%～91.84% 之间。

#### 12.2.4.2　表面活性剂与芬顿试剂的配制

配制芬顿试剂时,将 $H_2O_2$(30%)和 $FeSO_4$(固体)按照 18∶1 的比例配置 6 组样品,如表 12-2 所示。将芬顿试剂按照表 12-2 的不同剂量加入原污泥样品中,充分反应 20 min。表面活性剂配置为 20% 的浓度放在烧杯中,以备后期实验数据分析使用。

表 12-2　　　　　　　　　　芬顿试剂的配置

| 样品 | S1 | S2 | S3 | S4 | S5 | S6 |
|:---:|:---:|:---:|:---:|:---:|:---:|:---:|
| $H_2O_2$/mL | 0.3 | 0.4 | 0.5 | 0.6 | 0.8 | 1.08 |
| $FeSO_4$/g | 0.016 | 0.022 | 0.027 | 0.033 | 0.044 | 0.06 |

### 12.2.4.3 燃料乙醇厌氧污泥的离心沉降分析

取一定量的原厌氧消化污泥,倒入 300 mL 的烧杯中。然后根据表 12-1 中的数据加入芬顿试剂,快速搅拌 2 min,并加入 8% 的表面活性剂,匀速搅拌20 min。搅拌结束后,将烧杯中的污泥移入 10 mL 离心机量筒内,观测在 3 min、6 min、9 min、12 min、15 min、18 min 后的厌氧消化污泥离心沉淀的体积变化,计算污泥离心沉降率。

### 12.2.4.4 燃料乙醇厌氧污泥的浊度分析

燃料乙醇厌氧消化污泥的浊度分析,是指经过离心后利用浊度分析仪对离心沉降后的上清液进行浊度测定。浊度能够清晰地显示实验污泥经过离心处理后透过光的强度,浊度仪测出的值越小,说明透光率越好,酒精厌氧污泥的脱水性能越好。

### 12.2.4.5 燃料乙醇厌氧污泥的比阻

污泥比阻(SRF)可以直观地表现出污泥脱水性能的好坏,污泥比阻越大,污泥的过滤性越差,则污泥的脱水性能也越差;污泥比阻越小,则污泥的过滤性越好,即脱水性能越好。

将定性滤纸放入漏斗中,加入乙醇厌氧消化污泥,在一定的真空压力下($0.4\sim0.6$ MPa)抽滤,厌氧消化液的 $t/V$ 与 $V$ 呈正比关系,并有如下关系式[8]:

$$\frac{t}{V} = \frac{\mu\omega\,\mathrm{SRF}}{2PA^2}V + \frac{\mu R_i}{PA} \tag{12-1}$$

污泥比阻计算公式为:

$$\mathrm{SRF} = \frac{2PA^2 b}{\mu\omega} \tag{12-2}$$

运用式(12-1)对所测的数据进行线性回归分析,把斜率 $b$ 解出之后,再运用式(12-2)得到厌氧污泥的比阻 SRF。求得 SRF 为 $1.106\times10^{13}$ m/kg。

### 12.2.4.6 污泥的黏度及含水率

称取 500 mL 酒精厌氧消化污泥于小烧杯中,接通黏度计电源,启动仪器,选取合适的转子,在仪器上选取相对应的转子和转速,将转子淹没至刻度线,等待一定时间,待显示屏数据稳定保持不变后读数取值。

称取 $2\sim4$ g 原实验样品(厌氧消化污泥),用卤素水分测定仪直接测定其含水率,在显示屏上读数并记录数据。

### 12.2.4.7　污泥有机质的测定

此次实验采用燃烧法来测定污泥有机质的含量,称取 2～5 g 的厌氧消化污泥,用卤素水分测定仪测其含水率,将其放置在已称重的瓷坩埚中,然后在 105 ℃ 烘箱中烘 2 h,待冷却至室温后称量并记录数据。放入 550 ℃ 左右马弗炉中灰化 90 min,移至干燥器冷却至室温,恒重后称量并计算。

### 12.2.4.8　污泥毛细吸水时间的测定

取原样品厌氧消化污泥和表面活性剂及芬顿试剂处理的酒精厌氧消化污泥 5 g 置于不锈钢漏斗内,并置于特制的滤纸上方,待听到第一声蜂鸣声时开始计时,待听到第二声蜂鸣声时计时结束,记录数据。测得初始酒精厌氧消化污泥的 CST 为 1889 s。

### 12.2.4.9　污泥电镜扫描分析

分别取原厌氧消化污泥、芬顿试剂耦合表面活性剂调理后的厌氧消化污泥 4 g 左右,置于定制器皿中,自然干燥后在 HV 为 30.00 kV 的条件下进行扫描电镜 (SEM)分析。

### 12.2.4.10　污泥的热重分析

分别称取原厌氧消化污泥样品、芬顿试剂及表面活性剂耦合处理的酒精厌氧消化污泥 4 g 左右,自然风干后在升温速率为 10 K/min,气氛为 $N_2$ 的条件下进行热重(TG-DTG)分析。

# 12.3　结果与讨论

## 12.3.1　污泥沉降率结果

在原厌氧消化污泥中加入定量的表面活性剂(SDS)和芬顿试剂,随时间的增加进行离心沉降分析,结果如图 12-1、图 12-2 所示。

随着表面活性剂量的增多,污泥离心沉降率(SV)随时间增加变动如图 12-1 所示。表面活性剂的投加限度是 1％～10％(表面活性剂与污泥干重比为 2％～10％)。由图 12-1 可明显看出,原污泥的离心沉降性能相对比较差,在加入表面活性剂后污泥离心沉降率总体呈现下降趋势,污泥脱水性能得到明显改善,当表面活

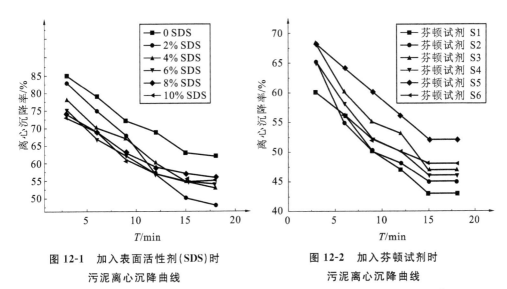

图 12-1  加入表面活性剂(SDS)时
污泥离心沉降曲线

图 12-2  加入芬顿试剂时
污泥离心沉降曲线

性剂的投加量为 2% 时,污泥的离心沉降率下降到了 48%,降幅达到 25%;当表面活性剂的投加量继续增加至 4%～10% 时,离心沉降率反而上升至 50%,最终污泥沉降率在 55% 左右,降幅达到 20%。随时间增加,污泥沉降性能也得到了明显改善,在 15～16 min 时离心沉降后效果较为明显,此后离心沉降率基本保持不变。研究[17]表明,若污泥中有过多的表面活性剂,在剧烈依附架桥的条件下,出现的这些絮体将其附近的部分自由水结合成更大的团状颗粒,进而使游离小颗粒形成足量的游离水,造成絮体松散、粒径变小且污泥沉降率增大,进一步使得污泥沉降性能变差。这与李雪等[1]的研究结果有些不同,这可能是由于城市污泥的含水率高,压缩性较好。所以,表面活性剂的最佳投加量在 2%～10% 之间。

芬顿试剂的加入也有利于改善厌氧消化污泥的脱水性能,芬顿试剂中的 $H_2O_2$ 催化分解产生羟基自由基,它是芬顿试剂参与反应的关键物质,具有强氧化性,可以将污泥中的有机化合物氧化分解[18],降解 EPS,最终释放细胞内部水[19]。芬顿试剂加入量随时间变化时污泥离心沉降率的变化如图 12-2 所示。芬顿试剂投加范围:$H_2O_2$(30%)投加量为 0.1～1.08 mL,$FeSO_4$ 投加量为 0.0055～0.022 g。由图 12-2 可以看出,原污泥中加入芬顿试剂,污泥沉降率总体呈下降趋势,污泥脱水性能得到明显改善。当 $H_2O_2$(30%)投加量为 0.4 mL 和 $FeSO_4$ 投加量为 0.022 g(S2)时,污泥的沉降率下降到 46%,降幅达到 30%。随着芬顿试剂投加量的增加,污泥沉降率在 46%～50% 之间。司艳晓的研究也显示随着芬顿反应的进行,污泥氧化分解程度及可释放的结合水含量降低,并且芬顿试剂投加量不同,污泥脱水性能也不同。所以,$H_2O_2$(30%)最佳投加量为 0.3～1.08 mL,$FeSO_4$ 最佳投加量在 0.016～0.06 g 之间。

### 12.3.2　上清液浊度结果

　　芬顿试剂的加入也有利于改善厌氧消化污泥的脱水性能,芬顿试剂中的 $H_2O_2$ 催化分解产生羟基自由基,羟基自由基是芬顿试剂参与反应的关键物质,有较强的氧化性,能够将污泥中的有机物氧化分解。原厌氧消化污泥离心上清液浊度与不同投加量 SDS,芬顿试剂离心后的上清液浊度对比数据如图 12-3 所示。表中数据表明,原厌氧消化污泥离心沉降后上清液的浊度较高,说明其离心沉降的效果不好。单独加入表面活性剂经离心沉降后的上清液,浊度明显降低,说明表面活性剂投加量对污泥的沉降性能有一定的改善。仅加入芬顿试剂时,污泥离心上清液浊度下降得更快,表明投加一定量的芬顿试剂对于污泥的沉降性能有明显的改善。当按照 S2 的投加量投加芬顿试剂时,浊度下降了 46.7%。浊度下降至 406 NTU。

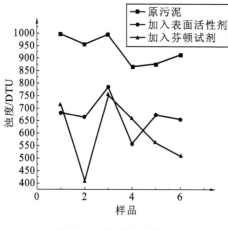

图 12-3　污泥浊度曲线

　　原污泥与加入不同量表面活性剂、芬顿试剂离心上清液浊度对比如图 12-3 所示。由图可以看出,加入表面活性剂、芬顿试剂后离心上清液浊度明显降低,这说明加入表面活性剂或者芬顿试剂明显可以改变污泥的沉降性能。吕文杰的研究[22]表明,表面活性剂和芬顿试剂投加量的存留,隔离阻断了水分子与聚电解质链的联系,代替水分子与聚电解质链组合成了新的一种复合体,释放出一些细胞内部水,提升了污泥的脱水性能。本研究实验结果与该结论上很大程度上相似。在 S2 投加量时,离心沉淀上清液浊度明显降到最低。在 S1~S6 投加量时,浊度在其附近波动,进一步表明表面活性剂的最佳投加量在 2%~10% 之间,$H_2O_2$(30%)最佳投加量为 0.3~1.08 mL 和 $FeSO_4$ 投加量在 0.016~0.06 g 之间。

### 12.3.3　污泥毛细吸水时间

　　乙醇厌氧消化污泥在表面活性剂和芬顿试剂调理后,其 CST 值变化规律如图 12-4 和图 12-5 所示。

　　从图 12-4 能够得到,加入表面活性剂调理后,污泥的 CST 呈现出一个急速滑落的时间段。CST 从刚开始的 1889 s 迅速下跌到 1% 表面活性剂时的 950 s,然后缓慢下降至 2% 表面活性剂时的 890 s。之后的变化慢慢平缓，基本维持在 910～930 s 之间。CST 值可以良好地反映剩余污泥的过滤性能，其值越小，可认为剩余污泥过滤性能越快、越好[21]。所以，可确定表面活性剂最佳投加量范围是 2%～10%。

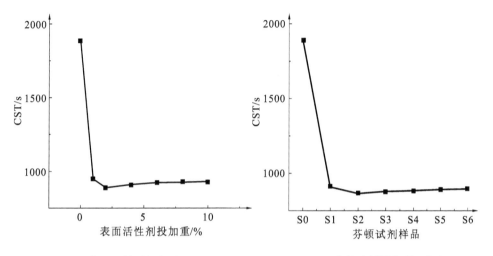

图 12-4　表面活性剂投加量下污泥 CST 的变化      图 12-5　芬顿试剂投加量下污泥 CST 的变化

从图 12-5 可以看出，加入芬顿试剂调理后，污泥的 CST 逐渐下降。CST 从刚开始的 1889 s 迅速下跌到 S1 $FeSO_4$ 为 0.016 g 和 $H_2O_2$(30%)为 0.3 mL 时 905 s，然后慢速下降至 S2 $FeSO_4$ 为 0.022 g 和 $H_2O_2$(30%)为 0.4 mL 时 866 s。之后又有一小段的上涨，基本维持在 870～890 s 之间。加入药剂后，CST 会快速下跌，然后慢慢平缓，这与曾祥国[21]的研究有相似之处。从试剂节约和使脱水能力最佳两方面考虑，可确定芬顿试剂最佳投加量的范围是 $H_2O_2$(30%)最佳投加量为 0.3～1.08 mL 和 $FeSO_4$ 投加量为 0.016～0.06 g。此时污泥 CST 值对比初始时下降 47.23%，污泥的脱水性能得到了大大的改善。

### 12.3.4　对乙醇厌氧污泥耦合实验的模型方差分析

根据 Box-Behnken 实验方案中的内容得出实验数据，然后通过 Design-Expert 8.0 软件求出多元二次多项方程式(12-3)中的所有系数，进而获得回归方程的模型，并对实验结果值进行模型方差分析，最后得到二次回归方程的模型方差分析表（表 12-3）。

表 12-3 响应面实验设计及结果

| 编号 | 编码值 | | | 离心沉降率 | | 上清液浊度 | |
|---|---|---|---|---|---|---|---|
| | $X_1$ | $X_2$ | $X_3$ | 实际值 | 预测值 | 实际值 | 预测值 |
| 1 | 0 | 0 | 0 | 45 | 45 | 294 | 294 |
| 2 | 0 | 0 | 0 | 45 | 45 | 294 | 294 |
| 3 | 1 | 0 | 1 | 53 | 51.7 | 645 | 701.5 |
| 4 | 0 | 0 | 0 | 45 | 45 | 294 | 294 |
| 5 | 1 | 1 | 0 | 58 | 59.5 | 483 | 544.6 |
| 6 | 0 | 1 | −1 | 60 | 57.4 | 536 | 611.1 |
| 7 | 0 | 1 | 1 | 62 | 61.9 | 817 | 698.9 |
| 8 | 1 | 0 | −1 | 55 | 56.1 | 762 | 625.3 |
| 9 | 0 | −1 | −1 | 53 | 53.1 | 565 | 683.1 |
| 10 | −1 | 1 | 0 | 56 | 57.3 | 536 | 571.4 |
| 11 | 0 | −1 | 1 | 52 | 54.7 | 980 | 904.9 |
| 12 | 0 | 0 | 0 | 45 | 45 | 294 | 294 |
| 13 | 1 | −1 | 0 | 48 | 46.8 | 526 | 544.6 |
| 14 | −1 | −1 | 0 | 60 | 58.5 | 857 | 795.4 |
| 15 | −1 | 0 | 1 | 65 | 63.9 | 755 | 891.8 |
| 16 | 0 | 0 | 0 | 45 | 45 | 294 | 294 |
| 17 | −1 | 0 | −1 | 52 | 53.4 | 715 | 658.5 |

式(12-3)是通过最小二乘法拟合的二次多项方程:

$$Y = \beta_0 + \sum_{i=1}^{3}\beta_i X_i + \sum_{j=1}^{3}\beta_{ii}X_i^2 + \sum \cdot \sum_{i<j=2}^{3}\beta_{ij}X_iX_j \qquad (12-3)$$

式中 $Y$——将要测的响应值;

$X_i,X_j$——自变量的代码值;

$\beta_0$——常数项;

$\beta_i$——线性系数;

$\beta_{ii}$——二次项系数;

$\beta_{ij}$——交互项系数。

按 Box-Behnken 实验设计的预测结果显示,有 17 组实验内容对上述回归方程的各项回归系数来拟合分析。

### 12.3.4.1　离心沉降率减少率模型方差分析

污泥离心沉降率减少率的相关性方程的模型是：

$$Y = 45 - 0.62X_1 + 4.5X_2 + 1.88X_3 + 0.5X_1X_2 - 4.25X_1X_3 + 0.5X_2X_3 + 3.38X_1^2 + 4.12X_2^2 + 7.38X_3^2 \tag{12-4}$$

污泥沉降率回归方程模型的方差分析见表 12-4。

表 12-4　**污泥沉降率回归方程模型的方差分析**

| 来源 | 平方和 | 自由度 | 均方 | $F$ | $P$ |
| --- | --- | --- | --- | --- | --- |
| | SS | DF | MS | | (Prob>$F$) |
| 模型 | 680.01 | 9 | 75.59 | 19.06 | 0.0004 |
| $X_1$ | 45.12 | 1 | 45.12 | 11.38 | 0.0119 |
| $X_2$ | 66.13 | 1 | 66.13 | 16.68 | 0.0047 |
| $X_3$ | 18.00 | 1 | 18.00 | 4.54 | 0.0706 |
| $X_1X_2$ | 49.00 | 1 | 49.00 | 12.36 | 0.0098 |
| $X_1X_3$ | 56.25 | 1 | 26.25 | 14.19 | 0.0070 |
| $X_2X_3$ | 2.25 | 1 | 2.25 | 0.57 | 0.4758 |
| $X_1^2$ | 105.26 | 1 | 105.26 | 26.55 | 0.0013 |
| $X_2^2$ | 127.37 | 1 | 127.37 | 32.13 | 0.0008 |
| $X_3^2$ | 164.47 | 1 | 164.47 | 41.49 | 0.0004 |
| 残差 | 27.75 | 7 | 3.96 | | |
| 拟合不足 | 27.75 | 4 | 9.25 | | |
| 误差 | 0 | 3 | 0 | | |
| 总误差 | 707.36 | 16 | | | |

在式(12-4)中，变量 $X_2$ 的系数为正，说明模型方程抛物线的朝向为上，有极小值点，可以实现最优值的阐述，若二次项的系数为负，说明变量 $X_2$ 的负向变动可以导致响应值的缩减[22]。该模型的方差分析和突出性查验结果见表 12-4，此方程模型的 $F$ 值为 19.06，表明模型具有重要的高度明显性。模型的 Prob 大于 $F$ 值0.0004，远小于 0.05，表现出回归性较好。模型的 S/N(信噪比)是 12.615，远大于 5，$R_{adj}^2$(校正系数对)是 0.9146，表明此模型能够阐述约 95% 的响应值变

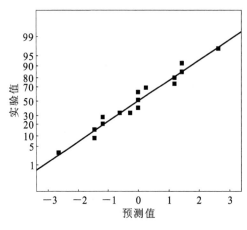

**图 12-6  污泥沉降率的实验值与预测值的比较**

动,仅有总变异的 5% 不能用此模型阐述。模型的相关性水准通常用回归系数 $R_z$ 体现,当 $R_z$ 靠近 1 时,表明经验模型可以很好地响应实验数据;反之,$R_z$ 越小,表明回归性比较差[23]。该模型相关系数对为 0.9626,因而此模型拟合程度比较高。可以对表面活性剂,芬顿试剂联合调理酒精厌氧消化污泥不同作用时间和投加量条件下的污泥沉降率进行预测。图 12-6 所示为污泥沉降率实验值和预测值的对比,斜率是 0.943,接近 1,表明总体可以用该模型的预测值取代实验值进行剖析。

### 12.3.4.2  离心上清液浊度模型方差分析

离心上清液浊度相关性方程的模型是:

$$Y = 294 - 55.88X_1 - 69.5X_2 + 77.38X_3 + 69.5X_1X_2 - 39.25X_1X_3 -$$
$$33.5X_2X_3 + 150.63X_1^2 + 115.88X_2^2 + 274.63X_3^2 \quad (12\text{-}5)$$

离心上清液浊度相关性模型方程的方差分析见表 12-5 所示。

表 12-5 　　　　　　**离心上清液浊度相关性模型方程的方差分析**

| 来源 | 平方和 | 自由度 | 均方 | $F$ | $P$ |
|---|---|---|---|---|---|
| | SS | DF | MS | | (Prob>$F$) |
| 模型 | $7.106 \times 10^5$ | 9 | 78951.22 | 6.06 | 0.0134 |
| $X_1$ | 24976.12 | 1 | 24976.12 | 1.92 | 0.2089 |
| $X_2$ | 38642.00 | 1 | 38642.00 | 2.96 | 0.1288 |
| $X_3$ | 47895.12 | 1 | 47895.12 | 3.67 | 0.0968 |
| $X_1X_2$ | 19321.00 | 1 | 19321.00 | 1.48 | 0.2629 |
| $X_1X_3$ | 6162.25 | 1 | 6162.25 | 0.47 | 0.5139 |
| $X_2X_3$ | 4489.00 | 1 | 4489.00 | 0.34 | 0.5758 |
| $X_1^2$ | 95527.96 | 1 | 95527.96 | 7.33 | 0.0303 |
| $X_2^2$ | $1.023 \times 10^5$ | 1 | $1.023 \times 10^5$ | 7.85 | 0.0265 |

续表

| 来源 | 平方和 | 自由度 | 均方 | $F$ | $P$ |
| --- | --- | --- | --- | --- | --- |
| | SS | DF | MS | | (Prob$>F$) |
| $X_3^2$ | $3.176\times10^5$ | 1 | $3.176\times10^5$ | 24.36 | 0.0017 |
| 残差 | 91269.25 | 7 | 13038.46 | | |
| 拟合不足 | 91269.25 | 4 | 30423.08 | | |
| 误差 | 0 | 3 | 0 | | |
| 总误差 | $8.018\times10^5$ | 16 | | | |

在式(12-5)中，$X_1$、$X_2$变量的系数为负，说明该变量的负向变动可以导致响应值的缩减，二次项系数为正，说明模型方程抛物线的朝向为上，有极小值点，可以实现最优值的阐述[23]。该模型的方差分析和明显性查验结果见表12-5，此方程模型的$F$值为6.06，表明模型具有高度的明显性。模型的S/N（信噪比）为6.975，大于5，$R_{adj}^2$（校正决定系数对）为0.7398，说明该模型能够阐述约95%的响应值变化，只有总变异的5%不能用该模型解释。模型的相关性水准通常用回归系数$R_z$体现，当$R_z$接近1时，表明经验模型可以很好地

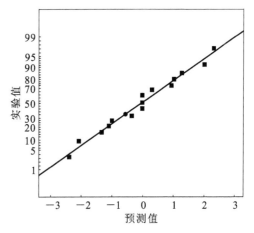

图 12-7　污泥上清液浊度的实验值与
预测值的比较

响应实验数据；反之，$R_z$越小，表明回归性比较差[24]，该模型相关系数对为0.8862，因而此模型拟合程度比较高，可以对表面活性剂、芬顿试剂联合调理酒精厌氧消化污泥不同作用时间和投加量条件下的离心后上清液浊度进行预测。图 12-7 所示为实验值和预测值的对比，斜率是 0.975，接近 1，表明总体可以用该模型的预测值取代实验值进行剖析。

## 12.3.5　响应曲面图与参数优化

为了更确切地说明表面活性剂和芬顿试剂共同作用对污泥离心沉降率和离心上清液浊度的影响和表现出响应曲面函数的机能，用 Design-Expert 8.0 软件能够作出每组自变量不同且以此为坐标轴的空间曲面图形以及等高线图，如图 12-8～图 12-13 所示。

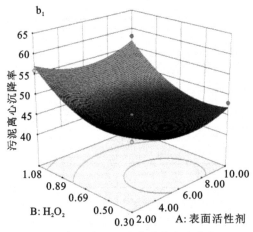

图 12-8　污泥离心沉降率减少率响应曲面 1

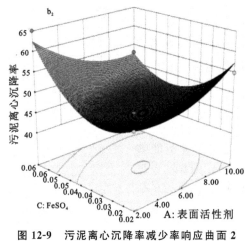

图 12-9　污泥离心沉降率减少率响应曲面 2

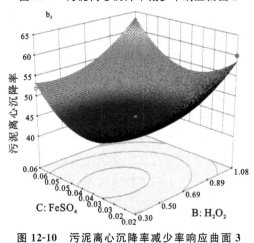

图 12-10　污泥离心沉降率减少率响应曲面 3

### 12.3.5.1　污泥离心沉降率的曲面响应图和参数优化

图 12-8 所示为当 $FeSO_4$ 为 0.04 g 时,表面活性剂和 $H_2O_2$(30%)投加量对污泥离心沉降率的影响。可以看出,在投加量的限度内,污泥离心沉降率随 $H_2O_2$(30%)加入量的浓度增大表现出减少的趋向,持续增加 $H_2O_2$(30%)投加量,污泥离心沉降率却呈现出上升走势,说明过多的 $H_2O_2$(30%)会使离心沉降率增大;同理,污泥离心沉降率跟从表面活性剂的浓度增大在一定范围内表现出降低趋势,超过一定范围离心沉降率会增加。图 12-9 所示为当 $H_2O_2$(30%)投加量为 0.69 mL 时,表面活性剂投加量和 $FeSO_4$ 对污泥离心沉降率的影响。可以得出,随着 $FeSO_4$ 和表面活性剂投加量的增加,污泥离心沉降率总体呈先下降后上升的趋势,但是都有一定的范围,超出这一范围离心沉降率会回升。图 12-10 所示为表面活性剂为 6% 时,$FeSO_4$ 和 $H_2O_2$(30%)投加量对离心沉降率的影响。可以明显地看到,在一定的限度内,污泥离心沉降率随 $FeSO_4$ 投加量的增多表现出降低的趋向,持续加入 $FeSO_4$ 时,污泥离心沉降率却呈现上涨趋势,与 $H_2O_2$(30%)加入量对污泥离心沉降率的影响走势总体相同。所以,需要对 $H_2O_2$(30%)、$FeSO_4$ 和表面活性剂投加量进行优化组合,以使污泥离心沉降率降至最低。

### 12.3.5.2　离心上清液浊度曲面响应图和参数优化

图 12-11 所示为当 $FeSO_4$ 投加量为 0.04 g 时,表面活性剂和 $H_2O_2$(30%)投加量对污泥离心上清液浊度的影响。可以看出,在一定的投加量限度内,污泥离心上清液浊度随 $H_2O_2$(30%)投加量的增多呈现降低的趋向,持续增加 $H_2O_2$(30%)投加量,污泥离心上清液浊度反而呈上升趋势,表明过量的 $H_2O_2$(30%)会使离心上清液浊度增大;同理,污泥离心上清液浊度随表面活性剂的增加在一定范围内呈降低趋势,超过一定范围时离心上清液浊度会增加。图 12-12 所示为当 $H_2O_2$(30%)投加量为 0.69 mL 时,表面活性剂投加量和 $FeSO_4$ 投加量对污泥离心上清液浊度的影响,可以看出,随着 $FeSO_4$ 投加量和表面活性剂(SDS)浓度增大,污泥离心上清液浊度总体呈先下降后上升的趋势,但是都有一定的范围,超出这一范围离心沉降率会回升。图 12-13 所示为当表面活性剂为 6% 时,$FeSO_4$ 和 $H_2O_2$(30%)投加量对离心上清液浊度的影响,可以明显看出,在一定的限度内,污泥离心上清液浊度随 $FeSO_4$ 投加量的增加表现出降低的趋向,持续投加 $FeSO_4$,污泥离心上清液浊度却呈现上涨走势,与 $H_2O_2$(30%)投加量对污泥离心上清液浊度的影响走势总体相同。所以,需要对 $H_2O_2$(30%)、$FeSO_4$ 和表面活性剂投加量进行优化组合,以便使污泥离心上清液浊度降至最低。

使用响应曲面模型明确共同作用过程中变量存在的最佳范围,由此可知,离心沉降率的相关性方程模型在编码值 $X_1 = 0.133$, $X_2 = -0.158$, $X_3 = -0.114$ 时取得最小值,对应表面活性剂、$H_2O_2(30\%)$ 和 $FeSO_4$ 投加量分别为 6.32%、0.48 mL 和 0.04 g,把编码参数 $X_1$、$X_2$、$X_3$ 的值分别代入离心沉降率减少率回归方程模型中,可得离心沉降率减少率为 44.26%;离心沉降率减少率的回归模型方程在编码系数 $X_1 = 0.129$, $X_2 = 0.167$, $X_3 = -0.121$ 时取得极大值,为 45.79%,对应的表面活性剂、$H_2O_2(30\%)$ 和 $FeSO_4$ 的投加量分别为 6.52%、0.76 mL 和 0.04 g,将编码变量 $X_1$、$X_2$、$X_3$ 的值代入离心上清液浊度模型方程,可得离心上清液浊度为 278.36。根据图形与结果综合考虑,最佳投加量是:表面活性剂、$H_2O_2(30\%)$ 和 $FeSO_4$ 分别为 6.32%、0.48 mL 和 0.04 g。

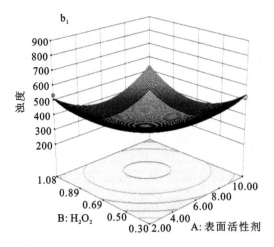

图 12-11　离心上清液浊度响应曲面 1

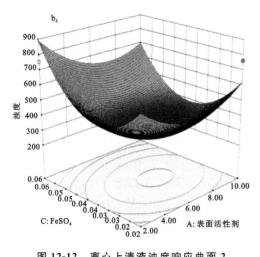

图 12-12　离心上清液浊度响应曲面 2

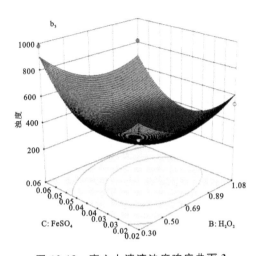

图 12-13　离心上清液浊度响应曲面 3

## 12.3.6　最优值验证

为验证曲面模型方程最佳条件的精确性和实用性,在表面活性剂(SDS)为 6.32%,$H_2O_2$ 和 $FeSO_4$ 的投加量分别 0.48 mL 和 0.04 g 的条件下进行验证。得出污泥离心沉降率减少率为(44.34±0.69)%,离心上清液浊度为(278.88± 0.56)NTU,与模型预测值基本吻合。鉴于此方法,所得的最优变量正确、实用,因此响应曲面法对乙醇厌氧消化污泥的解决方法和优化具有一定的引导价值。

### 12.3.6.1　污泥扫描电镜图片分析

将原厌氧消化污泥扫描电镜图片与加入表面活性剂、表面活性剂耦合芬顿试剂的厌氧消化污泥的扫描电镜图片(2500 倍),如图 12-14~图 12-16 所示。

图 12-14　原厌氧消化污泥　　图 12-15　表面活性剂处理后的　　图 12-16　表面活性剂耦合
　　　　　　　　　　　　　　　　　　　　　厌氧消化污泥　　　　　　　　　芬顿试剂的厌氧消化污泥

三种厌氧消化污泥样品通过 SEM 电镜扫描,从微观的方面观察污泥的结构。图 12-14 为原燃料乙醇厌氧消化污泥,看出此厌氧消化污泥颗粒的表面不太规则且孔隙较大。从图 12-15 和图 12-16 可以看出,两者结构相似,都有连续的表面,污泥絮体粒径相比原厌氧消化污泥明显变小,这是因为表面活性剂耦合芬顿试剂调理絮凝污泥的高压缩性致使厌氧消化污泥的孔隙闭合,使污泥中的水分更容易去除。Sheng H. Lin 等[25]通过对污泥的电镜扫描观察也得出了相似的结论,即经芬顿试剂处理过的污泥会出现连续的表面。

### 12.3.6.2　燃料乙醇厌氧消化污泥热重分析

将原燃料乙醇厌氧消化污泥、表面活性剂(6%)与芬顿试剂($H_2O_2$ 为 0.69 mL,$FeSO_4$ 为 0.04 g)耦合调理后的厌氧消化污泥,与原燃料乙醇厌氧消化污泥样品进行热重分析,热重分析结果见图 12-17、图 12-18。

由图 12-17 可知,原厌氧消化污泥 TG 曲线有一个明显的失重段,温度范围为 81.78~130 ℃,峰值温度为 101.43 ℃,此温度下,由于厌氧污泥内的水分少量蒸发,相应的 DTG 曲线有一个阶段的失重峰,失重率为 40%,在 260 ℃时,质量减少 88.42%,热解终止温度为 299.37 ℃时,残留质量为 7.03%。熊思江[26]研究的污泥热解结果显示:在一定温度下,大分子有机物分子键断裂,使大量污泥内气水分挥发析出,同时伴随着大分子有机物的分解释放出气体,如 $CO_2$、$CH_4$、$H_2$。本实验结果与之相似。

由图 12-18 可知,样品是由表面活性剂耦合芬顿试剂调理后的燃料乙醇厌氧消化污泥,TG 曲线有一个明显的失重段,温度范围为 60.53~90 ℃,峰值温度为 82.52 ℃,对应的 DTG 曲线有一个阶段的失重峰,失重率为 25.32%,在 250 ℃时,质量减少 86.02%,热解终止温度为 299.37 ℃时,残留质量为 9.59%。表面活性剂耦合芬顿试剂调理的厌氧消化污泥的脱水起始温度和失重峰温度相比原燃料乙醇厌氧消化污泥明显前移,发生这一现象的原因可能是厌氧消化污泥经过表面活性剂和芬顿试剂的调理,吸水能力增强,导致了吸附在表面的结晶水更易热解挥发,进而调理后的污泥结构变大,孔隙率增多。张强等对城市污泥添加不同试剂改善脱水性能的研究也得到相似结论[27]。

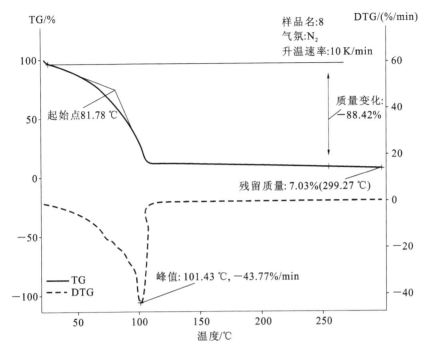

图 12-17　厌氧消化污泥的热重分析曲线

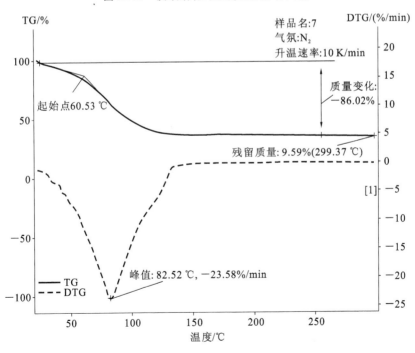

图 12-18　表面活性剂耦合芬顿试剂调理厌氧消化污泥热重分析曲线

# 12.4　结　　论

本章利用表面活性剂耦合芬顿试剂改善对燃料乙醇厌氧消化污泥的脱水性能进行了研究,利用曲面响应优化软件得出多因素最佳实验条件,主要结论如下。

(1)燃料乙醇厌氧消化污泥添加表面活性剂可以明显改善脱水性能,调理后厌氧消化污泥的沉降性能大幅度提高,浊度与含水率下降较明显。当表面活性剂投加量为 6%时,相比原厌氧消化污泥,离心沉降率由 62%下降到 48%;浊度由 957 NTU 下降到 664 NTU,降幅达到了 30.6%左右。

(2)单独使用芬顿试剂($H_2O_2$ 为 0.4 mL、$FeSO_4$ 为 0.022 g)改善厌氧消化污泥脱水性能时,离心沉降率下降到 47%左右。表面活性剂(SDS)耦合芬顿试剂时,与单独使用芬顿试剂改善厌氧消化污泥脱水性能时污泥离心沉降率减少率又进一步增大,因此,适当加入表面活性剂能够减少芬顿试剂的投加量。

(3)电镜扫描结果表明,加入表面活性剂和芬顿试剂后,乙醇厌氧消化污泥颗粒形成孔隙,污泥絮凝体变得更加紧密,空隙粒径变大,水分通过更加顺利,从而使厌氧消化污泥的脱水性能得到改善。

(4)表面活性剂耦合芬顿试剂可以明显改善污泥的脱水性能,调理的最佳范围:表面活性剂为 2%～10%,$H_2O_2$(30%)为 0.3～1.08 mL,$FeSO_4$ 为 0.016～0.06 g。

(5)曲面优化结果显示,曲面优化建立的方程回归性较好。加入一定量的表面活性剂和芬顿试剂,污泥的离心沉降率和上清液浊度都明显下降,明显改善污泥脱水性能。在最佳量为表面活性剂 6.32%,$H_2O_2$(30%)0.48 mL,$FeSO_4$ 0.04 g 时,污泥离心沉降率为 43.67%,离心上清液浊度为 279.45 NTU。经过最优值验证,离心沉降率为(44.34±0.69)%,离心上清液浊度为(278.88±0.56) NTU,与模型的预测值基本吻合。

## 注释

[1]　李雪,李飞,曾光明,等.表面活性剂对污泥脱水性能的影响及作用机理[J].环境工程学报,2016,5(10):2221-06.

[2]　洪晨,邢奕,王志强,等.不同 pH 下表面活性剂对污泥脱水性能的影响[J].浙江大学学报:工学版,2014,48(5):850-857.

[3]　Zhang D,Chen Y,Zhao Y,et al. Newsludge pretreatment method to

improvemethane productionin waste activated sludge digestion[J]. Environmental Science and Technology,2010,44(12):4802-4808.

[4]　Ma W,Zhao Y Q,Kearney P. A study of dual polymer conditioning of aluminum-based drinking water treatment residual. Journal of Environmental Science and Health[J]. Part A:Toxic/Hazardous Substances and Environmental Engineering,2007,42(7):961-968.

[5]　牛美青,张伟军,王东升,等.不同混凝剂对污泥脱水性能的影响研究[J].环境科学学报,2012,32(9):2126-2133.

[6]　刘欢,杨家宽,时亚飞,等.不同调理方案下污泥脱水性能评价指标的相关性研究[J].环境科学学报,2011,32(11):3394-3399.

[7]　Yuan H P,Cheng X B,Chen S P,et al. New sludge pretreatment tmethod to improve dewaterability of waste activated sludge [J]. Bioresource Technology,2011,102(10):5659-5664.

[8]　方静雨,马增益,严建华,等.污泥脱水性能指标的比较分析[J].能源与环境,2011,4:51-62.

[9]　刘昌庚,张盼月,曾光明,等.生物淋滤-PAC 与 PAM 联合调理城市污泥[J].环境科学,2010,31(9):2124-2128.

[10]　Zhang Z Q,Xia S Q,Zhang J. Enhanced dewatering of wastesludge with microbial flocculant TJ-F1 as a novel conditioner[J]. Water Research,2010,44(10):3087-3092.

[11]　Pham T H,Brar S K,Tyagi R D,et al. Influence of ultrasonication and Fenton oxidation pre-treatment on eological characteristics of wastewater sludge[J]. Ultrason Sonochem,2010,17(1):38-45.

[12]　Neyens E,Baeyens A J,Weemaes M,et al. Pilot-scale peroxidation ($H_2O_2$)of sewage sludge [J]. Journal of Hazardous Materials,2003,98(1/2/3):91-106.

[13]　Tony M A,Zhao Y Q,Tayeb A M. Exploitation of Fenton and Fenton-like reagents as alternative conditioners for alum sludge conditioning[J]. Journal of Environmental Sciences,2009,21(1):101-105.

[14]　何培培,余光辉,邵立明,等.污泥中蛋白质和多糖的分布对脱水性能的影响[J].环境科学,2009,29(12):3457-3461.

[15]　潘胜,黄光团,谭学军,等.Fenton 试剂对剩余污泥脱水性能的改善[J].净水技术,2012,31(3):26-31.

[16]　Yuan H P, Cheng X B,Chen S P, et al. New sludge pretreatment

method to improve dewaterability of waste activated sludge[J]. Bioresource Technology,2011,102(10):5659-5664.

[17] Liu H,Yang J K,Zhu N R,et al. A comprehensive insight into the combined effects of Fenton's reagent and skeleton builders on sludge deep dewatering performance [J]. Journal of Hazardous Materials, 2013, 258/259:144-150.

[18] 周煜,张爱菊,张盼月,等.光-Fenton 氧化破解剩余污泥和改善污泥脱水性能[J].环境工程学报,2011,05(11):2600-2604.

[19] 邢奕,王志强,洪晨,等.芬顿试剂与 DDBAC 联合调理污泥的工艺优化[J].中国环境科学,2015,35(4):1164-1172.

[20] Pearse M J,Allen A P. The use of flocculants and surfactants in the filtration of mineral slurries. Filtration and Separation,1983,20(1):22-27.

[21] 曾祥国.剩余污泥调理优化及脱水性能研究[D].哈尔滨:哈尔滨工业大学,2014.

[22] 吕文杰,胡耀峰,刘振海,等.表面活性剂对污泥脱水性能影响的机理研究:Gemini 表面活性剂与聚电解质相互作用的分子动力学模拟[J].物理化学学报,2014,30(5):811-820.

[23] 廖素凤,陈剑雄,黄志伟,等.响应曲面分析法优化葡萄籽原花青素提取工艺的研究[J].热带作物学报,2011,32(3),554-559.

[24] Little T M, Hills F J. Agricultural experimental design and analysis[M]. New York:John Wiley,1978.

[25] Lin S H,Lo C C. Fenton process for treatment of desizing waster. Water Research,1997,31(8):2050-2056.

[26] 熊思江.污泥热解制取富氢燃气实验及机理研究[D].武汉:华中科技大学,2010.

[27] 张强,邢智炜,刘欢,等.不同深度脱水污泥的热解特性及动力学分析[J].环境化学,2013,32,(5):839-846.